Muslimische Patienten pflegen

Alexandra von Bose

Jeannette Terpstra

Muslimische Patienten pflegen

Praxisbuch für Betreuung und Kommunikation

Mit 10 Abbildungen

Alexandra von Bose
Dannenfels

Jeannette Terpstra
Kaiserslautern

ISBN-13 978-3-642-24924-2   ISBN 978-3-642-24925-9 (eBook)
DOI 10.1007/978-3-642-24925-9

Die Deutsche Nationalbibliothek verzeichnet diese Publikation in der Deutschen Nationalbibliografie;
detaillierte bibliografische Daten sind im Internet über http://dnb.d-nb.de abrufbar.

SpringerMedizin
© Springer-Verlag Berlin Heidelberg 2012

Planung: Susanne Moritz, Berlin
Projektmanagement: Ulrike Niesel, Heidelberg
Lektorat: Ute Villwock, Heidelberg
Projektkoordination: Heidemarie Wolter, Heidelberg
Umschlaggestaltung: deblik Berlin
Fotonachweis Umschlag: © Sonja Werner, Köln
Herstellung: Crest Premedia Solutions (P) Ltd., Pune, India

Gedruckt auf säurefreiem und chlorfrei gebleichtem Papier

Springer Medizin ist Teil der Fachverlagsgruppe Springer Science+Business Media
www.springer.com

Widmung

Für Marie, Marc und Knut – ohne deren liebevolle Begleitung das Verfassen dieses Buch nicht möglich gewesen wäre

und

für meinen Vater Dr.med Hans-Jürgen von Bose († 2005), der mir die Liebe zu anderen Kulturen in die Wiege gelegt hat

– Du lebst in unseren Herzen weiter.

Vorwort – Motivation des Buches

Mit diesem kultursensiblen Leitfaden für Pflegende hoffen wir, sowohl aus theoretischer als auch aus praktischer Sicht, Ihnen einen ausführlichen und praktikablen Leitfaden für Ihre tägliche Arbeit an die Hand zu geben. Wir möchten Verständnis und gegenseitige Empathie zwischen Ihnen und Ihren Patienten wecken, denn jeder, der einmal in der Fremde war, kann nachvollziehen, wie schwierig es ist, fernab von der gewohnten Umgebung krank zu werden. Wir hoffen auch, dass dieser kleine Wegweiser mit Tipps aus der Praxis eine echte Hilfe für Sie im Berufsalltag sein kann.

Uns ist es während des Schreibprozesses immer wichtiger geworden, ein Gespür für die menschlichen Bedürfnisse zu wecken in einer Zeit, die wenig Raum für eine gefühlvolle menschliche Begegnung in stationären Einrichtungen lässt. Die eingehende Beschäftigung mit der Religion des Islams und mit muslimischen Patienten hat auch uns noch einmal nachhaltig Herz und Augen geöffnet für kulturelle und religiöse Hintergründe auf beiden Seiten, also auf der Seite der Pflegenden und auf der Seite der Patienten. Wir möchten versuchen, unnötige Trennungen zu überwinden und wir sind überzeugt davon, dass der intensive Blick auf muslimische Patienten und auf deren Lebensalltag nicht nur hilfreich ist, sondern auch zu einem Gesamtverständnis im Sinne der Kultursensibilität führen wird – zumindest ist dies unser Wunsch!

Wichtig ist es uns vor allem, dass die Begegnung für beide Seiten bereichernd wird. Das kann aber nur erfolgreich sein, wenn es gelingt, mit Gefühl, Empathie, Interesse, Wissen und vor allem auf Augenhöhe miteinander umzugehen. Das heißt in diesem Falle, dass sich sowohl der Pflegende gegenüber dem Patienten wertschätzend verhält, als auch der Patient gegenüber dem Pflegenden. So wie Kommunikation allgemein, so ist interkulturelle Kommunikation im Besonderen abhängig von der Einsicht, dass eine erfolgreiche Kommunikation immer beide Seiten hört und berücksichtigt. Die Grundvoraussetzung für ein solches Verhalten ist ein echtes Interesse dem anderen Menschen gegenüber, ein Interesse für den anderen kulturellen Hintergrund und seine individuelle Lebenswelt, ein Gespür für die Gemeinsamkeiten, an die angeknüpft werden kann und ein Hören der interkulturellen Zwischentöne…

Und wenn Sie nicht weiterwissen, hören Sie doch einfach auf Ihren Patienten oder Ihre Patientin…!

Alexandra von Bose
Jeannette Terpstra

Inhaltsverzeichnis

Einleitung

1.1 Arbeit ist sichtbar gemachte Liebe

» Und wenn ihr nicht mit Liebe arbeiten könnt, sondern nur mit Widerwillen, dann ist es besser, wenn ihr eure Arbeit aufgebt und euch an das Tempeltor setzt und von denen Almosen annehmt, die mit Freuden arbeiten (Khalil Gibran) «

Mit diesen Worten des islamischen Mystikers Khalil Gibran möchten wir auf den Inhalt des Buches einstimmen. Inhaltlich geht es in diesem Leitfaden um einen kultursensiblen Umgang mit muslimischen Patientinnen und Patienten. Dabei sollen sowohl den Pflegebedürfnissen der Patienten als auch den Bedürfnissen der Pflegekräfte Rechnung getragen werden – und dies möglichst ohne in eine Richtung zu stereotypisieren. Dass dies zuweilen schwierig ist, wird bei der Beschäftigung mit dem Thema klar, denn wir können nicht Regeln formulieren, ohne auch die zugrunde liegenden kulturellen Standards, die für viele – aber nicht alle Menschen gelten – zu berücksichtigen. Wir möchten aber dennoch durch das ganze Buch den Leitgedanken führen, dass eine emotionale Offenheit gegenüber fremdkulturellen Eigenheiten nicht nur das Arbeitsleben erleichtert, sondern es auch den Patientinnen und Patienten ermöglicht, ohne Angst in Pflegeeinrichtungen zu gehen. Und damit schließt sich der Bogen wieder zu den Worten Khalil Gibrans: »Arbeit ist sichtbar gemachte Liebe«.

1.2 Wer wir sind

Wir haben uns als Autorinnen zusammengefunden, da wir schon seit Jahren Seite an Seite im Bereich der kultursensiblen Pflege arbeiten. Alexandra von Bose M.A. (1963) arbeitet als freiberufliche Referentin und Dozentin für interkulturelle Kommunikation an diversen Kliniken und anderen stationären Einrichtungen. Die gebürtige Frankfurterin lebte und arbeitete im Verlaufe ihres Lebens immer wieder für ein paar Jahre in diversen Ländern (Libanon, Türkei, Sudan, Kamerun) und kennt die Probleme um die interkulturelle Kommunikation seit ihrer frühen Kindheit auch von der ganz praktischen Seite. Sie ist Kulturanthropologin M.A. und Islamwissenschaftlerin und arbeitet auch an diversen Hochschulen als Dozentin.

Jeannette C. Terpstra (1953) hat in ihrer beruflichen Praxis als Krankenschwester, Pflegepädagogin und Kinaesthetic-Trainerin in den Niederlanden und Deutschland zahlreiche Erfahrungen im Dialog mit Menschen aus anderen Kulturkreisen gesammelt. Daneben führte sie EU-geförderte Projekte zur Verbesserung der Qualität der klinischen und häuslichen Pflege unter anderem nach Moldawien und Rumänien. Privat engagiert sie sich für die Verbesserung der Versorgung behinderter Kinder in Sri Lanka.

1.3 Warum wir dieses Buch geschrieben haben

In Deutschland leben derzeit etwa 3,8 bis 4,3 Millionen Muslime, das sind zwischen 4,6% und 5,2% der Gesamtbevölkerung. Damit bildet der Islam in Deutschland die zahlenmäßig größte Konfession hinter den zwei großen christlichen Glaubensgemeinschaften der Protestanten und Katholiken. Die Gruppe der Muslime ist jedoch sehr vielfältig, da der Islam – ebenso wie das Christentum – eine Reihe von religiösen Gruppierungen, die sich sehr unterscheiden können, in sich vereint.

Die Muslime in Deutschland stammen ursprünglich aus rund 50 Ländern, die sowohl politisch als auch kulturell sehr unterschiedlich gelagert sind. Von den in Deutschland lebenden Muslimen mit Migrationshintergrund verfügen 45% oder 1,7 bis 2,0 Millionen Personen über die deutsche Staatsbürgerschaft. Die übrigen 55% sind ausländische Staatsangehörige. Die Mehrzahl der zwischen 2,1 und 3,2 Millionen in Deutschland lebenden ausländischen Muslime haben die türkische Staatsangehörigkeit. Daher wird in diesem Buch auch immer wieder der Hauptbezug zu dieser Gruppe der Migranten hergestellt. Muslime aus südosteuropäischen Ländern bilden mit etwa 355.000 Personen die zweitgrößte Gruppe der Migranten in Deutschland. Die verbleibenden rund 353.000 Muslime mit ausländischer Staatsangehörigkeit stammen aus dem Iran und Ländern Südasiens, Südostasiens, Zentralasiens/der GUS, dem Nahen Osten, Nordafrikas oder des restlichen Afrikas (BAMF Integrationsportal).

Die Mehrzahl der in Deutschland lebenden Muslime ist gläubig. Aus der Studie »Muslimisches Leben in Deutschland« geht hervor, dass sich 36% selbst als stark gläubig einschätzen, weitere 50% der Muslime bezeichnen sich als »eher gläubig«. Das Bekenntnis zu Religiosität ist in den verschiedenen Herkunftsgruppen sehr unterschiedlich ausgeprägt. Während vor allem türkischstämmige Muslime und Muslime aus afrikanischen Ländern angeben, »sehr gläubig« zu sein, bezeichnen sich etwa ein Drittel der iranisch-stämmigen Muslime – überwiegend Schiiten – als »gar nicht gläubig«. In allen Herkunftsgruppen zeigt sich, dass Frauen sich tendenziell als gläubiger bezeichnen als Männer. Insgesamt sind etwa 20% der Muslime Mitglieder in religiösen Vereinen oder Gemeinden (DIK-Redaktion, 09.06.2010). Die Zahlen stammen aus der Studie »Muslimisches Leben in Deutschland«, die die Deutsche Islam Konferenz in Auftrag gegeben hat und vom Bundesamt für Migration und Flüchtlinge durchgeführt worden ist (Haug et al.).

Wir haben dieses Buch unter der etwas provokanten Fragestellung verfasst: »Brauchen Migranten eine *andere Pflege*?« Durch unsere Recherchen und Erfahrungswerte in unseren unterschiedlichen Berufsfeldern, die beide mit dem Umgang mit Patienten aus anderen Kulturen in stationären Einrichtungen zu tun haben, verneinen wir diese Frage gleich hier an dieser Stelle. Patienten mit Migrationshintergrund, die in irgendeiner Weise pflegebedürftig geworden sind, sei es durch Krankheit, Unfall oder auch durch Alter, brauchen keine »andere Pflege«, sondern Pflegende, die sie als einzigartige Menschen empathisch wahrnehmen und **kultursensibel** pflegen und behandeln.

1.4 Kultursensible Pflege

Was bedeutet dieser Anspruch der kultursensiblen Pflege konkret? Der Begriff der kultursensiblen Pflege, der sich im Sprachgebrauch zunehmend festsetzt, bedeutet, dass alle Angehörigen der Gesundheits-und Pflegeberufe versuchen, sich bestmöglich auf andere und zunächst fremde Bedürfnisse ihrer Patienten mit Migrationshintergrund

einlassen zu können. Dieser Prozess erfordert Hintergrundwissen über andere Kulturen, Rücksichtnahme auf die individuellen Bedürfnisse dieser speziellen Gruppe von Patienten, die konsequente Befreiung von latent schlummernden Stereotypen und Vorurteilen, vor allem aber erfordert dieser Prozess die Bereitschaft, bei jedem Patienten und jeder Patientin individuell zu klären, inwieweit die allgemeinen Regeln für ihn oder sie gelten. Entscheidend für die erfolgreiche Anwendung des kulturspezifischen Wissens ist eine Haltung, die kulturelle und ethnische Besonderheiten zulässt, doch den Patienten konsequent individuell und bedürfnisorientiert wahrnimmt. Pflegende, die in stationären Einrichtungen arbeiten, kennen jedoch oftmals die kulturellen Hintergründe ihrer Patienten und die daraus resultierenden Unterschiede zu der eigenen und bekannten Kultur – in diesem Fall der deutschen Kultur – zu wenig. Deshalb gibt es in der Praxis auch oft Schwierigkeiten und Unsicherheiten in der Betreuung der Patienten und deren Angehörigen.

Die Bereiche Körperkontakt, Intimsphäre, Geburt, Ernährung und Sterben sorgen für viele Unsicherheiten von beiden Seiten, da es große und gravierende interkulturelle Informationsdefizite gibt. Folglich werden oft unbewusst »Fehler« gemacht und es kommt, wenn sich diese häufen, zu Spannungen zwischen Pflegenden und Ärzten auf der einen Seite und den Patienten und ihren Angehörigen auf der anderen Seite. Um mit den Konflikten, Spannungen, Ungereimtheiten und dem manchmal bedrohlich erscheinenden Fremdverhalten von Patienten aus anderen Herkunftskulturen täglich konstruktiv umzugehen, bedarf es einer fortwährenden Reflexion, die weit über das bislang erworbene und vorhandene Hintergrundwissen der Pflegenden hinausgeht.

Die Konfrontation mit Patienten aus anderen, uns fremden Kulturen, bedeutet auf jeden Fall eine Bereicherung, aber auch eine ganz neue Auseinandersetzung mit den eigenen gesellschaftlichen und kulturellen Prägungen. Was daraus folgt ist die Erkenntnis über die nur relative Gültigkeit unserer vorherrschenden Kultur, die in der gesamten, sich wandelnden Gesellschaft vorgenommen werden muss. Grundsätzlich wird die Frage: »Wie verhalte ich mich richtig und wie falsch?«, neu gestellt im Umgang mit fremdkulturellen Patienten und ihren Angehörigen. Auch die Fragen nach der Allgemeingültigkeit unserer kulturell und individuell geformten Vorstellung von Gesundheit, Krankheit, Geburt und Tod stellen sich und müssen im Pflegealltag neu beantwortet werden.

In der Diskussion um »unsere« und »andere« Kulturen wird schnell klar, dass wir ein offenes Verständnis von Kultur brauchen, da es die Kultur so nicht gibt und auch nie gab. Kulturen sind und waren von jeher keine statischen Gebilde, sondern unterliegen alle dynamischen Wandlungsprozessen. Jede Kultur verändert sich ständig, sie wächst, sie lässt Neues entstehen und überholte Maßstäbe werden von neuen Einflüssen verdrängt. Oft zeigt sich im kulturellen Wandel einer bestimmten Kultur eine rapide Dynamik, der das Verständnis oder die Betrachtung von außen noch Jahre oder Jahrzehnte hinterherhinkt. Dies betrifft die deutsche Kultur ebenso wie jede andere.

1.5 Veränderungen der Gesellschaft – Veränderungen des Gesundheitswesens

Unsere Gesellschaft wandelt sich ständig und unterliegt immer schnelleren Anpassungsprozessen an die verschiedenen Aspekte der Globalisierung. Dieser Wandel macht auch vor dem Pflegealltag in Kliniken und anderen stationären Einrichtungen, wo Pflege ausgeübt wird, nicht halt. Wie können Pflegende aber kulturkompetent auf die speziellen Bedürfnisse von Menschen mit Migrationshintergrund eingehen, ohne sich selber zu verlieren? Im Vordergrund des Pflegeverständnisses muss heute mehr denn je das Selbstbestimmungsbedürfnis des Patienten, die Akzeptanz seiner Andersartigkeit und die Ausrichtung an seinen individuellen Bedürfnissen statt an seiner Bedürftigkeit stehen. Damit sollen die Pflegeleistungen für den Patienten als selbstverständlich erlebt und ein Gefühl von Abhängigkeit vermieden werden. Die Umsetzung dieser Forderungen hängt bedauerlicherweise auch von den nicht immer ausreichenden finanziellen Mitteln ab, über die die jeweiligen Einrichtungen verfügen.

Um diesen neuen Anforderungen gegenüber den Angehörigen der Pflegeberufe und den Bedürfnissen der Patienten Rechnung zu tragen, muss die interkulturelle Kompetenz bei den Pflegenden und bei den Patienten erhöht werden und die interkulturelle Kommunikation im Berufsalltag der Pflege geschult und gefördert werden. In Deutschland leben, wie bekannt, derzeit mehr als 15 Millionen Menschen mit Migrationshintergrund. Nur zum Vergleich: Der Anteil der Ausländer und Menschen mit Migrationshintergrund hat sich von 1,2% 1961 bis heute auf nahezu 19% der Bevölkerung der Bundesrepublik gesteigert.

Wie schon im Report des Bundesweiten Arbeitskreises für Migration und Gesundheit beklagt, wird diese Gruppe »häufig durch das Gesundheitswesen unseres Landes nicht ausreichend und angemessen versorgt. Informationsbedingte, kulturelle und kommunikative Barrieren führen zu den seit langem bekannten Problemen von Unter-, Über- und Fehlversorgung von Migrantinnen und Migranten mit dadurch erhöhten Kosten für die stationäre Therapie und Pflege« (▶ Internetadresse Literaturverzeichnis).

Die Forderung nach mehr interkultureller Öffnung und Kompetenz im Gesundheitsbereich zeigt deutlich, dass ein ganz enormer Bedarf an situationsgerechter interkultureller Kommunikations- und Kompetenzerweiterung in Kliniken besteht. Oft kann im häufig unterbesetzten und von strikten Zeitplänen bestimmten Berufsalltag in allen Bereichen der Pflege der einzelne Patient nicht mehr wahrgenommen werden, sondern er wird – oft unbeabsichtigt – in vorgefertigte »Kopf-Schubladen« gesteckt.

1.6 Eigene Kultur – fremde Kultur?

Kultursensible Kompetenz bedeutet aber besonders im Bereich der Pflege, den Blick zu schärfen für eigen- und fremdkulturelle Hintergründe und gleichzeitig die Akzeptanz und die Empathie für das unbekannte Verhalten zu erhöhen. In diesem Buch werden fremdkulturelle Vorstellungen von Gesundheit und Krankheit behandelt und beschrieben. Formen des Verhaltens von Patienten mit Migrationshintergrund werden durchleuchtet und vor allem wird viel Wert auf die Vermittlung von emotionalen Befindlichkeiten der Patienten gelegt. Es wird versucht, ihre Haltung, die sie gegenüber der Erkrankung und der medizinischen Versorgung allgemein und besonders hier in Deutschland einnehmen, zu beleuchten und zu »übersetzen«. Dies impliziert leider immer auch eine gewisse Verallgemeinerungstendenz, die unreflektiert sehr problematisch ist. So wie es **den** deutschen Patienten und **das** deutsche Patientenverhalten nicht gibt, kann es auch **den** allgemeingültigen türkischen, nordafrikanischen oder chinesischen Patienten nicht geben. Migration in der Bundesrepublik Deutschland ist vielschichtig und heterogen. 15,3 Millionen Menschen in Deutschland mit Migrationshintergrund, die unterschiedliche kulturelle schicht- und bildungsspezifische Hintergründe haben, lassen sich nicht verallgemeinern.

Dennoch beschreiben viele empirische Untersuchungen der Ethnomedizin und medizinsoziologischer Studien immer wiederkehrende Konfliktbereiche in der Kommunikation zwischen Ärzten, Pflegenden und Patienten aus anderen Kulturen. Hier sind in erster Linie die Kulturen des islamischen Kulturkreises zu nennen, die in Deutschland zahlenmäßig am meisten durch die türkischen Patienten repräsentiert werden. Daher widmen wir einen großen Teil dieser Beschreibung den türkischen Patienten und ihren Befindlichkeiten im Kontrast zu Deutschland. Aus unserem Arbeitsalltag kennen wir beide die typischen Problemfelder der interkulturellen Kommunikation zwischen meist deutschen Pflegekräften und ihren Patienten und Patientinnen aus anderen Kulturen. In diesem Buch nehmen wir in erster Linie Bezug auf die Patienten aus dem islamischen Kulturkreis. Hier in Deutschland betrifft dies vor allem Menschen, die ursprünglich aus der Türkei abstammen, aber zunehmend kommen auch interkulturelle Problemstellungen mit Patienten aus Teilen Osteuropas hinzu. Als Kulturanthropologin arbeite ich auch empirisch zur Fragestellung. Ich greife die Beispiele, die mir im Rahmen einer empirischen Recherche von den Pflegekräften berichtet wurden, als Fallbeispiele auf und ergänze sie durch die Ergebnisse der empirischen Studien, die ich in diesem Zusammenhang bearbeitet habe.

Diese aus der Praxis stammenden Fallbeispiele darzulegen und Hilfestellungen auszuarbeiten, soll für Sie als Pflegefachkräfte einen praktikablen Umgang mit den realen Problemen im Pflegealltag darstellen und zu einer insgesamt kultursensibleren Haltung verhelfen, die Ihnen mehr Sicherheit gibt und die latent schlummernden Unsicherheiten im Umgang mit fremdkulturellen, sowie deren Angehörigen, nach und nach beseitigen. Wie sollen Sie sonst auf die gesundheitsbezogenen Bedürfnisse und Lebenswelten von Migranten situations- und kontextgerecht eingehen können? Unserer Meinung nach kann erst die Praxistauglichkeit und sofortige Umsetzbarkeit des Erlernten Ihnen in Ihrem Praxisalltag eine Entlastung bringen. Wobei wir gleich zu Beginn festlegen wollen und müssen: Ein kulturspezifisches verbindliches Hintergrundwissen über **jede** in Deutschland aktuell vorhandene Kultur ist nicht zu leisten und im Sinne von *Kultursensibilität* auch gar nicht anzuraten. Vielmehr geht es um die Möglichkeit der konkreten Einschätzung von »fremdem« Verhalten, damit Sie besser auf die individuellen Bedürfnisse Ihrer Patienten eingehen können.

Die ausgewählten Fallbeispiele, die in den verschiedenen Schulungen über einen kultursensiblen Umgang mit Patienten aus fremden Kulturen geschildert und hier aufgenommen wurden und die viele Pflegende in ähnlicher Form vom eigenen Pflegealltag her wiedererkennen dürften, zeigen unterschiedliche, aber doch immer wieder kehrende Probleme und Unsicherheiten im Umgang mit dem »fremden« Patienten. Die Hintergrunderklärungen sollen Ihnen ganz praxisnah dazu verhelfen, praktikable Lösungsmöglichkeiten zu bekommen. Es sollen von uns keine Standard-Rezepte vermittelt werden, die wieder die individuellen Bedürfnisse des einzelnen Patienten unberücksichtigt lassen, sondern vielmehr sollen unsere Praxistipps und Anregungen dazu dienen, Missverständnisse zwischen Ihnen und Ihren Patienten zu vermeiden und die gegenseitige Verständigung nachhaltig zu erleichtern. Es soll Ihnen damit auch trotz zeit- und dokumentationsintensivem Pflegealltag wieder mehr dazu verholfen werden, dass Sie sich auf die ethischen Grundsätze der Pflege zurückzubesinnen können: das Wohl eines jeden Patienten, unabhängig von dessen Nationalität, Religion und Kultur, an

ICN Kodex für Pflegende International Council of nurses

1973 wurde in Mexico-City der ICN-Kodex für Angehörige der Pflegeberufe entwickelt. Der International Council of Nurses (ICN) steht für den Weltbund der Pflegenden. Der International Council of Nurses (ICN) ist ein Verband von Pflegenden für Pflegende. Sein Ziel ist es, eine hohe Qualität an Pflege sicherzustellen. Der Verband des ICN, der 1899 gegründet wurde, besteht aus 122 nationalen Berufsverbänden der Pflege und macht sich für eine weltweit vernünftige Gesundheitspolitik stark. Er stellt die Aufgaben und ethischen Entscheidungen von weltweit Millionen praktizierenden Pflegenden in den Mittelpunkt. Der ICN ist für die Berufsausübung der Pflege von zentraler Wichtigkeit, da er verbindliche Richtlinien sowohl für die praktische Ausübung der Pflege als auch für das mit der Pflege verbundene ethische Handeln vorgibt. Er stellt ein Rahmenwerk dar, auf dessen Grundlagen Entscheidungen gefasst werden können. Der ICN ist keine rezeptartige Ansammlung von verbindlichen Richtlinien, sondern er stellt eine Hilfestellung in besonders komplexen Pflegesituationen dar, wobei die Einzigartigkeit jeder einzelnen Situation im Bewusstsein der Pflegenden fest verankert bleibt. Der ICN erhebt nicht den Anspruch, für jede denkbare Situation eine Richtlinie zu formulieren, sondern er kann und soll einen wichtigen Beitrag zur Entwicklung der Berufseinstellung von Pflegenden leisten. Die jeweilig an die Situation angepasste Hinterfragung der eigenen ethischen Grundhaltung, der eigenen Werte und Normen im Berufsalltag, steht im Mittelpunkt des ICN Kodex (▶ Abschn. 1.8).

die erste Stelle zu setzen, wie dies im ICN Kodex für Pflegende des International Council of Nurses auch verankert ist (▶ Exkurs ICN Kodex).

1.7 Ziele des ICN Kodex und des Deutschen Berufsverbandes für Pflegeberufe (DBfK) e.V.

Der Verband kann als die internationale Stimme der Pflege betrachtet werden. Das Ziel ist von Anfang an, immer Pflege von hoher Qualität für alle Beteiligten sicherzustellen und sich darüberhinaus auch international für eine vernünftige Gesundheitspolitik einzusetzen. Der in Deutschland genannte Ansprechpartner und Vertreter des ICN ist der Deutsche Berufsverband für Pflegeberufem (DBfK) e.V.

Pflegende haben vier grundlegende Verantwortungsbereiche:

1. Förderung der Gesundheit
2. Wiederherstellung von Gesundheit
3. Verhütung von Krankheit
4. Linderung von Leiden

Wenn es um das Thema »Pflege« geht, dürfen die Menschenrechte nicht außer Acht gelassen werden. Damit verbunden sind auch das Recht auf eine res-

pektvolle Behandlung, auf menschliche Würde und das Recht auf Leben. Das heißt, dass sie unabhängig von der jeweiligen Person und ihrem persönlichen Hintergrund ist (z. B. Alter, Geschlecht, Nationalität, Kultur, Krankheiten/Behinderungen, Glauben, politischer Einstellung, Hautfarbe, Rasse, sozialem Status) und daher immer gewährleistet werden muss. Pflegende handeln immer »zum Wohle des Einzelnen, der Familie und der sozialen Gemeinschaft«.

Diese vier Elemente werden auch vom ICN Ethik Kodex für Pflegende aufgegriffen, welcher sich in Pflegende und ihre Mitmenschen, Pflegende und die Berufsausübung, Pflegende und die Profession, sowie Pflegende und ihre Kolleginnen und Kollegen untergliedert.

Der erste Punkt »Pflegende und ihre Mitmenschen« bedeutet, dass die berufliche Verantwortung den pflegebedürftigen Menschen gilt. In diesem Zusammenhang müssen die Pflegenden die Menschenrechte, Werte, Konfession, Sitten und Wertvorstellungen des zu Pflegenden und seinen Angehörigen respektieren und achten. Außerdem muss der Pflegebedürftige alle relevanten Informationen erhalten und zu den damit einhergehenden Behandlungen zustimmen. Zudem müssen alle Pflegenden gewährleisten, dass jegliche ihnen anvertraute Information vertraulich behandelt wird

1.7 · Ziele des ICN Kodex und des Deutschen Berufsverbandes für Pflegeberufe (DBfK) e.V.

7　　1

und auch die Weitergabe von Informationen verantwortungsvoll geschieht. Des Weiteren teilen sich die Gesellschaft und die Pflegenden die Verantwortung gegenüber der Bevölkerung, Maßnahmen zugunsten der gesundheitlichen und sozialen Bedürfnisse der Bevölkerung beizutragen.

Unter dem Aspekt der »Pflegenden und ihrer Berufsausübung« wird ein Ansatz verstanden, der fordert, dass die Pflegenden sich kontinuierlich weiterbilden müssen, um ihre Kompetenz bei der Ausführung der Pflege fortwährend zu gewährleisten. Hierbei müssen alle Pflegenden auch ihre eigene Gesundheit beachten. Auch in diesem Zusammenhang wird es zunehmend wichtiger, durch gezielte Aus- und Fortbildung in interkultureller Kompetenz Stress für die Pflegenden abzubauen und Sicherheit im Umgang mit fremden Situationen aufzubauen. Während der Berufsausübung gilt es, den Berufsstand positiv zu repräsentieren, um das Ansehen der Profession nicht zu gefährden. Auch gilt, dass alle Behandlungen, die mit Technologie und neuen Erkenntnissen der Wissenschaft eingeführt werden, in Einklang mit der Wahrung und Sicherstellung der Würde und den Rechten der Patienten stehen.

Beim Ausüben seiner Profession muss jeder Pflegende »die Hauptrolle bei der Festlegung und der Umsetzung von Standards« in der Pflegepraxis übernehmen. Dies beinhaltet die Pflegeforschung, die Pflegebildung sowie das Pflegemanagement. In diesem Sinne wirkt jeder Pflegende bei der Weiterentwicklung der wissenschaftlichen Grundlagen für die Profession der Pflegenden mit. Mit dem Berufsverband der Pflegenden setzen sich diese ein, dass soziale und wirtschaftlich gerechte Arbeitsbedingungen geschaffen und erhalten werden.

Eine gute Zusammenarbeit zwischen den Pflegenden und ihren Kolleginnen und Kollegen jeglicher Profession hilft, zum Schutz des Patienten einzugreifen, wenn ein Missstand erkannt wird. Auch wenn dieser Missstand willentlich durch einen Pflegenden oder eine andere Person verursacht wird, greift der Pflegende ein, um das Wohl des Patienten zu schützen.

Der ICN Kodex beschreibt einen universellen Bedarf an professioneller Pflege, überall auf der Welt. Untrennbar von der Pflege ist die Achtung der Menschenrechte, einschließlich dem Recht auf Leben, auf Würde und auf respektvolle Behandlung.

Die Pflegenden (Gesundheits-und Krankenpfleger/innen) koordinieren ihre Dienstleistungen mit denen anderer beteiligter Gruppen. Der ICN Ethik Kodex für Pflegende hat 4 Grundelemente, die den Standard ethischer Verhaltensweise bestimmen.

1.7.1　Pflegende und ihre Mitmenschen

Die grundlegende berufliche Verantwortung der Pflegenden gilt dem pflegebedürftigen Menschen. Bei ihrer beruflichen Tätigkeit fördern die Pflegenden ein Umfeld, in dem die Menschenrechte, die Wertvorstellungen, die Sitten und Gewohnheiten sowie der Glaube des einzelnen Patienten, der Familie und der gesamten sozialen Gemeinschaft respektiert werden. Die Pflegenden gewährleisten, dass der Patient ausreichende Informationen über seinen Gesundheitszustand erhält, auf die er seine Zustimmung oder Ablehnung zu seiner pflegerischen und medizinischen Versorgung und Behandlung gründen kann. Pflegende behandeln jede persönliche Information vertraulich. Die Pflegenden teilen mit der gesamten Gesellschaft die Verantwortung, Maßnahmen zugunsten der gesundheitlichen und sozialen Bedürfnisse der Bevölkerung, besonders der von benachteiligten Gruppen, zu veranlassen und zu unterstützen.

1.7.2　Pflegende und die Berufsausübung

Nach dem ICN Kodex sind die Pflegenden persönlich verantwortlich und rechenschaftspflichtig für die Ausübung der Pflege. Durch kontinuierliche Fort- und Weiterbildung treten sie für die Wahrung und Erweiterung ihrer fachlichen Kompetenz ein. In ihrem beruflichen Handeln sollen die Pflegenden jederzeit auf ihr persönliches Verhalten achten, das dem Ansehen der Profession dient und welches das Vertrauen der Bevölkerung in die Pflegeberufe stärkt.

1.7.3   Pflegende und die Profession

Die Pflegenden übernehmen die Hauptrolle bei der Festlegung und Umsetzung von Standards für die Pflegepraxis, das Pflegemanagement, die Forschung der Pflege und die Pflegeweiterbildung. Sie wirken aktiv an der Weiterentwicklung der wissenschaftlichen Grundlagen ihres Berufsbildes mit.

Durch ihren Berufsverband setzen sich die Pflegenden dafür ein, dass gerechte soziale und wirtschaftliche Arbeitsbedingungen in der Pflege geschaffen und erhalten werden.

1.7.4   Pflegende und ihre Kolleginnen und Kollegen

Die Pflegenden sorgen selber in einem hohen Maße für eine gute Zusammenarbeit mit ihren Kollegen aus der Pflege und Kollegen aus anderen Professionen, die der Pflege nahestehen. Die Pflegenden greifen selber initiativ zum Schutz des Patienten ein, wenn sein Wohl durch einen Kollegen oder eine andere Person gefährdet ist.

> **Tipp**
>
> Den vollständigen ICN Ethikkodex können Sie auf der Webseite des DBFK (www.dbfk.de) nachlesen. Weitere Informationen zum nachlesen über den ICN Kodex in Deutsch finden Sie auch im Pflegewiki (www.pflegewiki.de).

1.8   Zusammenfassung

Der Krankenhausalltag wird internationaler, täglich kommen neue Migranten nach Deutschland und bringen ihre Kultur in den deutschen Alltag mit ein. Mehr kulturelles Hintergrundwissen ist erforderlich, um hier noch eine optimale Pflege zu gewährleisten und um an den Aufgaben, die sich im 21. Jahrhundert in der Pflege stellen, nicht zu scheitern oder sich emotional zu verausgaben. Voraussetzung hierfür ist natürlich Offenheit und Interesse gegenüber dem *anderen* seitens der Pflegefachkräfte. Die Auseinandersetzung mit dem »Fremden« führt aber nicht automatisch zu pro-

blematischen Situationen, sondern sie dient auch der Bereicherung und Erweiterung des eigenen Horizontes und der Überwindung von einseitigen Fremdbildern und negativen Stereotypen, wenn wir uns darauf einlassen.

Zusammenfassend können wir sagen, dass es eine Reihe von Gründen gibt, die die Beschäftigung mit dem Thema »Pflege von Patienten aus anderen Kulturen« stark in den Vordergrund rücken und die eine sehr zeitgemäße Reflexion über unsere und andere Kulturen unbedingt notwendig machen. Das stetige Ansteigen der Zahl von Pflegebedürftigen und Patienten mit Migrationshintergrund, die hier leben und die ihren eigenen, für uns oft fremden, kulturellen Hintergrund haben, führt zu einer insgesamt stärkeren Konfrontation mit dem Thema und für Pflegefachkräfte zu viel zusätzlicher Stressbelastung im Pflegealltag. Die aus der Unwissenheit resultierende Hilflosigkeit führt oft zu Unverständnis – und das nicht nur auf verbaler Ebene – sondern sogar zu einer gesteigerten Ablehnung gegenüber bestimmten Patientengruppen und ihren Angehörigen, da man in der Vergangenheit schon viele Konflikte mit ihnen durchstehen musste.

Die interkulturelle Sensibilisierung stellt hier eine zusätzliche Herausforderung für den Berufsalltag in der Pflege dar, das steht ohne Zweifel fest und sie verlangt eine noch stärkere individuelle Hinwendung zum Patienten, als sie der Pflegealltag ohnehin schon vorgibt. Das bedeutet, dass eine verständliche Aufklärung über das »Warum und Weshalb« sich Patienten aus anderen Kulturen *anders* als wir verhalten, zu insgesamt mehr Ruhe und Entlastung im Pflegealltag führt, da die Konflikte, die auf Unsicherheit und Unwissen beruhen, endlich in den Hintergrund rücken können, beziehungsweise gar nicht mehr aufkommen.

1.9   Hilfreiche Begriffsklärungen

- **Generisches Maskulinum**

Aus Gründen der besseren Lesbarkeit für Sie schließt die männliche Form, die wir gewählt haben (Pfleger, Arzt, Patient), die weibliche Form im folgenden Text mit ein. Alle Personenbeschreibungen gelten sinngemäß immer für beide Geschlechter, es sei denn, es wird eine klare geschlechtliche Beschreibung vorausgesetzt, wie bei speziellen Kapiteln und Textpassagen, die nur von Patientinnen handeln.

- **Pflegender, Pflegefachkraft, Patient**

Wir haben uns zur Vereinfachung der Lesbarkeit im Text für die allgemeinen Begriffe: Pflegende oder Pflegefachkräfte entschieden, meinen aber grundsätzlich alle Menschen, die sich in dem Berufsfeld der Pflege bewegen, wie Krankenschwestern/ Krankenpfleger, Menschen, die in der Seniorenhilfe arbeiten, diplomierte Gesundheits- und Krankenpfleger, **diplomierte Kinderkrankenschwester/ Kinderkrankenpfleger, medizinisch-technische Fachkräfte, psychiatrische Gesundheits- und Krankenpfleger, Pflegehelfer,** Sanitäter, **Radiologietechnologen aber auch** die Vertreterinnen und Vertreter der paramedizinischen Berufe wie Hebammen, Physio- und Ergotherapeuten, Chiropraktiker, Ökotrophologen, Präventologen, Diätologen, sollen sich unter dem Begriff der Pflegefachkräfte wiederfinden können.

Die Menschen, die medizinisch oder pflegerisch versorgt werden, bezeichnen wir durchgehend als Patienten und untergliedern dies nicht noch einmal zusätzlich.

- **Transkulturelle Kompetenz**

Das Verbindende, nicht das Trennende steht im Vordergrund! Der Begriff transkulturelle Kompetenz geht auf M. Leininger zurück, die dieses Konzept ausarbeitete. Transkulturelle Kompetenz umfasst die Reflektion der eigenen Persönlichkeit und Kultur genauso wie die Akzeptanz von kulturellen Unterschieden. Es wird eine vergleichende Haltung eingenommen, in der die eigenen Verhaltensmuster mit denen der Patienten zusammengebracht werden, ohne die eigenen Werte als Grundlage zu brauchen; dies schließt jederzeit die bewusste Prüfung eigener Werte mit ein. Ein Merkmal der Transkulturellen Kompetenz ist das Herausfiltern von Gemeinsamkeiten und Unterschieden als Ansatzpunkte für gemeinsame Handlungsstrategien (Uzcarewicz, 2006).

Eine wirkliche transkulturelle Perspektive muss zunächst an jedem Einzelnen ansetzen. Das Hinterfragen des Eigenen und das Wissen um das Eigene gelten als Voraussetzung für das Verstehen des Anderen. Transkulturelle Kompetenz bezieht sich darauf, das hinzugewonnene und das aktuelle Wissen neu zu interpretieren, zu hinterfragen und, wenn nötig, auch neu zu ordnen. Transkulturelle Kompetenz beschreibt eine neue Qualität, die das eigene Tun und Denken konsequent reflektiert. Die transkulturelle Pflegekompetenz beinhaltet eine positive Neugier für das Verstehen des Anderen, aber auch das Erkennen und Reflektieren des Eigenen und die Bereitschaft zur Um- und Neuorientierung der bis dahin gewohnten pflegerischen Handlungen und Verhaltensmuster.

- **Interkulturelle Kompetenz**

Die interkulturelle Kompetenz in der Pflege setzt interkulturelle Lernbereitschaft voraus und zeichnet sich dadurch aus, dass die interkulturelle Situation als Lernsituationen und nicht als Bedrohung oder notwendiges Übel betrachtet wird. Zur interkulturellen Kompetenz in der Pflege gehört das Wissen über die aktuelle Situation in Deutschland. Die Akzeptanz der Verschiedenartigkeit im Sinne der politischen Forderungen der »Charta der Vielfalt«, die Empathie für den zu pflegenden Menschen mit fremdkulturellem Hintergrund und die Fähigkeit, ihm Wertschätzung vermitteln zu können. Es gehört auch Offenheit und eine gehörige Portion Neugier auf »das Fremde« dazu. Die Bereitschaft, den zu pflegenden Menschen nicht zu schnell zu bewerten oder gar abzuqualifizieren im Sinne von Vorurteilen und Stereotypen, sondern die Bereitschaft, auch den fremden Menschen als Individuum, unabhängig von seiner Kultur, wahrzunehmen, ist ebenso eine unerlässliche Grundvoraussetzung der interkulturellen Kompetenz in der Pflege. Die interkulturelle Kompetenz schließt auch die Fähigkeit zur Selbstreflexion über die eigene Person und die Rolle als Pflegekraft mit ein. Letztendlich wird von einer interkulturell kompetenten Pflegekraft auch ein hohes Maß an Konfliktfähigkeit und Stresstoleranz erwartet, sowie Flexibilität, Anpassungsfähigkeit und Selbstsicherheit. Interkulturelle Pflege umfasst so eine konsequente und bewusste Erweiterung von schon erlernten Basisfähigkeiten in der Pflege.

■ Kultursensibilität

Zusammenfassend kann man sagen, dass der Komplex der kultursensiblen Fähigkeiten und Kompetenzen in der Pflege nicht nur auf einer Wissensaneignung beruht, sondern vor allem auf einem umfassenden Verständnis der individuellen Situation der Patienten, das mit einer hohen Empathie gegenüber dem Fremdkulturellen einhergeht. Kultursensibilität bezeichnet das offene Verständnis von Kultur im Gegensatz zu festgefahrenen stereotypen kulturellen Festschreibungen. Kulturen sind, wie schon erwähnt, immer dynamisch und niemals statisch – wer das nicht erkennen kann oder will, dem fehlt eine Basisvoraussetzung des heutigen Kulturverständnisses. Kultursensibilität verabschiedet sich auch ganz grundsätzlich von dem Abgrenzungsgedanken, der immer wieder in der Öffentlichkeit auftaucht – ein recht aktuelles Beispiel hierfür ist die Diskussion um das Buch von Thilo Sarrazin »Deutschland schafft sich ab«, das die sogenannte »deutsche Leitkultur« mal wieder spruchreif machte.

Literatur

Khalil Gibran »Der Prophet«, DTV München 2002

Haug, S., Müssig, S., Stichs, A. (2009): Muslimisches Leben in Deutschland. Nürnberg, Bundesamt für Migration und Flüchtlinge

Uzarewicz, C. (2006): Transkulturelle Pflege. In: Dibelius, O. & Uzarewicz, C.: Pflege von Menschen höherer Lebensalter. Stuttgart: Kohlhammer Verlag, 147-167

www.bundesregierung.de/nn_774/Content/DE/Artikel/IB/Artikel/Themen/Gesellschaft/Gesundheit/2009-09-01-empfehlungen-arbeitskreis-gesundheit.html)

www.dbfk.de/download/download/ICN-Ethikkodex-Langfassung-2005.pdf

www.dbfk.de/download/ICN-Ethikkodex-DBfK.pdf (30.08.2011)

http://www.charta-der-vielfalt.de/de/charta-der-vielfalt/die-charta-im-wortlaut.html

Modelle der transkulturellen und kultursensiblen Pflege

2.1 Madeleine Leininger und das Sunrise Modell zur transkulturellen Pflege

Die transkulturelle und kultursensible Idee der Pflege, die von der Anthropologin und Krankenschwester Madeleine Leininger in den 70er Jahren entwickelt wurde, befasst sich als erste mit der Berücksichtigung des kulturellen Hintergrundes eines Patienten im Pflegekontext. Madeleine Leininger beschäftigte sich schon seit Mitte der 50er Jahre mit dem Thema der transkulturellen Pflege und sie gilt als Pionierin auf diesem Gebiet.

Wie wir noch ausführlicher erfahren werden (▶ Kapitel 2 und 3), ist Kultur ist ein komplexer Begriff, der über 200 Definitionen in den Kultur- und Geisteswissenschaften hervorbrachte. Allen ist zu entnehmen, dass Kultur an sich nicht konkret greifbar und schon gar nicht statisch ist. So ist Kultur also ein sich ständig immer weiter entwickelndes System, in dem sich Menschen einer bestimmten Gruppe zurechtfinden; eine schon in der Kindheit angelegte Leitlinie über all das, was wir als einzelne Menschen als »richtig« oder »falsch«, als »bekannt« oder »fremd« wahrnehmen. Innerhalb von Kulturen bilden sich durch die gesellschaftlichen Einflüsse kulturelle Untergruppierungen heraus, die wir als die sogenannten kulturellen Gruppen, bis hin zu den »Sub-Kulturen« kennen. Jede Generation hat nachgewiesenermaßen verschiedene politische oder religiöse Vorstellungen, denen sie mehrheitlich folgt, und auch wieder ganz eigene kulturelle Prägungen, die in der Gesamtkultur zusammenfließen und diese mitprägen und an der Entwicklung einer jeden Kultur beteiligt sind (▶ Kulturbegriff weiter unten).

Kultur ist also ein organisches Ganzes, das sich ständig lebendig fort- und weiterentwickelt. Im Zentrum der Kultur steht das Individuum, der Einzelne, einerseits als selbstverantwortliches Wesen, andererseits als Teil seiner erlernten Kultur (▶ Kap. 4.2, Zwiebelmodell). Im Zentrum von Kultur steht der ganze Mensch mit seiner Beweglichkeit, mit seinem Willen zu Veränderung und Fortschritt oder zu einer gewissen regelhaften Verlässlichkeit, in der er sich geborgen fühlen kann.

Wie jeder Beruf hat auch der Pflegeberuf seine eigene Berufskultur, die bis zum heutigen Stand eine Entwicklung durchlaufen hat. Die Art zu pflegen, wie wir sie in Deutschland kennen, unterscheidet sich von der in anderen Ländern üblichen Pflege. Pflege und das Handeln der Pflegenden am Kranken wird bestimmt durch das vorhandene Berufsbild der jeweiligen Kultur. Normen, Werte, kulturelle Aspekte und religiöse Vorstellungen prägen die Pflegehandlung. Sicherlich gibt es viele international und global übereinstimmende Aspekte, die auf dem Berufsethos und den allgemeinen Anforderungen des Pflegeberufes beruhen. Doch der Gedanke der Pflege eines kranken Menschen unterscheidet sich in Kulturen schon durch die grundsätzlichen Vorstellungen über Gesundheit und Krankheit, über die Rolle der Familie und der Angehörigen oder über die Herkunft von Krankheit (so kann Krankheit zum Beispiel von Gott gewollt, vom Schicksal bestimmt, durch Neid verursacht, durch individuelles Fehlverhalten verursacht sein).

Der Umgang mit Patienten anderer sozialer und anderer kultureller Herkunft birgt oft Probleme durch unbewusste und unreflektierte Vorstellungen über den »Fremden«, die wir alle als Stereotype in unseren Köpfen haben. Madeleine Leininger entwickelte aus dem Wissen um genau diesen Sachverhalt ihre transkulturelle Pflege-Theorie, die die kultursensible Pflege maßgeblich beeinflusst hat und bis heute zunehmend mehr Beachtung in den Pflegeberufen findet. Auf Leiningers Grundlagen basieren auch andere transkulturelle Pflegemodelle, und die Bewusstwerdung über die Wichtigkeit der kulturellen Berücksichtigung in der Pflege geht maßgeblich auf Leininger zurück.

Madeleine Leiningers Verständnis von Pflege ist kulturübergreifend. Sie konzentriert sich auf das Herausarbeiten von Gemeinsamkeiten und Unterschieden von Pflege und Fürsorge der verschiedenen Kulturen und gibt einen Leitfaden, ein Handlungsmuster für die kultursensible und patientenorientierte Pflege.

■ **Wichtige Grundlagen von Leiningers Theorie**
- Die Fürsorge ist der Kern des Pflegeberufes
- Patienten sind die Fachleute bezüglich ihres eigenen Pflegeverhaltens
- Pflegende sollten lernen, die Patienten mit deren Augen zu sehen, sozusagen die »kulturelle Brille« der anderen Kultur aufzusetzen

■ **Menschliche Fürsorge**

»Was Menschen hauptsächlich benötigen, um gesund zu bleiben, um sich zu entwickeln, um Krankheit zu vermeiden, um zu überleben oder um mit dem Sterben zurechtzukommen, ist die menschliche Fürsorge.« (Leininger 1998 S. 25)

Im Zentrum der Pflegetheorie Leiningers steht die Fürsorge für den einzelnen Patienten. Durch ihre tägliche Arbeit erkannte sie, dass die Fürsorge der Pflegekräfte, genau so entscheidend für den Genesungsprozess ist wie die medizinische Behandlung und die ärztliche Versorgung. Fürsorge bedeutet für Leininger, sich eingehend und individuell angepasst mit dem Patienten und seinen Angehörigen, seinem Umfeld und seiner Familie zu beschäftigen, in ihm ein menschliches Wesen zu sehen und sich aufmerksam und mitfühlend mit seinen Bedürfnissen und denen seiner Familie auseinanderzusetzen. Für Leininger ist die Fürsorge in allen Kulturen verankert, jedoch ist deren Ausgestaltung mit konkreten Inhalten kulturspezifisch. Es gibt also in allen Kulturen das Phänomen der Fürsorge, doch wie oder von wem sie ausgeführt wird, kann in verschiedenen Kulturen stark variieren.

■ **Leiningers Kulturbegriff**

Leiningers Theorie der »transkulturellen Pflege« basiert auf einer klassischen Definition des Kulturbegriffes, der auf der Definition des Sozialanthropologen Edward B. Tyler beruht. Dieser definierte Kultur als komplexes Ganzes, welches Glaubensvorstellungen, Moral, Normen und ethische Vorstellungen, Sitten und Bräuche und alle anderen menschlichen Fähigkeiten und Eigenschaften, die man als Mitglied einer Gesellschaft erwirbt, einschließt. Das bedeutet, dass Menschen, die aus dem gleichen Kulturkreis kommen, sehr ähnliche Wertvorstellungen haben, die sich von den Vorstellungen der Menschen, die aus einer fremden Kultur stammen, grundlegend unterscheiden.

Kultur gibt in einer Gesellschaft Modelle vor, aus denen heraus Gedanken und Handlungen erst entwickelt werden. Kultur bezieht sich auch im Rahmen der transkulturellen Pflege laut Leininger auf erlernte Verhaltensmuster und Werte, die von einer bestimmten Gruppe geteilt werden und im Laufe der Zeit an andere Gruppenmitglieder weitergegeben und tradiert werden. Damit zeigt sich, dass Kultur einen immens großen Einfluss auf alle Entscheidungen des Einzelnen hat und auch weit in das alltägliche Verhalten des Menschen eingreift. Auch die Vorstellungen von Pflege und Gesunderhaltung werden von Kulturen unterschiedlich geprägt und gebildet.

Leininger verdeutlicht mit ihrer Theorie, dass Kultur und menschliche Fürsorge universal betrachtet werden können und immer eng miteinander verbunden sind. Sie sieht Kultur als eine Art »Modellvorlage«, um menschliche Motivationen, Verhaltensweisen und die damit zusammenhängenden pflegerischen Interventionen vorauszusagen und beeinflussen zu können.

■ **Grundannahmen der transkulturellen Pflegetheorie nach M. Leininger:**

Madeleine Leininger legte etliche Grundannahmen nieder, die als Hilfestellung für die Erforschung der Phänomene der kulturspezifischen Fürsorge dienen sollen. Die theoretischen Annahmen wurden bewusst offen gehalten, damit ein offenes und unbeeinflusstes Forschen möglich ist.

1. Die Fürsorge bildet den Kern der professionellen Pflege.
2. Fürsorge ist Voraussetzung für das Wohlbefinden, die Gesundheit, die Heilung, das Wachstum, das Überleben und den Umgang mit Behinderung und Tod.
3. In der kulturspezifischen Fürsorge finden wir das umfassende ganzheitliche Mittel vor, um mit Hilfe dieser methodischen Vorgabe die Phänomene der professionellen Pflege zu verstehen und dazu Prognosen abzugeben.
4. Die professionelle Pflege stellt eine transkulturelle humanistische, ethische und wissenschaftliche Disziplin dar, die zentral den Zweck hat, Menschen auf der ganzen Welt zu dienen.
5. Fürsorge ist eine wesentliche Voraussetzung für die Heilung und Genesung von Menschen, denn ohne Fürsorge gibt es keine Genesung.
6. Die Muster, Prozesse, Begriffe, Bedeutungen, Ausdrucksweisen und Strukturen der Fürsorge gibt es in allen Kulturen. Es gibt Ähnlichkeiten und Gemeinsamkeiten, aber auch Abweichungen und Unterschiede im Verständnis der Pflege.

7. Jede Kultur besitzt ein generisches Wissen über die Fürsorge und entsprechende Methoden zur Pflege. Auch das professionelle Pflegewissen und seine Methoden können Unterschiede zu unserer Pflegekultur aufweisen.
8. Kulturelle Überzeugungen und Methoden der Fürsorge werden durch den weltanschaulichen, politischen, bildungsbezogenen, ökonomischen, ethnohistorischen und umweltbezogenen Kontext einer spezifischen Kultur beeinflusst.
9. Eine professionelle Pflege, die positiv, gesundheitsfördernd, zufriedenstellend und kulturell fundiert ist, trägt zum Wohlbefinden des Einzelnen, der Familie sowie der Gruppen und Gemeinschaften in ihrer Umwelt bei.
10. Eine kulturkongruente oder fördernde Pflege ist nur dann zu gewährleisten, wenn die Pflegenden die individuellen, gruppenspezifischen, familiären und gemeinschaftlichen kulturspezifischen Werte, Ausdrucksformen und Muster kennen und auf eine angemessene Weise anwenden.
11. Es gibt in jeder Kultur Unterschiede und Übereinstimmungen in der Fürsorge mit unserem System.
12. Pflegeempfänger, die eine Pflege erfahren, die nicht mit ihren Werten, Überzeugungen und Gewohnheiten übereinstimmt, werden kulturelle Konflikte, Stress sowie ethische und moralische Überforderung empfinden.
Das qualitative Forschungsparadigma bietet neue Möglichkeiten für die transkulturelle Erforschung menschlicher Fürsorge

■ Das Sunrise-Modell nach Madeleine Leininger

Leininger hat auf der Basis ihrer Ideen und Untersuchungen das sogenannte *Sunrise-Modell* entwickelt (❏ Abb. 2.1).

Das Modell soll als »kognitive Landkarte«, als Handlungsleitfaden dienen, es soll Pflegenden eine Orientierungshilfe im Pflegealltag sein. Das Modell ist nicht statisch, es wird vielmehr als lebendiges sich weiter entwickelndes Modell gesehen. Neue Forschungen sollen stetig mit einfließen und können so das Modell fortwährend verändern.

Das Sunrise Modell zeigt, dass alles, was Pflege und Fürsorge betrifft, eng mit Kultur verknüpft ist und dass die verschiedenen kulturellen Faktoren sowohl Pflegende als auch Patienten beeinflussen. Pflegeentscheidungen und -handlungen werden von kulturell eigenen Vorstellungen geleitet. Das Modell gibt schnell und übersichtlich einen Überblick über die wichtigsten pflegerelevanten Aspekte einer Kultur. Es lässt sich als ein gedanklicher Wegweiser verwenden, der den Pflegenden hilft, ein möglichst vollständiges und genaues Wissen über kulturspezifische Vorstellungen über die Fürsorge von ihren jeweiligen Patienten zu bekommen.

Das Modell kann flexibel in Untersuchungen einfließen und es darf kreativ angewendet werden. Das heißt, es dient als Grundlage eines kultursensiblen Verständnisses, orientiert sich aber immer am einzelnen Patienten und am individuell Pflegenden. Es ist universal einsetzbar, das heißt, man kann es heranziehen zur Untersuchung von einzelnen Personen, aber auch von Gruppen, Familien oder sogar von ganzen Kulturen. In das Sunrise-Modell fließen alle Faktoren mit ein, die auf das Sorgemuster, auf die Vorstellung und das Wissen von Krankheit und Pflege einen Einfluss haben.

Das Modell dient als Instrument, Kulturspezifika zu ergründen und Zusammenhänge, die auf die Genesung, Heilung oder den Verlauf des Sterbens Einfluss nehmen, zu verstehen. Leininger hat das Sunrise-Modell im Laufe von 30 Jahren entwickelt und immer wieder an ihre neuen wissenschaftlichen Erkenntnisse angepasst. Das Sunrise-Modell ermöglicht einen Gesamtüberblick über die verschiedenen, eng zusammenhängenden Dimensionen kultureller Pflege. Es umfasst alle bekannten, mit menschlicher Fürsorge in Verbindung stehenden Faktoren. Es stellt einen konsequenten Versuch dar, die Welt des Patienten mit seinen jeweilig unterschiedlichen kulturellen Vorstellungen zu verstehen.

Diese modellhafte Aufstellung versucht alle denkbaren unterschiedlichen Faktoren, die die Lebenswelt eines Menschen beeinflussen können, zu berücksichtigen, und zwar in Bezug auf das Sorgemuster, auf Krankheit und Pflege, aber auch hinsichtlich der Verbindungen, die diese Faktoren untereinander und aufeinander haben.

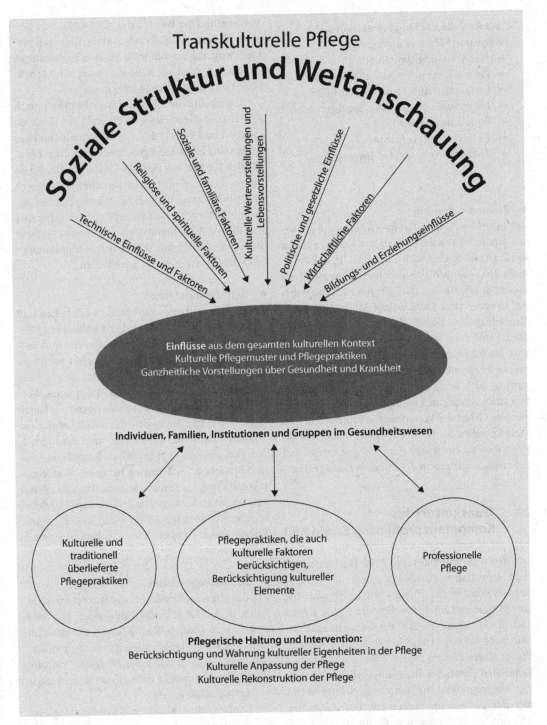

Abb. 2.1 Sunrise Modell

Faktoren, die das Sorgeverständnis, die Pflege und Fürsorge umfassen:

- Technologische Umstände
- Religiöse und philosophische Einflüsse
- Verwandtschaftliche und soziale Faktoren
- Politische und gesetzliche Gegebenheiten
- Wirtschaftliche Verhältnisse
- Bildungsbedingte Faktoren
- Kulturelle Werte und Lebensweisen

- **Zusammenfassung**

Leiningers Forderung, dass man im Gesundheitswesen fundiertes Wissen über andere Kulturen haben muss, ist richtig und nachvollziehbar. In der Praxis muss dieses Wissen sich aber immer am einzelnen Patienten orientieren, da Kulturen nicht abgrenzbar zu sehen sind. Oder welche Kultur hat eine in Deutschland lebende Tochter einer indonesischen Mutter und eines senegalesischen Vaters? Den Aspekt der transkulturellen Pflege in die tägliche Praxis der Pflege mit einzubeziehen, ist dennoch sehr wichtig, auch wenn dies nicht rezeptartig geschehen kann. Madeleine Leininger war eine Pionierin auf dem Gebiet der kultursensiblen Pflege und ihre Modelle haben bis heute Gültigkeit – aber vor allem haben sie einen immens wichtigen Denk- und Bewusstseinsprozess in der Pflege in Gang gesetzt.

2.2 Transkulturelles Kompetenzprofil nach Ewald Kiel

Der deutsche Schulpädagoge Prof. Dr. Ewald Kiel stellt sein transkulturelles Konzept als Leitbild einer Weltkultur dar. Ebenso wie in dem Modell von Madeleine Leininger sollen die eigene Kultur und die kulturelle Vielfalt auf Gemeinsamkeiten und nicht auf Gegensätze hin untersucht werden. Erst in einem zweiten Schritt sollen die möglichen kulturellen Unterschiede herausgearbeitet werden. Der Ausgangspunkt der Betrachtungsweise ist immer der gemeinsame Lebensstil, das Aufsuchen und Erarbeiten der eigenen Kultur und der Anknüpfungspunkte von fremden Kulturen mit eben dieser bekannten Kultur. Ähnliche Methoden der Problembewältigung im Alltagsleben stehen im Vordergrund der Betrachtung. Dies dient dem besseren Verstehen des fremden Menschen, weil versucht wird, das Fremde in Bezug zu dem Bekannten zu setzen. Von dieser Basis aus lassen sich Modelle bilden und neues Wissen integrieren.

Transkulturelle Kompetenzen bestehen nach Kiel aus der allgemeinen Bereitschaft zur Kommunikation und Interaktion. Transkulturelle Kompetenzen sind eigenständige Schlüsselqualifikationen, die sich für Kiel aus den vier Kompetenzbereichen Sach-, Sozial-, Selbst- und Handlungskompetenz und ihren dazugehörigen Einzelkompetenzen zusammensetzen (▶ Internetadresse transkulturelles Portal). Die Aufzählung der Kompetenzen ist nicht statisch und kann sich abhängig vom transkulturellen Kontext erweitern oder verändern.

- **Selbstkompetenzen**

Hier geht es darum, individuell zu erarbeiten und zu erkennen, wie »ich« selbst von kulturellen Werten und Einstellungen beeinflusst werde und welche Muster meiner Kultur mein eigenes Selbstverständnis ausmachen. Das reflektierte Bewusstsein über die eigenen soziokulturellen Prägungen, Werte und Normen sowie über das eigene Verhalten gegenüber Fremden sollen der Relativierung der kulturzentrischen Sicht dienen und dazu verhelfen, den eigenen Standpunkt zu kennen und ihn in Situationen, in denen es zu einem Kulturkontakt mit Fremden kommt, angemessen und effektiv einbringen zu können. Die Selbstkompetenzen beinhalten darüber hinaus die Fähigkeit, das eigene verbale und nonverbale Kommunikationsverhalten zu reflektieren.

- **Sozialkompetenzen**

Zu den transkulturellen Sozialkompetenzen gehören nach Kiel auch die Fähigkeiten, mit Stress umgehen zu können, Konflikte in Interaktion und Kommunikation kulturadäquat austragen zu können, und vor allem auch die Fähigkeit, Empathie für das fremdkulturelle Individuum zu entwickeln.

- Ambiguitätstoleranz,
- Kooperations-, Kritik- und Konfliktfähigkeit,
- respektvolle, solidarische und vertrauensvolle Grundhaltung für andere Werte,
- Anerkennung der Würde aller Menschen und
- Offenheit, Neugier und Entdeckergeist

ergänzen diese sozialen Grundkompetenzen, die zu einer transkulturellen Haltung gehören.

■ **Sachkompetenzen**

Auf der Ebene der Sachkompetenzen geht es um die Beschaffung von Hintergrundwissen über die eigenen und fremden kulturellen Werte und Einstellungen. Das Wissen um die möglicherweise ganz anders gewerteten Grundwerte wie etwa die Relativität von Werten, wie z.B. Gerechtigkeit, Ehrlichkeit oder Solidarität, wird als relativ verstanden und akzeptiert. Die Sachkompetenzen beinhalten weiterhin

— Kenntnisse über den Begriff Kultur in der transkulturellen Kommunikation, insbesondere des handlungsbezogenen Kulturbegriffs
— Kenntnisse über Methoden und Modelle der transkulturellen Kommunikation
— Kenntnisse über Kulturschocktheorien (▶ Kapitel 6)
— Wissen über geschlechtsbezogene, biografisch- und persönlichkeitsbedingte Unterschiede in der Lebens- und Handlungsweise von Menschen
— Sachwissen über ökonomische, ökologische, soziale, politische und kulturelle Globalisierungsprozesse
— Kenntnisse über Ein- und Ausgrenzungsprozesse in ungleichen Machtverhältnissen
— Sachwissen über Entstehungsmechanismen von Stereotypen, Vorurteilen, Diskriminierungen und Rassismus
— Grundkenntnisse der verschiedenen Religionen
— Kenntnisse über rechtliche und politische Rahmenbedingungen in der globalen Arbeit

■ **Handlungskompetenzen**

Auf der Ebene der Handlungskompetenz geht es nach E. Kiel um die Fähigkeit, die eigene Kultur und eine fremde Kultur zu analysieren, um eine Fremdbegegnung erst bewusst gestalten zu können. Begegnungen mit anderen Kulturen werden, wie wir wissen, sehr oft auch von latenten Vorurteilen und Stereotypen der am Kontakt beteiligten Menschen begleitet. Die Fähigkeit, diese Vorurteile bewusst zu hinterfragen und sich davon frei zu machen, diese Vorurteile zu analysieren und sich verantwortungs-

voll zu verhalten, dienen dazu, eine transkulturelle Begegnung möglichst vorurteilsfrei zu gestalten und gehören nach Kiel zu den wichtigen transkulturellen Handlungskompetenzen.

Weitere transkulturelle Handlungskompetenzen:

— Die Fähigkeit zur Differenzierung zwischen kulturell-, sozial- und persönlichkeitsbedingten Kommunikations- und Verhaltensweisen der Menschen
— Die Fähigkeit, transkulturelle Unterschiede zu respektieren, evtl. eigene Erwartungen zu revidieren und von den Ressourcen und gemeinsamen Interessen auszugehen, um Lösungen zu finden
— Die Bereitschaft, sich in der transkulturellen Vielfalt weiterzuentwickeln
— Qualifizierte Fremdsprachenkenntnisse

■ **Das dieser Stufenfolge (⬛ Abb. 2.2) zugrunde liegende Prinzip lautet:**

Wenn ein Mensch seine interkulturelle Kompetenz entwickelt, so geht dies in Stufen vor sich. Ganz am Anfang der Entwicklung steht in jeder Kultur vorhandener Ethnozentrismus oder Kulturzentrismus, also der Glaube, dass die eigene Kultur die einzig richtige ist, was wir oft in der Forderung wiederfinden, dass Menschen aus anderen Kulturen sich sofort an die neue Kultur »anpassen« sollen. Unter diesem »natürlichen« Ethnozentrismus wird hier verstanden, dass jeder Mensch seine eigene und bekannte Kultur in den Mittelpunkt stellt. Der zweite Schritt weckt erst einmal Offenheit für Fremdes. Offenheit kann dann zu Verständnis führen. Wenn die Akzeptanz von fremden Verhaltensmustern einsetzt, kann im nächsten Schritt die schrittweise Anpassung an die neue Kultur erfolgen. Erst jetzt macht die Forderung der Anpassung an die neue Kultur Sinn. Die interkulturelle Kompetenz ist dann erreicht, wenn sich ein Mensch sicher interkulturell verhalten kann, also keine Verunsicherungen mehr spürt, wenn er mit anderskulturellen Menschen zu tun hat.

Das Ziel einer solchen Entwicklung ist die Überwindung des Kulturzentrismus. Das »Aufmerksam-werden für Fremdes« führt dann zu einem »Verständnis«, zu einem »Akzeptieren anderer Kulturen so wie sie sind«, erst dann kommt

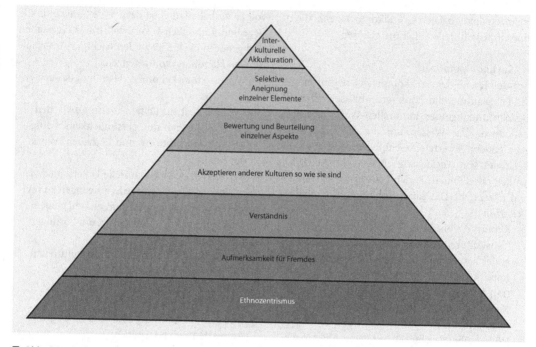

Inter-
kulturelle
Akkulturation

Selektive
Aneignung
einzelner Elemente

Bewertung und Beurteilung
einzelner Aspekte

Akzeptieren anderer Kulturen so wie sie sind

Verständnis

Aufmerksamkeit für Fremdes

Ethnozentrismus

Abb. 2.2 Stufenmodell der Entwicklung interkultureller Kompetenz

es zu einer »Bewertung und Beurteilung« und schließlich zur »selektiven Aneignung« von kulturellen Elementen. Ergebnis dieses als idealtypisch empfundenen Prozesses ist die »interkulturelle Akkulturation«, die oben angesprochene Fähigkeit zur Gestaltung eines kultursensiblen Verhaltens. Charakteristisch für dieses Modell ist sein Stufencharakter mit der untersten Stufe des Ethnozentrismus, der nicht als eine anderen Kulturen gegenüber feindliche Haltung »gebrandmarkt« wird, sondern als natürliche Voraussetzung dargestellt wird, aus der sich bei einer entsprechenden Lernbereitschaft eine Dynamik bis hin zu einer transkulturellen Kompetenz hin entwickeln kann.

■ **Zusammenfassung**

Transkulturelle Kompetenz ist auch nach dem Pädagogen Ewald Kiel eine grundlegende Fähigkeit, um die es beim globalen Leben, Arbeiten und Lernen geht. Die Fähigkeit, kulturelle Überschneidungssituationen so zu gestalten, dass die Mitglieder verschiedener Einzelkulturen sich offen präsentieren und austauschen können und jeder zumindest versucht, die Positionen des anderen zu

verstehen, ist auch im Zusammenhang mit interkulturellen Pflegesituationen eine Grundvoraussetzung der erfolgreichen interkulturellen Begegnung.

Um die individuelle Entwicklung der interkulturellen Kompetenz in Gang zu setzen, bedarf es zunächst einer grundlegenden kulturellen Sensibilisierung. Nach dieser Sensibilisierung folgt die Entwicklung der Fähigkeit zur Kulturanalyse. Die kulturanalytischen Fähigkeiten verschaffen allen, die an einem echten Verstehen von kulturellen Aspekten interessiert sind, einen Interpretationsrahmen für das Verstehen des eigenen kulturbedingten Handelns und von dort ausgehend ein Verstehen des Handelns von Mitgliedern anderer Kulturen. Sie ermöglichen es auch, die unterschiedlichsten Erfahrungen miteinander in Einklang zu bringen. Ein ganz wichtiges Merkmal des transkulturellen Kompetenzmodells nach Kiel ist die tiefgreifende Reflexion der eigenen Kultur als Grundlage für das Verstehen von fremden Kulturen.

Je oberflächlicher die Kenntnisse der eigenen Kultur sind, desto oberflächlicher bleiben dann auch die Ergebnisse der Beobachtung und Reflektion über eine fremde Kultur. Daher stellen wir auch in diesem Buch immer wieder einen Bezug zu wichtigen deutschen kulturellen Standards und Normen her, um von dort aus den Blick auf fremde Standards und Normen zu ermöglichen.

Literatur

Hoopes, D.S. (1981): Intercultural Communication Concepts and the Psychology of Intercultural Experience, in: Pusch, M. D. (Hg.): Multicultural Education. A Cross Cultural Training Approach. Chicago, S. 9-38

Leininger, M. M. (1998): Kulturelle Dimensionen menschlicher Pflege, Freiburg i. Br., Lambertus

Vorstellungen über Krankheit und Gesundheit in islamischen Kulturen

3.1   Krankheitsverständnis

>> Und wenn ich krank bin, heilt er mich «
Koran, Sure 26, 80

Krankheit oder ein schwerer Unfall sind in jeder Kultur ein einschneidendes Erlebnis im Lebensalltag, das den betreffenden Patienten und seine Familie zuweilen völlig aus der Bahn werfen kann, je nach Schwere der Erkrankung. In vielen Kulturen weltweit, besonders aber in den verschiedenen Regionen Asiens, wird Krankheit sowohl kollektiv als auch ganzheitlich verstanden, so auch in der Türkei und den arabischen Kernländern. Das kollektive Verständnis von Krankheit bedeutet, dass die Krankheit eines einzelnen Menschen nie alleine seine Angelegenheit ist, sondern die ganze Familie betrifft. Das ganzheitliche Verständnis von Krankheit bedeutet, dass nicht ein einzelner Körperteil oder ein Organ erkrankt ist, sondern der »ganze Mensch«. Dies ist ein generell verbreitetes medizinisches Verständnis in vielen asiatischen und osteuropäischen Kulturen. So basiert zum Beispiel die TCM (traditionelle chinesische Medizin) oder das indische Heilwesen Ayurveda auch auf der Annahme, dass der Körper des Patienten ganzheitlich gesehen werden muss, um Lösungsansätze für bestimmte gesundheitliche Probleme bieten zu können.

Krankheit als solche wird oft als äußerer Einfluss gesehen und gewertet. Da in den traditionellen ruralen Gegenden der kleinasiatischen Kulturen, zu denen auch die Türkei gehört, wenig bis gar kein Hintergrundwissen über medizinische und biologische Basisvorgänge des Körpers existieren, werden andere Erklärungen für das Vorkommen von krankhaften Veränderungen gesucht. Die Vorstellung, dass übernatürliche Kräfte am Wirken sind, die den Körper durch bestimmte Körperöffnungen penetrieren können und so von außen nach innen für eine Schwächung sorgen, ist weitverbreitet, wenn auch in unterschiedlicher Ausprägung. Dementsprechend setzt die Behandlung auch bei der Eliminierung dieser krankmachenden Einflüsse an. Die Krankheit kann den Körper nur durch Ausleitungsmaßnahmen verlassen. Diese Vorstellungen galten hier auch über Jahrhunderte, denken wir zum Beispiel an Ausschwitzen, Harn-

treiben, an Einläufe bei Fieber oder an das Ansetzen von Blutegeln, um das Blut zu reinigen und den Körper zu heilen. Diese traditionellen Sichtweisen existieren heute vielfältig parallel zu dem traditionellen Krankheitsverständnis. So wird oft die Gabe von Medikamenten als »krankheitsaustreibend« betrachtet.

Bei muslimischen Patienten kann Krankheit obendrein zu diesem ganzheitlichen Ansatz noch religiöse Aspekte umfassen: Sie kann durch Allahs Willen als Prüfung geschickt werden oder durch magische, volksreligiöse Vorstellungen, wie zum Beispiel den »bösen Blick«, oder aber durch ein persönliches Fehlverhalten hervorgerufen worden sein, was ein Konzept von göttlicher Strafe beinhaltet. Wichtig ist für das Verständnis von Krankheit, dass die ganzheitliche Betrachtung des Menschen und seiner Seele Einfluss auf das Erscheinungsbild der Krankheit und auf die Kommunikation hat, mit der körperliche Symptome beschrieben werden.

Zu diesem, uns recht fremden Verständnis von Krankheit kommt oft ein nur sehr oberflächliches Wissen um körperliche Vorgänge, da viele körperliche Bereiche strengen Glaubensvorschriften unterliegen und die Schamgrenze sehr hoch ist, über diese Tabubereiche zu reden. Fast möchte man annehmen, der Patient leidet, duldet und akzeptiert, was ihm Beschwerden bereitet, statt dass er sich bestmöglich und eigenverantwortlich mit an der Genesung beteiligt, indem er genaue und klare Angaben zu seinen Symptomen macht. Dass genau dies aus verschiedenen kulturell und religiös bedingten Gründen schwieriger ist als bei deutschen Patienten, werden wir immer wieder sehen und zwar im Bereich der Kommunikation als auch im Bereich der Eigenverantwortung.

Da eine Erkrankung aber ganzheitlich betrachtet wird und der Patient auch Hilfe braucht, werden Nebenbeschwerden oft mit viel Intensität vorgetragen und der Haupterkrankungsgrund erscheint zunächst verschwommen und unklar. Aussagen wie: »Ich bin krank, sehr krank. Niemand kann mir helfen. Ich war schon bei so vielen Ärzten. Mir tut alles weh. Ich fühle mich saft- und kraftlos.« (▶ www.medizin-netz.de, 25. August 2006), dürften vielen Pflegern und Ärzten bekannt vorkommen und gerade in der Anamnese für viel Unklarheit sorgen.

■ **Krankheit verbindet**

Während bei uns Krankheit weitestgehend individuell erlebt und durchgestanden wird, bis hin zu Tabuisierungstendenzen bei schwerwiegenden Erkrankungen (wer gibt in Deutschland schon Auskunft über seine Krebserkrankung oder – noch tabuisierter – über eine HIV-Erkrankung), gilt in einigen islamischen Ländern (Türkei, Sudan, arabische Kernländer) das Gegenteil: Hier wird Krankheit zu einem verbindenden Element für den Betroffenen und sein direktes Umfeld. Der Kranke steht nicht im Abseits, sondern im Mittelpunkt und kann sich der Pflege und Fürsorge der Familie sicher sein, die auch die Aufgabe hat, sich um ihn zu kümmern. Durch viel dichten Kontakt und viel menschliche Wärme soll der Körper des Kranken wieder schnell und vollständig genesen.

Dieses Verständnis führt zu sehr viel mehr und intensiverem Familienbesuch als es bei uns üblich ist – und damit zu einer Belastung im deutschen Klinikalltag. Kranke Muslime kommen in der Regel in Begleitung der engsten Familienangehörigen. Oft kommen sie auch in Begleitung der Kinder. Sie werden begleitet bei Untersuchungen, Besprechungen, Nachkontrollen, bei der Geburt und während des gesamten Klinikaufenthaltes.

Das Thema »Besucherandrang« sorgt oft für spontane Schwierigkeiten im Klinikalltag und der oft erwähnte Besucherandrang von muslimischen Patienten gilt als eines der Hauptverständigungsprobleme, wenn es um den interkulturellen Kontakt geht. Die Frage: »Warum müssen die denn immer so viel Besuch haben?«, kommt in interkulturellen Weiterbildungen meist direkt an erster Stelle. Meist befindet sich die ganze Verwandtschaft in der Nähe der/des Kranken, was schon rein von dem als angenehm empfundenen Distanzverhalten her unangenehm werden kann und außerdem für Behinderungen im Ablauf sorgt. Durch die große Anteilnahme der Familienmitglieder ist es im Zimmer oft laut und/oder hektisch, was die Mitpatienten stört. Da die Familie der/des Kranken diesen am liebsten den ganzen Tag begleiten möchte, kann es zur Missachtung der Besuchszeiten kommen. In diesem Zusammenhang machen Krankheiten, die eine Isolierung erfordern, große Schwierigkeiten und die Erklärung, warum ein Patient isoliert werden muss, erfordert eine große kulturelle und menschliche Sensibilität.

3.2 Muslimische Patienten kultursensibel pflegen

Der Kontakt zu Muslimen im Krankenhaus ist für das Pflegepersonal nicht immer einfach herzustellen. Schon beim Eintrittsgespräch kann es zu Schwierigkeiten kommen. Dabei ist genau der erste Kontakt für die weitere Beziehung zwischen Patienten und Pflegende so immens wichtig! Der Grundstein für den Aufbau der Pflegebeziehung wird schon bei der ersten Kontaktaufnahme gelegt. Entscheidend für Offenheit oder aber auch Verletzlichkeit des Patienten und des Pflegenden sind dabei Vorstellungen und Erfahrungen, die auf der Seite der Pflegenden und auf der Seite der Patienten mit den »anderen« im Vorfeld gemacht wurden. Wir können davon ausgehen, dass vielfach auf beiden Seiten Vorurteile und Fehleinschätzungen bestehen. Eine kultursensible Vorgehensweise in der Pflege, die sich frei von Vorurteilen und Stereotypen macht, erkennt vorurteilsgeprägte Ressentiments auf beiden Seiten auch als solche. Es wird jedoch nicht nach ihrer Bestätigung gesucht. Vorurteile beruhen oft auf einer Vorerfahrung, aber auch auf Vorstellungen und Erfahrungen, die Migrantinnen und Migranten in Bezug auf pflegerische Versorgung in ihrem Herkunftsland gemacht haben. So kann die Übertragung einer als schlimm empfundenen Pflegeerfahrung im Herkunftsland zu einer übersteigerten Angst vor einem Klinikaufenthalt in der als fremd empfundenen Realität in Deutschland führen. Erfährt und spürt der Patient dann noch, dass er von den Pflegenden in bestimmte Schubladen gesteckt wird und nicht mehr in seiner persönlichen Situation wahrgenommen wird, so löst das sofort negative Gefühle bei den Patienten aus.

Wir möchten an dieser Stelle einen solchen Fall von oberflächlicher Stereotypisierung durch die Pflegenden in einer deutschen Klinik zeigen. Eine gebürtige Algerierin, die seit ca. 20 Jahren in Deutschland lebte, wurde, da sie eine Muslimin ist, mit einer türkischen Patientin zusammengelegt. Man hatte es gut gemeint und dachte, kultursensibel gehandelt zu haben. Nun, die Algerierin und die Türkin hatten beide einen sehr verschiedenen Umgang mit ihrer Religion und ihrer Integration in die deutsche Kultur. Während die Patientin aus Algerien hier in Deutschland lebte, um sich bewusst und frei emanzipiert entfalten zu können, verteidigte die türkische Patientin einen traditionellen Islam mit fast missionarischem Eifer. Die täglichen Probleme der beiden muslimischen Patientinnen spitzten sich so zu, dass sie später in zwei verschiedenen Zimmern untergebracht werden mussten, da die Schwierigkeiten, die sie miteinander hatten, den Genesungsprozess bei beiden gefährdeten.

Es gibt also KEINE festen Rezepte für den Umgang mit fremdkulturellen Patienten! Aber die emotionale Anteilnahme für den einzelnen Patienten bedeutet immer auch, dass eine sorgfältige Information und Beobachtung, die durchaus zeitintensiver ist als bei deutschen Patienten, den Pflegeprozess begleiten muss und dass gemeinsame Lösungen gesucht werden sollten. Nur dann können sich auch Patienten aus anderen Kulturen wertgeschätzt fühlen und sind dann auch oft zur Mitarbeit bereit.

Das am häufigsten genannte Problem in Pflegesituationen ist die Kommunikation, das ist die Kernaussage vieler Untersuchungen zum Thema. Durch Sprachbarrieren oder unzureichende Deutschkenntnisse ist die Pflegebeziehung erschwert oder sogar unmöglich. Aber auch durch fehl- und missverstandene Verhaltensinterpretationen erschwert sich die gelungene Kommunikation. Im Pflegeprozess kann die Sicht des einzelnen Patienten und seiner Angehörigen nicht immer berücksichtigt werden. Ein weiteres Problem ist die innere, zum Teil unbewusste Haltung der Pflegekräfte, oft ist diese von latenten Stereotypen und Vorurteilen gegenüber Randgruppen bzw. Migranten geprägt, die diese von vornherein als »schwierige Patienten« einordnen. Die Bereitschaft, »solche« Menschen verstehen zu wollen, ist nicht immer gegeben und wird allzu oft mit dem Wunsch abgetan, »warum können die sich nicht endlich anpassen!«

Die innere Distanz der Pflegekräfte wirkt sich natürlich auch auf das Erleben des Patienten aus. Oft fühlen diese sich subjektiv zurückgesetzt, unzureichend verstanden und schlechter betreut als inländische Patienten. Dies liegt aber auch an der übersteigerten Erwartungshaltung, die von vorneherein davon ausgeht, dass man als Fremder eh schlechter behandelt wird. Im ungünstigsten Falle werden die negativen Erwartungshaltungen (»der ausländische Patient ist sowieso schwierig« versus » hier bin ich als Fremder eh aufgeschmissen, weil ich nicht verstanden werde«) auf beiden Seiten als eine selbsterfüllende Vorhersage wahr. Diese sich selbst erfüllende Erwartungshaltung wird deshalb zur Realität, weil derjenige oder diejenigen, die an ihre eigene »Prophezeiung« glauben, sich – meist unbewusst – aufgrund ihrer eigenen Prophezeiung so verhalten, dass diese sich erfüllen muss. Wahrgenommene Defizite in der Behandlung, die nicht geäußert werden können, werden dann zuweilen auch als Ausdruck einer politisch oder sogar rassistisch motivierten Ausländerfeindlichkeit interpretiert. Durch die eingeschränkte Kommunikation sind so Probleme und Missverständnisse immer wieder vorprogrammiert.

Wenn der Patient ohne die Begleitung der Kinder (welche die deutsche Sprache oft beherrschen) oder einer anderen deutschsprechenden Person in die Klinik kommt und selbst kein oder nur ein sehr dürftiges Deutsch spricht, so sind Verständigungsprobleme vorprogrammiert. In solchen Fällen empfiehlt es sich, Verständigungshilfen zu organisieren.

Aber auch die nonverbale Ebene oder Unterschiede in der Direktheit der Kommunikation können zu Verständigungsproblemen führen und den sensiblen Umgang miteinander erschweren. Von den Pflegenden muss eine hohe Frustrationstoleranz erwartet werden, denn oft haben sie mit Vorurteilen der Patienten zu tun, die auch auf einer geringen Kontaktbereitschaft mit Deutschen allgemein oder auf Erfahrungen beruhen, die Migranten im Zusammenhang mit der Zuwanderung nach Deutschland gemacht haben. Diese können sich durchaus negativ auf die Einstellung der Patienten gegenüber Institutionen jeglicher Art und gegenüber dem Kontakt mit dem deutschen Pflegepersonal auswirken.

Allgemein ist der erste Kontakt zwischen dem Patienten und dem Pflegepersonal für die sich entwickelnde Beziehung während des Klinikaufenthaltes von großer Bedeutung. Viele muslimische Patienten treten den Pflegenden von Anfang an eher kritisch gegenüber. Sie haben, wie viele nichtmuslimische Patienten auch, eine gewisse Angst vor ihrem Krankenhausaufenthalt. Aber Muslime haben auch noch andere Bedenken, wenn sie in die Klinik müssen. Sie hoffen, dass man ihren Glauben und ihre Kleidung akzeptiert, dass man ihre Gebete zulässt und dass für sie passende Mahlzeiten zur Verfügung stehen. Nicht nur infolge der Sprachbarriere braucht man zum Teil also sehr viel Zeit und Geduld, bis man eine Beziehung zu einer muslimischen Patientin hergestellt hat. Doch es lohnt sich, sich diese Zeit zu nehmen, geduldig zu sein und durch Empathie eine Beziehung aufzubauen, die eine gute Basis für das Zusammenarbeiten von Pflege und Patient ermöglicht. Muslime sind Menschen mit einem anderen Glauben, einer anderen Tradition und anderen gesellschaftlichen Strukturen. Nicht mehr und nicht weniger. Die Pflege an sich muss nicht allzu sehr von jener Pflege abweichen, die auch hier ausgeübt wird. Die möglichen Problembereiche im Umgang mit muslimischen Patienten – also die Bereiche, wo es interkulturelle Missverständnisse geben kann – sollten nur bekannt sein. Diese lassen sich grob in die folgenden Gebiete aufteilen:

- Kommunikation/Verständigung auf verbaler und nonverbaler Ebene
- Religionsausübung und Glaubensvorschriften
- Familienhierarchie
- Autoritätsverhalten
- Kleidervorschriften
- Schamgrenzen und Intimsphäre
- Nahrungsmittel- und Mahlzeitenvorschriften
- Besucheranzahl/Besucherzeiten
- Geschlechterrollen und Rollenverteilung am Krankenbett

3.3 Operationen und medizinische Maßnahmen

Aus islamischer Sicht dürfen alle notwendigen Operationen (z.B. Kaiserschnitt, Vasektonomie) durchgeführt werden, wenn sie die Gesundheit wiederherstellen. Dennoch ist gerade im reproduktiven Bereich eine gewisse Grauzone, wenn die Familie beschließt, dass eine Operation unnötig ist. Oft wird der Rat der Familie ernster genommen als die medizinische Empfehlung.

- **Nach islamischen Gesichtspunkten sind erlaubt:**
- Bluttransfusionen
- Medikamentöse und mechanische Reanimation

3.4 Nahrungsmittel- und Mahlzeitenvorschriften

Der Islam hat strikte Regeln über erlaubte (*halal*) und verbotene (*haram*) Nahrungsmittel und Nahrungsmittelbestandteile. Schweinefleisch und alle Nebenprodukte, die von Schwein stammen, Alkohol, tierische Fette und Fleisch, das von Tieren stammt, die nicht geschächtet worden sind, wie es der Islam vorschreibt, stehen an erster Stelle der verbotenen Nahrungsmittel. Das Schächten oder Schechita (hebr. *šachat* »schlachten«) ist das rituelle Schlachten von Tieren im Judentum und im Islam. Im Unterschied zu unserer Schlachtmethode, die meist durch einen elektrischen Bolzenschlag erfolgt, werden die Tiere mit einem speziellen Messer mit einem einzigen Schnitt quer durch die Halsunterseite getötet. Bei diesem Schnitt durch den Hals müssen die großen Blutgefäße, beide Halsschlagadern, beide Halsvenen, die Luftröhre, die Speiseröhre sowie beide Vagus-Nerven durchtrennt werden. Dies wird gemacht, damit das Tier möglichst rückstandlos ausblutet und möglichst keine Schmerzen erleidet. Diese Technik führt den Tod bei korrekt ausgeführtem Halsschnitt in der Regel innerhalb von 10–15 Sekunden herbei. Der Verzehr von Blut ist sowohl im Judentum als auch im Islam verboten. Dies hat in erster Linie hygienische Gründe und wurde in die allgemeinen Lebensregeln für ein gesundes Leben übernommen und dann durch die Religion ritualisiert. Das Schächten erfolgt ohne vorherige Betäubung des Schlachttieres, da eine Betäubung das Fleisch zum Verzehr unbrauchbar machen würde – so die Auffassung. In Deutschland wird das Schächten der Schlachttiere für Muslime nur mit einer vorangegangenen, elektrischen Betäubung erlaubt.

Die meisten verbotenen Nahrungsmittel wie Schweinefleisch oder Alkohol sind leicht zu identifizieren. Schwieriger wird das, wenn verbotene Nahrungsbestandteile versteckt in Medikamenten oder in Zusatzstoffen der Nahrungszubereitung sind. Auch wenn der muslimische Patient nicht Bescheid wusste, dass sich verbotene Bestandteile im Medikament oder im Essen befanden, begeht er eine Sünde, wenn er diese zu sich nimmt.

> ❯❯ **So ist zum Beispiel Pudding, der mit Vanilleessenz zubereitet wurde, verboten, da Vanilleessenz üblicherweise Alkohol als Bestandteil aufweist. Eiscreme kann Gelatine beigemischt haben und diese ist wieder ein tierisches Nebenprodukt und damit verboten (haram).**

- **Folgen für den Klinikalltag**
    - Diäten werden oft nicht eingehalten, weil nur unzureichendes Hintergrundwissen über die Zusammenhänge von diätetischen Vorschriften oder von falscher Ernährung und Erkrankungen vorhanden ist. Reichliches Essen geben bedeutet, den Kranken aus der Sichtweise der Angehörigen liebevoll zu pflegen. Dies gilt in besonderem Maße für die Pflege von Kindern.
    - Angehörige haben oft den Wunsch den Patienten selbst mit Essen versorgen zu dürfen. Gründe: Misstrauen gegenüber dem Krankenhausessen wegen der Gefahr, verbotene Nahrungsmittel verabreicht zu bekommen.
    - Die Vorstellungen, dass kranke Menschen schmackhaftes und reichliches Essen brauchen (also die gewohnte »Hausmannskost«), führen zu einer Missachtung der deutschen Krankenhauskost.
    - Essgewohnheiten und Geschmacksvorlieben, die sich in der Diätküche nicht wieder finden, führen manchmal zu einer Verweigerung der Pflegekost.
    - Bei Patienten, die parenteral ernährt werden, kann es vorkommen, dass Bedenken zur Sondennahrung geäußert werden. Das gemeinsame Lesen des Beipackzettels mit dem Patienten oder ein offenes Gespräch mit einem Ernährungsberater könnte diese Bedenken jedoch schnell beseitigen. Nährstoffe wie Kohlenhydrate und Eiweiße in der parenteralen Ernährung werden in der Regel chemisch hergestellt. Fette werden aus Pflanzenölen (Sojaöl oder Olivenöl) gewonnen. In der künstlichen Ernährung werden keine tierischen Produkte verarbeitet.

> **Familie**
>
> Beziehen Sie immer die Familie in die Hintergrundinformationen über die Zusammenhänge von Ernährung und Gesundheit mit ein. Hilfreich ist es auch, Möglichkeiten zu schaffen, dass die Familie gemeinsam essen kann.

Außerdem sollten die Bedenken muslimischer Patienten hinsichtlich verbotener Nahrungsmittel schon im Eingangsgespräch ausgeräumt werden. Eine Möglichkeit, die auch im Klinikalltag praktikabel ist, besteht darin, das in türkischen Läden verkaufte Fleisch anzubieten, das nach islamischen Vorschriften geschlachtet wurde. Milchprodukte, Eier, Fisch, Gemüse und Obst können Muslime unbedenklich essen. Eine gute Zwischenlösung ist die vegetarische Kost, wenn sie nicht gegen die ärztlich verordnete Diät verstößt. Essen in Absprache mit Pflegenden sollte mitgebracht werden dürfen (❑ Tab. 3.1).

3.5   Feiertage

Die wichtigsten religiösen Feiertage für türkische Patienten richten sich nach dem Mondkalender und wechseln im Datum von Jahr zu Jahr. Sie heißen Opferfest (Beginn des Ramadan) und Zuckerfest (Ende des Ramadan, türkisch: *seker bayrami*). Wie das auch in anderen Religionsgemeinschaften üblich ist, sind diese Fest- und Feiertage von vielen familiären Besuchen und von speziellen religiösen Bräuchen begleitet. Es kann passieren, dass Patienten zu diesen Anlässen nach Hause entlassen werden möchten. Der Heilige Monat des Ramadan, der Fastenmonat, hat eine zentrale Bedeutung für gläubige Muslime. Dennoch: Kinder, alte, schwache oder kranke Menschen sind von der Fastenpflicht befreit, damit ihre Gesundheit nicht gefährdet wird. Die Aussage von muslimischen Patienten, die behaupten, gerade zu fasten, können Pflegende mit diesem Hinweis entkräften. Manchmal wird aus Unsicherheit und Angst vor verbotenen Nahrungsmitteln zu diesem »Trick« gegriffen, damit der Patient sich hundertprozentig sicher sein kann, dass er keine verbotenen Nahrungsmittel oder Medikamente verabreicht bekommt. Auch das häufi-

◘ Tab. 3.1 Erlaubte (halal) und verbotene (haram) Nahrungsmittel nach muslimischem Glauben

Erlaubte Nahrungsmittel und Stoffe	Verbotene Nahrungsmittel und Stoffe
Fleisch- und Fleischextrakte, medizinische Produkte	
Huhn, Rind und Lamm, nach islamischem Brauch geschächtet, was in Deutschland verboten ist Fisch und Meeresfrüchte Eier Trockenbohnen, Linsen und Nüsse	Schweinefleisch und Wurstwaren mit Schweinefleischanteil (Schinken, Salami, Blutwurst, etc.) Medizinische Produkte, die aus Blut gewonnen wurden, wie besondere Impfstoffe Fleisch, das nicht gemäß den islamischen Vorschriften geschlachtet wurde
Mich- und Milchprodukte	
Milch, Joghurt, Käse, Kokosnussmilch Eiscreme ohne Gelatine und ohne tierische Fette (z.B. auf Sojabasis)	Käse, Joghurt und Eiscreme mit tierischen Fetten Vanille-Crème und Gelatine
Früchte und Gemüse	
Alle Früchte und Gemüse sind erlaubt	Frucht- und Gemüsezubereitung, die mit tierischen Fetten oder mit Alkohol zubereitet wurden
Brot und Getreideprodukte	
Frühstückszerealien Brot, Kuchen und Kekse ohne tierische Fette Reis und Pasta	Pastasauce mit Wein oder Alkohol oder Fleischsauce von gemischtem Hackfleisch Reis, Brot, Kuchen und Kekse, die tierische Fette beinhalten
Fette und Öle	
Butter, Margarine Alle Öle Mayonnaise	Schmalz, Bratenfett und -sauce, Talgprodukte, Rindertalg und andere tierische Fette Cremes, die tierische Fette beinhalten
Getränke	
Tee, Kaffee Wasser, Fruchtsaft Limonaden und Soda Wasser	Alkohol – auch in Arzneimitteln! Getränke mit Alkoholbeimischung, wie z.B. Aroma- und Geschmacksstoffe wie Bitterstoffe, Rumaroma, Vanille-Aroma
Suppen	
Alle Gemüse- und Getreidesuppen oder Suppen mit erlaubtem Fleisch, wie Lamm oder Rind	Suppen mit Schweinefleisch, Wurst, Schinken, Speck oder auf tierischer Fondbasis
Desserts	
Alle Cremes und Puddings, die weder Aromastoffe, noch tierische Fette, noch Alkohol beinhalten Desserts mit alkoholfreier Vanilleessenz oder mit Agar-Agar oder anderen pflanzlichen Bindemitteln	Alle Desserts, die mit Alkohol, Talg und tierischen Fetten, sowie mit Gelatine hergestellt wurden
Arzneimittelbestandteile und andere Nahrungsmittel	
Kräuter, Pickles und Chutneys Marmelade Honig, Zucker	Gelatinekapseln, Lipase, Pepsin

ge Mitbringen von Speisen und Getränken durch Familienmitglieder kann man vor diesem Hintergrund verstehen. Obendrein gilt in der türkischen Gesellschaft, dass die Pflege eines Kranken in die Hände der Familienmitglieder gehört.

Der Ramadan ist der neunte Monat im islamischen Jahr. Der Wochenfeiertag ist der Freitag, der Tag, an dem man die Moschee besucht oder ein spezielles Freitagsgebet betet. Die islamischen Feiertage, sowie die täglichen Gebetszeiten, werden jedes Jahr im Internet veröffentlicht.

3.6   Fasten und Auswirkungen auf den Klinik- und Pflegealltag

Das Fasten im Monat Ramadan ist eine der fünf Säulen des islamischen Glaubens, also gehört es zu den Grundpfeilern der Religion. Laut Koran lernt ein Moslem durch das Fasten die Askese und die Selbstbeherrschung. Das Fasten ist ein integraler Bestandteil der islamischen Religion und er wird als Reinigungsmethode für Körper, Geist und Seele betrachtet. Für jeden Moslem ist das 30-tägige Fasten im Monat Ramadan verpflichtend. Patienten, die während des Ramadan im Krankenhaus liegen, können freiwillig zu einem anderen Zeitpunkt fasten. Während der Fastenzeit ist es vom Morgengrauen bis Sonnenuntergang nicht gestattet, irgendetwas zu essen oder zu trinken, noch nicht einmal das Trinken von Wasser ist erlaubt. Daher essen Muslime in der Fastenzeit noch einmal kräftig vor dem Morgengrauen, um den Tag ohne Nahrung besser überstehen zu können. Zusätzlich zum Fasten von Wasser und Nahrung sollte nicht geraucht werden. Auch der Geschlechtsverkehr ist während der Fastenzeit zu unterlassen. Das Fasten dient wie gesagt der Askese und Reinigung. Im Vordergrund der ethischen Handlungen sollen jetzt vermehrt Taten der Nächstenliebe stehen. Die Vertiefung des Glaubens und des Gebetes und die Lektüre des Korans sind weitere wichtige Empfehlungen, die das Fasten begleiten. Entsprechend den Gesetzen des Islam sind Kinder unter 12 Jahren, Kranke, Reisende, Menstruierende und Wöchnerinnen vom Fasten ausgenommen. Es kann aber trotzdem vorkommen, dass Patienten während des Ramadan auch in der Klinik fasten wollen. Wenn von ärztlicher Seite kein Einwand dagegen besteht, ist zu beachten, dass durch das Auslassen von Getränken auch die Einnahme von Medikamenten erst nach Sonnenuntergang erfolgt. Dies muss im Einzelfall erst abgeklärt werden, ob aus medizinischer Sicht nichts dagegen spricht.

> **Generell gilt: Kranke müssen nicht fasten –** *dies* **steht auch so ausdrücklich im Koran.**

Im Grunde genommen entscheidet es jeder Gläubige, ob er fastet oder nicht. Man kann das Fasten als Gesunder für ein krankes Familienmitglied übernehmen. So kann etwa der älteste Sohn für den in der Klinik liegenden Vater fasten und dieser kann seinerseits die Fastenzeit nachholen, wenn er wieder gesund ist. Schwangere, stillende Mütter oder Frauen, die menstruieren, sind ebenfalls ausgenommen von der Fastenregel und können weiteressen und trinken. Reisende holen das Fasten nach, sie sind ausgenommen von der Fastenzeit, da das Reisen an sich als eine Anstrengung für den Körper gesehen wird. Kranke können über eine Essensspende für Arme ihrer Fastenpflicht gehorchen, ohne selber fasten zu müssen.

Fasten

Fastende können die folgenden Medikamente zu sich nehmen und die folgenden Behandlungen auch während des Fastens erhalten:
- Spritzen und Injektionen
- Bluttests
- Cremes und Applikationen, die über die Haut wirken
- Gurgeln des Rachens bei Entzündungen (wenn nichts verschluckt wird)

Die folgenden Maßnahmen brechen das Fasten, laut der muslimischen Vorschriften:
- Ohren und Nasentropfen
- Zäpfchen und Einläufe
- Zu inhalierende Medikamente

Das religiöse Fasten ist im Klinikalltag zwar immer wieder Diskussionsthema, aber es kann mit islamischer Argumentation recht schnell beigelegt werden. Es ist ausdrücklich Allahs Wille, dass der Patient sich um seine Gesundheit kümmert und alles tut, um wieder gesund zu werden! Kranke und schwache Menschen können das Fasten, falls ihre körperliche Kraft es zulässt, zu einem späteren Zeitpunkt nachholen, oder eine Spende entrichten. Für Kinder wird das Fasten generell erst nach Beendigung der Pubertät zur Pflicht. Die geläufige Methode, vor allem unter den türkischen Muslimen in Deutschland, ist, dass sie direkt einen Vorbeter einer Moschee (Imäm) aufsuchen, der die Anweisungen des Propheten kennt und diese vermittelt. Damit ist er auch der richtige Ansprechpartner zur Entscheidung über das Fasten im Falle des Klinikaufenthaltes.

▪▪ Tipps für die Pflege

Kranke Muslime können vom Arzt aufgeklärt werden, dass der Koran Kranke von der Fastenpflicht ausdrücklich ausschließt. Wenn der Kranke trotzdem fasten möchte, schadet er seiner Gesundheit und handelt so auch gegen den Willen Allahs! Ein gläubiger Muslim ist jederzeit aufgefordert, sich um seine Gesundheit zu kümmern, sie zu schützen und zu erhalten. Das Einbeziehen eines Imams aus der muslimischen Gemeinde ist ein möglicher Weg, der sich in der Aufklärung über Fastenfolgen und Krankheit gehen lässt. Wenn Sie als Pflegender zeigen, dass Sie sich mit der Religion des Islam beschäftigt haben oder insgesamt das Thema ernst nehmen, zeigen Sie interkulturelle Kompetenz. In der Regel führt dies zu mehr Offenheit bei den Patienten, da Sie nicht mehr ganz so »fremd« scheinen und sich der Patient auch respektiert fühlt.

3.7   Intimsphäre, Schamgefühl und Kleidungsvorschriften

Der Islam verlangt von seinen Mitgliedern, sich bescheiden und zurückhaltend zu kleiden und spezielle Umgangsformen einzuhalten. Das bedeutet, dass es nicht erlaubt ist, zu viel Nähe zu Nichtmuslimen oder Nichtfamilienmitgliedern herzustellen. Besondere Vorschriften gelten bezüglich Nichtverwandten und unverheirateten Menschen des Gegengeschlechtes. Es gibt ausgesprochene Tabubereiche der gegengeschlechtlichen körperlichen Berührung, aber auch der körperliche Kontakt mit Nicht-Muslimen wird nur ungern gestattet, obwohl innerhalb der Glaubensgemeinschaft freundliche Berührungen erwünscht und nicht ungewöhnlich sind. Das macht es im Pflegealltag natürlich recht schwer, gleichzeitig auf mögliche Scham- und religiöse Grenzen zu achten und trotzdem gerade im nonverbalen Bereich offen auf die Patienten zuzugehen, was Berührungen manchmal beinhaltet.

Strenggläubige muslimische Männer bedecken gewöhnlich den Körper und tragen auch oft eine Kopfbedeckung. Muslimische Frauen schützen den ganzen Körper vor fremden Blicken, sie zeigen oft nur Gesicht und Hände ohne Bedeckung. Die Kopftuch-Diskussion ist ja auch hierzulande hinreichend bekannt. Diese Regeln gelten wohlgemerkt nur für die traditionell orientierten Muslime, jüngere, unverheiratete Muslime unterliegen diesen strengen Vorschriften oft noch nicht. Um nicht ungewollt die Blicke auf sich zu ziehen, darf die Bekleidung nicht zu eng und körperbetont sein oder gar durchscheinend, damit die Konturen des Körpers nicht erkennbar sind. Diese Kleidungsvorschriften ziehen eine ganze Reihe moralischer Folgeregeln nach sich und sind insgesamt in das große Konzept von Ehre und Respekt gegenüber dem islamischen Glauben und individuellen Pflichten gegenüber der Familie zu betrachten. Nach strengislamischem Verständnis – und die Auslegung der einzelnen Glaubensrichtungen lässt hier sehr unterschiedliche Interpretationen zu – kann schon der Händedruck zwischen nichtverwandten und nichtverheirateten Männern und Frauen als Verletzung der Intimsphäre wahrgenommen werden. Vor diesem Hintergrund erklärt sich, warum türkische Patientinnen die Hand dem behandelnden, männlichen Arzt nicht gerne geben.

Dennoch bleibt bei einem Arztbesuch oder Klinikaufenthalt eine körperliche Untersuchung unumgänglich. Glücklicherweise werden manche islamische Regeln, die im Alltagsleben gelten, in der Notlage außer Kraft gesetzt. Dementsprechend stellt der körperliche Kontakt zwischen Pflegenden und Patienten eine auf der Notlage basierende Ausnahme dar und ist nicht mit dem körperlichen Kontakt im alltäglichen Leben gleichzustellen. Trotzdem existieren in der Praxis verschiedene Verhaltensformen diesbezüglich, da die in Deutschland lebenden Muslime sowohl den Krankheitszustand als auch die Notlage unterschiedlich wahrnehmen und interpretieren. Dies erschwert auch allgemein gültige Aussagen, die man in diesem Zusammenhang nicht geben kann. Eine kultursensible Haltung von Ärzten und Pflegenden bedeutet hier eine Grundhaltung, die die oben genannten Gefühle und Prinzipien achtet und um diese Bescheid weiß, aber dennoch sorgfältig beobachtet und auf die von den Patienten gegebenen Signale individuell reagiert. Der Körperkontakt, der für den einen Patienten peinlich und aufdringlich wirkt und ihn in seiner Intimsphäre verletzt, kann von einem anderen Patienten als selbstverständlich erwartet werden und die Unterlassung der bei uns üblichen Begrüßungsformel kann unter Umständen als Beleidigung gewertet werden. In diesem Zusammenhang ist es empfehlenswert, sich bei der Aufnahme des Patienten ein Bild über sein Wertesystem zu machen und indirekt auf seine Wünsche anzusprechen.

Um die Intimsphäre von muslimischen Patienten zu wahren, sollte, wenn dies organisatorisch durchführbar ist, die medizinische und pflegerische Behandlung von gleichgeschlechtlichen Pflegenden und Ärzten durchgeführt werden. Manche Patienten, besonders aber auch Patientinnen haben auch den Wunsch, dass ein Familienmitglied während der Untersuchung anwesend ist.

▪▪ Folgen für den Klinikalltag

Da der Islam strenge Richtlinien für den gegengeschlechtlichen Umgang vorschreibt, erscheinen muslimische Patienten oft ungewöhnlich schamhaft. Besonders ältere Frauen aus ländlichen Gebieten zeigen Unsicherheiten, wenn sie sich entkleiden müssen oder wenn sie von einem gegengeschlechtlichen Arzt untersucht oder von einem männlichen Pfleger gepflegt werden. Noch schwieriger können allerdings die Untersuchungen von männlichen Patienten durch Ärztinnen sein. Dies gilt schon für kleine Jungen ab dem Schulalter. Männer und Jungen sollten also möglichst von männlichen Ärzten untersucht und behandelt werden, wenn es zu körperlichen Untersuchungen kommt. Ist dies nicht möglich, ist es wichtig, den muslimischen Patienten oder die Familienmitglieder darüber aufzuklären, dass es aus organisatorischen Gründen nicht möglich ist, dass ein männlicher Arzt die Untersuchung durchführt. Wichtig ist es auch zu erwähnen, dass sie als Pflegende die diesbezüglichen islamischen Gebote kennen und daher um Verständnis bitten.

> **Tabuthemen**
>
> Betrachten Sie alles, was mit körperlichem Kontakt, mit Sexualität oder mit familiären Themen zu tun hat, als Tabubereich, der sehr viel Vertrauen erfordert. Dies gilt vor allem für Migranten der ersten Generation.

Seien Sie außerdem vorsichtig mit gegengeschlechtlichen körperlichen Berührungen, etwa um zu trösten. Bauen Sie erst nach und nach vorsichtig ein Vertrauensverhältnis auf. Wann immer es möglich ist, sollten Frauen von Ärztinnen und Pflegerinnen und Männer von Ärzten und Pflegern behandelt werden. Anhand der Kleidung, mit der die Patienten in die Klinik oder in die Einrichtung kommen, können sie in gewissem Umfang erkennen, wie streng die islamischen Regeln wahrgenommen und befolgt werden. Eine Muslimin, die mit einem Kopftuch in die Klinik kommt, wird sich sicherlich noch wesentlich schamhafter verhalten als eine westlich gekleidete Patientin.

▪ Pflege von Mädchen und Frauen

Sehr sensibel ist auch die Pflege von muslimischen Mädchen. Ab dem Alter von etwa zehn Jahren werden in der Türkei Mädchen nur noch im Beisein einer weiblichen Erwachsenen medizinisch untersucht. Ist ein muslimischer Vater anwesend, kann er sehr emotional reagieren, wenn er den Eindruck hat, dass ein männlicher Krankenhausmitarbeiter seiner Tochter zu nahe kommt. Dieses Zu-nahe-Kommen kann sich schon im Duzen der Patienten äußern, oder indem sich der Pflegende auf die Bettkante setzt, um das Anamnesegespräch zu führen. Dieses für uns sehr irritierende Verhalten hat seinen Ursprung in dem Konzept der Ehre in traditionell orientierten islamischen Familien, nach dem der Vater vor Allah für die Ehre seiner Tochter verantwortlich ist.

Ein Problem kann auftreten, wenn sich muslimische Patienten mit Einheimischen ein Zimmer teilen müssen. In der gynäkologischen Abteilung ist es beispielsweise wahrscheinlich, dass sich muslimische Patientinnen für das Verhalten der anderen andersgläubigen Patientinnen vor allem vor ihren Besuchern schämen. So gilt z.B. das Stillen in Anwesenheit von Männern als ein Tabu, das von deutschen Patientinnen so nicht empfunden wird.

■ **Politische Aspekte**

Ein anderer Problembereich kann sich durch strenge regionale Abgrenzungen der muslimischen Patientinnen ergeben. Man kann nicht ohne Weiteres davon ausgehen, dass sich alle Muslime gut miteinander verstehen, nur weil sie zu derselben Glaubensrichtung gehören. Selbst wenn Patienten aus dem gleichen Herkunftsland stammen, können sie verfeindeten Gruppen angehören, wie dies zum Beispiel oft bei Türken und Kurden der Fall ist.

■ **Intimsphäre**

Allgemein leidet die Intimsphäre der muslimischen Patienten oft besonders stark durch die Krankenhausroutine, aber es verletzt auch die Intimsphäre von deutschen Patienten, wenn sie völlig schutzlos den Blicken anderer preisgegeben werden. Ganz besondere Probleme gibt es für muslimische Patientinnen bei gynäkologischen Untersuchungen. Für diese Untersuchungen ist es ratsam, einen Sichtschutz zu organisieren, der das Bett abtrennt, und vor allem eine Ärztin für die Untersuchung zur Verfügung zu stellen. Doch dies ist im Klinikalltag nicht immer möglich. Ist es nicht machbar, eine Ärztin die Untersuchung durchführen zu lassen, kann man die Anwesenheit einer weiblichen Verwandten bei der Untersuchung ermöglichen.

Auch bei der Anamnese, oder weiterführenden Informationsgesprächen mit muslimischen Patientinnen kann es vorkommen, dass wichtige Informationen über körperliche Befindlichkeiten nicht oder nur verschlüsselt vermittelt werden. Man erhält keine oder nur unzureichende Auskünfte, wenn die Intimsphäre der einzelnen Person betroffen und die Schamgrenze überschritten sind. Pflegende und Ärzte müssen diese Verschlüsselung der Kommunikation und Tabuisierung der Intimsphäre berücksichtigen, damit Wichtiges nicht übersehen wird. Wenn ein Mann und eine Frau sich gegenüberstehen, sollen sie sich nur kurz in die Augen sehen. Frauen sollen dann ihren Blick senken.

3.8 Hygienevorschriften im Islam

» … Denn das Gebet ist den Gläubigen für jede bestimmte Zeit vorgeschrieben. Koran: 4;103 «

Da der Islam in fast alle Bereiche des alltäglichen Lebens hineinreicht, bestimmt er auch jene Vorschriften, die die körperliche Hygiene betreffen. Es gibt eine strikte Trennung von rituellen Waschungen und der normalen täglichen Körperhygiene. Bei den rituellen Waschungen geht es nicht um das Bedürfnis nach körperlicher Sauberkeit, sondern es geht um die Vorbereitung auf die Begegnung mit Allah im Gebet. Zur Vorbereitung auf das Gebet gehört daher der Zustand ritueller Reinheit, der durch die Waschungen erreicht wird. Da die äußere Reinheit die innere Reinheit symbolisiert, sind Muslime bemüht, alle Unreinheiten abzuwaschen. Laut Koran werden Ganz- und Teilkörperwaschungen vorgeschrieben.

3.8.1 Ganzkörperwaschung

Die rituelle **Ganzkörperwaschung** (türkisch: *gusül*) umfasst die gesamte Reinigung des Körpers durch ein Vollbad. Diese Reinigung des ganzen Körpers wird am Ende der Menstruation, nach jeder sexuellen Betätigung, nach dem Wochenbett (40 Tage nach der Entbindung) und vor der Teilnahme am Freitagsgebet vollzogen. Gynäkologische Untersuchungen und Darmspiegelungen gelten auch als verunreinigend und daher möchten muslimische Patienten nach solchen Untersuchungen gerne ein Vollbad nehmen.

3.8.2 Teilkörperwaschung

Die rituelle *Teilkörperwaschung* (türkisch: *abdest*) findet immer vor einem Pflichtgebet statt.

Die täglichen Gebetsstunden finden statt:
– In der Stunde vor Sonnenaufgang (dies sorgt bei Mitpatienten, die nicht der islamischen Religion angehören, oft für Beschwerden, gegebenenfalls hier muslimische Patienten zusammenlegen oder

die Situation eingangs auch unter den
zusammenliegenden Patienten klären)
- Bei Sonnenhöchststand
- Am Nachmittag
- Nach Sonnenuntergang
- In der Nacht

Die Teilkörperwaschungen sollen den Gläubigen innerlich auf das Gebet vorbereiten und ihn mit seinem Geist in Einklang bringen. Für das Gebet ist die innerliche Ruhe und Konzentration sehr wichtig. Unter fließendem Wasser werden Hände, Mund- und Nasenhöhlen, Zähne, Gesicht, Ohren, Arme und Füße bis zum Knöchel gewaschen. Muslime waschen sich nur unter fließendem Wasser, ein Waschlappen ist ihnen fremd und wird als unhygienisch empfunden, da ein Waschlappen den Schmutz aufnimmt und dann wieder über den Körper verteilen würde. Eine Teilwaschung ist immer dann nötig, wenn man mit unreinen Stoffen in Berührung gekommen ist, oder nach dem Schlaf, nach dem Gang auf die Toilette, nach der Berührung einer Person des anderen Geschlechts oder nach der Berührung eines Leichnams.

Für Patienten, die sich nicht ausreichend bewegen können, gibt es im Islam Sonderregeln. Sie dürfen ihr Gebet notfalls auch im Sitzen oder im Liegen verrichten. Ist kein fließendes Wasser vorhanden oder kann der Patient sich nicht zum Waschbecken bewegen, sollte ein Krug mit frischem Wasser und eine Schüssel am Krankenbett bereitstehen. Bei Patienten, die im Bett gewaschen werden müssen, sollte die Intimpflege daher nur unter Verwendung eines Kruges mit frischem Wasser vorgenommen werden. Ist selbst dies nicht möglich, kann der Gläubige auch die Zimmerwand berühren. Nach islamischem Brauch ersetzt Sand das fließende Wasser, daraus leitet sich die Berührung der Zimmerwand zu Reinigungszwecken ab. Nach der Waschung richtet sich der Betende nach Mekka aus und erklärt seine Absicht zu beten. Er sollte nach Möglichkeit hierbei nicht gestört werden, was auf jeden Fall gelingt, wenn sich die Pflegenden auch über die täglichen Gebetszeiten ihrer Patienten informiert haben. Obwohl schwerkranke Menschen sowie menstruierende Frauen (sie gelten als »unrein«), besonders alte und gebrechliche

Menschen von dem Pflichtgebet befreit sind, ist es doch der Wunsch vieler Patienten, in der Klinik zu beten und so auch weiterhin den religiösen Pflichten nachzukommen.

> **Eine nach unseren Gesichtspunkten »normale« Körperreinigung kann die rituelle Waschung nicht ersetzen!**

▪▪ Tipps für den Klinikalltag
- Als Hintergrundinformation sollten Sie als Pflegende wissen, dass die Ganzkörperwaschung immer erforderlich ist: vor dem Freitagsgebet, nach jedem Geschlechtsverkehr, nach der Menstruation, dem Wochenfluss oder nach gynäkologischen Untersuchungen.
- Es muss stets fließendes Wasser verwendet werden.
- Es muss stets eine gewisse vorgeschriebene Reihenfolge gewahrt werden, das ist für die Patienten sehr wichtig. Gegebenenfalls nachfragen und nicht einfach drauflos waschen.
- Der Gläubige muss seine Absicht erklären, nun eine rituelle Reinigung durchzuführen. Das kann im Klinikalltag bedeuten, dass der Patient auch nach der normalen Körperwäsche (baden oder duschen) den Wunsch äußert, sich erneut zu waschen.
- Verunreinigungen, die durch Erbrechen, Bluten, eiternde Wunden, Toilettengang, Schlaf, Ohnmacht, Geschlechtsverkehr mit oder ohne Partner und Darmspiegelungen aufgetreten sind, machen die rituelle Waschung ungültig und der Gläubige muss sich erneut reinigen.
- Der Betende darf nicht gestört werden und vor allem sollte man darauf achten, nicht vor ihm vorbeizulaufen. Das würde die Verbindung nach Mekka unterbrechen und falls dies geschieht muss der Betende wieder von vorne anfangen. Da Kranke nicht aufstehen müssen, um zu beten, kann es im Klinikalltag manchmal sehr unauffällig verlaufen und für Pflegende nicht immer sichtbar sein, dass der Patient betet.

> **Informieren Sie sich im Internet über die täglichen Gebetszeiten oder fragen Sie die Patienten selber direkt nach den Gebetszeiten, damit Sie nicht unbeabsichtigt stören.**

Vor dem Betenden sollte kein religiöses Bild oder Symbol, wie etwa das Kreuz, an der Wand hängen. Dies wird unter Umständen als Zumutung angesehen und würde auch wieder den Kontakt nach Mekka unterbrechen. Bei bettlägerigen Patienten ist es angebracht, sie bei der rituellen Waschung zu unterstützen. Also sollte mehrmals am Tag frisches Wasser zum Waschen angeboten werden. Am besten in einer Schüssel. In der Klinik ist es sinnvoll, einen Gebetsraum zur Verfügung zu stellen.

Da die Gebetszeiten sich nach dem Sonnenstand richten, verändern sie sich je nach Ort und Jahreszeit. Der tägliche Gebetskalender mit den speziell festgesetzten Gebetszeiten kann im Internet überall abgerufen werden.

■ Körperbehaarung

Das orientalische Schönheitsideal verlangt von den Muslimen auch bestimmte Regeln, die die Körperbehaarung betreffen. Eine Frau sollte, ganz unabhängig von ihrem Alter, einen völlig enthaarten, glatten Körper haben. Auch die Haare im Schambereich und in den Achselhöhlen müssen sorgfältig rasiert und entfernt werden. Dies kann man bei der täglichen Pflege muslimischer Patientinnen immer wieder beobachten. Bei den Männern gehören das Kürzen des Bartes und das regelmäßige Schneiden und die sorgfältige Pflege der Fingernägel zu den Hygienevorschriften.

3.9 Besuchsverhalten

Eines der immer wiederkehrenden Problemschilderungen von Pflegenden im Klinikalltag ist das Besuchsverhalten der Angehörigen von muslimischen Patienten. Angefangen mit der reinen Anzahl der auftauchenden Familienangehörigen bis hin zu den lauten Traueräußerungen von Angehörigen, wenn ein Patient lebensgefährlich erkrankt oder verletzt ist, sorgt es immer wieder für Stress und Unverständnis, wie anders sich die muslimischen Familien verhalten. Die Gründe für das uns fremde Verhalten sind vielfältig. Es spielen einige psychologische und kulturelle Hintergründe eine wichtige Rolle und durch das intensive Besuchen wird sowohl dem Patienten als auch seinen Angehörigen die Entfaltung ihrer religiösen und tradi-

tionellen, kulturellen Identität ermöglicht. Was das Besuchsverhalten direkt angeht, so gehört es zu den familiären und religiösen Pflichten von Muslimen, einem Kranken möglichst viel, umfangreichen und zeitintensiven Besuch abzustatten. Es gehört zu der Anteilnahme von Menschen, die aus einer Wir-Gesellschaft kommen, sich um ihre kranken Angehörigen intensiv zu kümmern. Es ist außerdem eine Erleichterung für den Kranken, der sich sicher und umsorgt fühlen kann, wenn er krank ist. Der Patient weiß, dass er zu der Gemeinschaft seiner Familie und Freunde gehört, was ein sehr wichtiger Faktor auch für seine individuelle Gesundung darstellt. Er erfährt Anerkennung und Achtung, wenn er viel Besuch erhält. Ein Ausbleiben von dem als üblich angesehenen Besuch der Familienangehörigen führt zu Isolation und Einsamkeit und wird von dem Patienten als »im-Stich-gelassen-werden« interpretiert. Dies kommt aber so gut wie nie vor, da sich die muslimischen Verwandten ihrer familiären und traditionellen Pflichten sehr wohl bewusst sind.

Das Mitbringen von Speisen durch Familienangehörige, das zum Besuchsverhalten nach muslimischem Brauch dazugehört, sollte auch Thema des Aufklärungsgespräches sein, denn muslimische Angehörige bringen statt Blumen eher Essen oder Süßigkeiten zur Stärkung in die Klinik.

■■ Tipps für die Pflege
- Durch ein einfühlsames Gespräch, das in Ruhe unter vier Augen geführt wird, lernt der Patient das Problem auch aus Ihren Augen zu erkennen
- Ein Schild mit der Aufschrift »Besucher bitte im Stationszimmer melden« an der Zimmertür anbringen
- Nach Überschreitung der Besuchszeiten die Familie freundlich aus dem Zimmer bitten
- Auf die Nutzung des Aufenthaltsraumes hinweisen, der jedem Patienten und seinen Angehörigen jeder Zeit zur Verfügung steht

Nach den Regeln des Islam dürfen Kranke und auf jeden Fall Sterbende nicht alleine gelassen werden. Nach dem islamischen Glauben erhält der Sterbende dann noch einmal die Gelegenheit, seinen Mitmenschen Vergebung für das, was sie ihm angetan haben, zu schenken. In einer stationären Einrichtung sollte man darum darauf achten, dass den Angehörigen diese Sterbebegleitung in einem separaten Extraraum ermöglicht wird. Diese Art von Sterbebegleitung ist einerseits für den Kranken wichtig, um ruhig sterben zu können, andererseits für die Angehörigen, um Abschied zu nehmen und die für jeden Menschen wichtige Trauerarbeit leisten zu können.

3.10   Tod und Sterben

■ Trauer, Umgang mit dem Toten

Ähnlich wie bei deutschen Patienten wächst bei Muslimen mit dem Alter auch die Intensivierung der religiösen Sensibilität. Sterbebegleitung ist für einen Muslimen mit bestimmten Ritualen verbunden, die die Familie oft einbeziehen. Da diese Rituale im deutschen Klinikalltag fremd sind, ist hier wieder erhöhte Kenntnis und Sensibilität gefragt. Das Abschied-Nehmen durch den Verwandten- und Bekanntenkreis ist hier von hoher Bedeutung. Daher ist es sinnvoll, dass sterbende Patienten – falls es das räumliche Angebot ermöglicht – in einen Einzelraum verlegt werden, wo sie auch Besuch bekommen können. Einem Sterbenden wird der Koran rezitiert, es erfolgt die Waschung des Toten durch die Familie, die Verrichtung des Totengebetes und weitere Riten. Diese sind nach dem Tod streng einzuhaltende Pflichten für gläubige Muslime. Wenn ein Patient in der Klinik erfährt, dass er die Möglichkeit hat, auch hier seiner Religion weiter nachzugehen, kann ihm viel Angst genommen werden.

Gläubige Muslime glauben daran, dass Allah ihren Tod vorherbestimmt. Das Resultat dieses Glaubens ist die Akzeptanz des Unvermeidlichen. Künstlich lebensverlängernde Maßnahmen werden im Islam abgelehnt. Unter diesen Umständen kann die Familie lebensverlängernde Maßnahmen beim Patienten ablehnen, auch wenn einzelne Organe noch funktionsfähig sind.

Zunächst einmal haben muslimische Patienten oft eine große Angst vor dem Sterben auf »fremdem« Boden. Der Aufenthalt in Deutschland bringt das Problem mit sich, dass ein gläubiger Muslim wieder in seiner Heimat beerdigt werden möchte

und sollte. Ein Klinikaufenthalt rückt die Angst vor den Konsequenzen eines Todesfalls in den Vordergrund. Dies hat wiederum oft direkt mit dem schlechten Hintergrundwissen über die Zusammenhänge von Krankheit und Gesundheit zu tun. Das Sterben ist bei gläubigen Muslimen ein Tabuthema, das heißt, es wird nicht offen darüber gesprochen. Der gläubige Muslim akzeptiert jedoch seinen Tod als Allahs Willen.

Tritt wirklich der schlimmste Fall ein und der Patient stirbt, dann erhöhen die Angehörigen noch ihre ohnehin schon sehr ausführliche Anwesenheitspflicht. Das heißt, es kommen auch entferntere Angehörige extra angereist, um dem Sterbenden beizustehen. Sie möchten gerne Tag und Nacht bei ihm bleiben, lesen ihm aus dem Koran vor und bereiten den Sterbenden auf seinen Tod vor. Sein Kopf wird Richtung Mekka gebettet. Dies ist alles ungeheuer wichtig für den Patienten, da er sonst nicht im Einklang mit sich sterben kann. Die persönliche Fürsorge der Angehörigen zeigt sich darin, dass sie ihm Mut zusprechen und ihm Trost spenden. Außerdem werden ihm alle Verpflichtungen abgenommen, damit er sich rein auf seinen Tod vorbereiten kann. Es kann sein, dass ein Hodscha – ein Geistlicher – hinzugezogen wird, dies ist aber keine Pflicht wie bei gläubigen Katholiken, die die Anwesenheit eines Priesters wünschen, bevor sie versterben.

■ ■ Tipps für den Umgang mit Sterbenden islamischen Glaubens und mit ihren Angehörigen

Wenn es die Belegungsmöglichkeiten zulassen, sollten islamische Patienten, deren Tod in absehbarer Zeit in der Klinik eintreten wird, in Einzelzimmern untergebracht werden. Es zeugt von Respekt gegenüber den Gefühlen des Sterbenden und seinen Angehörigen, wenn man Abbildungen oder Symbole der christlichen Religion aus dem Sterbezimmer entfernt. Der gläubige Muslim duldet keine Bildnisse von Gott oder dem Propheten und er erwartet auch keine bildhaften religiösen Darstellungen. Diese gibt es auch im Islam nicht. Es ist wichtig, die nächsten Verwandten über den zu erwartenden Tod zu informieren, damit diese den Sterbenden begleiten und mit ihm beten können.

Wenn vorhanden, sollte ein Koran auf dem Nachttisch ausgelegt werden.

Eine große Rolle für einen »sauberen« Übergang in das Paradies – so die Vorstellung gläubiger Muslime – spielt die Reinheit. Ein Patient, der selbst nicht mehr in der Lage ist, seine Körperausscheidungen zu kontrollieren, sollte stets mit frischem Wasser sauber gehalten und gewaschen werden, und zwar möglichst von gleichgeschlechtlichen Personen. Sterbende sollten mit dem Kopf in Richtung Mekka gebettet werden. Das entspricht einer Ausrichtung nach Südosten, in der Regel werden aber die Verwandten schon dafür sorgen, dass der Sterbende mit dem Kopf in dieser Richtung liegt.

Für die Sterbenden stellt das Gebet eine Vorbereitung auf den Tod dar. Die Betenden legen sich Rechenschaft über das bisherige Leben ab, erinnern sich an ihre früheren Fehler und möchten im Angesicht des Todes rein werden. Die Angehörigen lesen dem Sterbenden Texte aus dem Koran und das Glaubensbekenntnis ein letztes Mal vor. Dies ist von großer Wichtigkeit, da dies über sein weiteres Schicksal im Jenseits entscheidet.

3.11 Maßnahmen nach dem Tod

Die Augen werden dem Verstorbenen nach dem Eintritt des Todes von einem nahen Verwandten geschlossen. Danach erfolgt die rituelle Waschung des Leichnams, möglichst mit fließendem Wasser. Danach wird der Leichnam in weiße Baumwolltücher gehüllt und für die muslimische Bestattung hergerichtet. Wenn ein Familienmitglied gestorben ist, besuchen meist sehr viele Verwandte und Freunde den Verstorbenen, um noch einmal von ihm Abschied zu nehmen. Der Platz- und Zeitaufwand dafür sollte schon im Vorfeld einkalkuliert werden. Die Beisetzung des Toten sollte möglichst bald erfolgen, es gibt regionale Anbieter für die muslimischen Bestattungen, die in Absprache mit den Verwandten auch direkt nach dem Tode kontaktiert werden sollten.

- **Selbstmord und Sterbehilfe**

Im Islam wird das menschliche Leben als heilig angesehen und Selbstmord und Euthanasie sind verboten – ähnlich wie im christlichen Glauben.

Dennoch können, wie oben erwähnt, künstlich lebensverlängernde Maßnahmen abgelehnt werden.

- **Trauer**

Ist der Patient verstorben, reagieren die Angehörigen oft sehr emotional und lautstark auf den Tod. Dies sorgt auch immer wieder für »Störungen« der Mitpatienten und des Klinikalltages und ist gefürchteter Bestandteil der muslimischen Familienpflege, da der Stationsablauf empfindlich beeinträchtigt werden kann von diesem Verhalten der Angehörigen. Oft werfen sie sich laut weinend auf den Boden und raufen sich die Haare. Solche Trauerreaktionen sind in den einzelnen islamischen Ländern üblich und keineswegs verpönt wie in unserer Kultur, wo Trauer mit Stille assoziiert wird. Die offizielle Trauerzeit gemäß den islamischen Vorschriften und Richtlinien beträgt 3 Tage. In dieser Zeit können Freunde und Bekannte ihre Kondolenz aussprechen und den Familienangehörigen beistehen. Das heißt auch für den Klinikalltag, dass, sobald jemand verstorben ist, noch mehr angehörige Personen auftauchen können, um sich von ihm verabschieden zu können. Es wurde in Einzelfällen von bis zu 40 Personen berichtet, die dem Toten in der Klinik emotionsstark die letzte Ehre erweisen wollten.

Nach dem Tod müssen bestimmte Rituale durchgeführt werden, wie eine Ganzkörperwaschung, bei der alle Körperöffnungen mit fließendem Wasser gewaschen werden, damit der Körper rituell gereinigt beigesetzt werden kann. Wichtig: Diese Reinigungsvorschriften betreffen auch Todgeburten! Die Waschung wird von den Verwandten vorgenommen. Sind keine Verwandten des Verstorbenen erreichbar, so können auch andere Mitglieder seiner Gemeinde die Waschung vollziehen. Nach der Reinigung wird der Leichnam in weiße Tücher gewickelt und sollte, nach muslimischem Brauch, möglichst schnell bestattet werden.

Obduktionen gibt es nicht nach den strengen islamischen Regeln, da der Körper nach dem Glauben nur in unversehrtem Zustand wiederauferstehen kann. Die Bestattung in heimatlicher Erde wird von vielen Muslimen hierzulande gewünscht, da die Heimaterde als richtiger Ort für eine angemessene Beerdigung gesehen wird. Hier wird auch wieder deutlich, dass der Gedanke der »fernen Heimat« die Migranten nie verlässt, auch wenn schon die dritte

Generation von Einwanderern hier in Deutschland lebt. Das Grab eines gläubigen Muslims muss ewig sein und darf nicht nach ein paar Jahrzehnten neu besetzt werden können, wie dies hier in Deutschland die Regel ist. Es gibt extra Dienstleistungsunternehmen, die mit Hilfe der Familie und des jeweiligen Konsulats die Rückführung des Leichnams in das Heimatland organisieren.

■ ■ Tipps für den Klinikalltag

Da das Stationsteam und die anderen Patienten unmittelbar von dem Besuchsverhalten betroffen sind und sich dies in der Tat sehr störend auf die anderen Patienten auswirken kann, ist besondere Sensibilität im Umgang mit dem Thema »Besuch« gefordert. Kompromisse sollten frühzeitig geschlossen werden, damit es nicht zu späteren Verunsicherungen und Fehlverhalten auf beiden Seiten kommt. Eine klare Kommunikation mit klaren Regeln gleich zu Beginn des Klinikaufenthaltes im Einführungsgespräch lässt später entstehende Unsicherheiten gar nicht erst zu. Es ist aber sehr sensibel darauf zu achten, das Gespräch verständnisvoll und in einem Klima der Wertschätzung und Achtung zu führen, beispielsweise indem man klar sagt, dass der Krankenbesuch geschätzt und respektiert wird. Es sollten aber die Regeln des hier üblichen Stationsablaufes ebenso deutlich gemacht werden und es sollte auch vermittelt werden, dass während der ärztlichen Konsultation oder bestimmten pflegerischen Maßnahmen das Patientenzimmer geräumt wird. Die klare und wertschätzende Kommunikation wird oft mit Verständnis aufgenommen und auch umgesetzt, während feste Regeln ohne eine Erklärung, wie zum Beispiel in der Aussage: »Hier ist nur eine Stunde Besuchszeit erlaubt«, auf Unverständnis stoßen und auch oft nicht eingehalten werden.

3.12   Familienplanung

■ Empfängnisverhütung

Muslime dürfen unter bestimmten Bedingungen verhüten. Die Verhütung nach streng religiösen Maßstäben ist nur in der Ehe erlaubt. Endgültige Verhütungsmaßnahmen, wie Vasektomie oder Sterilisation, werden aber nur dann erlaubt, wenn ein gesundheitliches Risiko bei einer möglichen Schwangerschaft bei der Frau vorliegt.

■ Verhütungsmittel

Verhütungsmittel, die eine Befruchtung der Eizelle verhindern, sind nach islamischen Regeln, erlaubt. Dennoch sind einige muslimische Glaubensvertreter der Meinung, dass die Verwendung von Verhütungsmitteln, um dauerhaft kinderlos zu bleiben, nicht erlaubt sei. Keine Kinder zu bekommen sollte für jedes verheiratete Paar nur eine vorübergehende Situation sein, die während schwieriger Zeiten, z.B. in einer unsicheren finanziellen Lage oder während der Ausbildung, erlaubt ist, jedoch immer nur zeitlich begrenzt bleiben sollte.

■ Die künstliche Befruchtung

Voraussetzung für eine künstliche Befruchtung ist die Ehe zwischen zwei Partnern. Außerdem müssen der Samen/das Ovum vom eigenen Ehepartner stammen, eine künstliche Befruchtung durch eine dritte Person ist nicht erlaubt. Weder ist eine Samen- bzw. Eizellspende erlaubt, noch das Einsetzen eines fremden Embryos oder das Austragen des Kindes durch eine Leihmutter. Die Abstammung des Kindes muss klar erkenntlich sein und muss auf die beiden Ehepartner zurückzuführen sein.

■ Die Sterilisation

Eine Sterilisation oder ggf. eine Vasektomie ist nur dann für muslimische Patienten erlaubt, wenn eine erneute Schwangerschaft ein bedrohliches Risiko für die Gesundheit und das Leben der Mutter darstellen würde. Es müssen gewissenhafte medizinische Untersuchungen vorgenommen werden, um einen solchen Eingriff zu rechtfertigen. Es darf auch keine anderen Möglichkeiten zur Empfängnisverhütung geben, bevor einer Sterilisation zugestimmt wird. Gegen eine durchdachte Familienplanung jedoch spricht auch nach muslimischen Regeln nichts.

■ Abtreibung

Eine Abtreibung wird im Islam grundsätzlich abgelehnt, da man auch religiös bedingt eine hohe Achtung vor dem Leben hat. Im Islam wird ein Fötus nach 120 Tagen als lebendiges menschliches Wesen betrachtet. Nach dieser Zeit ist eine Abtreibung verboten – es sei denn, es besteht eine ernste Gesundheitsgefahr für die Mutter. Unter besonderen Umständen ist eine Abtreibung erlaubt, wenn sie innerhalb der ersten 3 Monate stattfindet. Damit unterscheidet sich die Sichtweise von der Abtreibung nicht von der christlich-ethischen. Falls eine Behinderung beim Ungeborenen zu erwarten ist, wenn die Mutter ernstliche gesundheitlichen Risiken durch die Schwangerschaft ausgesetzt ist und wenn eine Schwangerschaft nach einer Vergewaltigung auftritt, kann eine Frau muslimischen Glaubens abtreiben. Abtreibung als Form der Familienplanung ist hingegen nicht gestattet.

In folgenden Situationen darf dennoch auch gemäß dem Islam eine Abtreibung durchgeführt werden:

— Bei einer Schwangerschaft unter 40 Tagen: laut dem Koran besitzt der Fötus in diesem Stadium noch keine Seele.
— Wenn die Mutter gesundheitliche Probleme hat, dies ist aber begrenzt auf den Zeitraum zwischen dem 40. und 120. Tag der Schwangerschaft. Entsprechend einer Überlieferung des Propheten Muhammad (arabisch: *Hadith*) »besuchen« nach 120 Tagen Engel den Fötus und geben ihm seinen Geist ein. Dies wird mit den ersten Kindsbewegungen assoziiert.
— Eine Entscheidung zur Abtreibung muss im Rahmen der islamisch verbindlichen Gesetzgebung gewissenhaft und verantwortungsvoll abgewogen und von einem muslimischen Arzt durchgeführt werden. Falls dieser nicht verfügbar ist, kann diese Bedingung im Sinne einer Notsituation umgangen werden.

Regelung eines Abbruchs nach mehr als 120 Tagen:

— Eine Abtreibung ist nach der Frist der 120 Tage nur noch dann erlaubt, wenn eine Aufrechterhaltung der Schwangerschaft das Leben der Mutter bedrohen würde. In diesem Fall wird das Leben der Mutter über das des Kindes gestellt. Eine Abtreibung darf generell niemals damit begründet werden, dass ein weiteres Kind die Mutter in irgendeiner Weise unter psychosozialen Druck setzen würde.

● **Beschneidung**

Noch immer ist die traditionelle Beschneidung eines der wichtigsten religiösen Rituale in islamischen Ländern. Sie stellt einen sogenannten Übergangsritus dar, durch den ein Individuum aus einem sozialen Status in einen anderen übertritt, also in diesem Falle aus der Kindheit in das Erwachsenenleben. Daher wird der Zeitpunkt für die Beschneidung auch immer vor Eintritt der Pubertät gelegt. Nach islamischem Brauch müssen Jungen sich zwischen dem vierten und achten Lebensjahr beschneiden lassen. Dem Beschnittenen werden nach der Beschneidung neue Aufgaben und soziale Aktivitäten anvertraut. Die Beschneidung (türkisch: *Sünnet*) symbolisiert dabei den Übergang vom Kleinkind zum Jungen in der islamischen Gemeinschaft. Die Beschneidung von Jungen lehrte der Prophet, daher gilt sie als eine unumgängliche Pflicht für gläubige Muslime. Dies erklärt auch, dass bis heute von der muslimischen Gesellschaft, insbesondere von den streng gläubigen Muslimen keinerlei Abweichungen geduldet werden. Da die Beschneidung als eine rituelle Grundpflicht angesehen wird, um zu der islamischen Gemeinschaft zu gehören, ist es kein Wunder, dass auch Jugendliche, bei denen sich der Zeitpunkt der Beschneidung verzögert, von der Gesellschaft geschnitten werden. Einer der Hauptgründe für die rituelle Beschneidung von Jungen ist die Hygiene, hier wird auch der Ursprung für die Anordnung des Propheten gesehen. Darüber hinaus ist sie aber auch eine sehr wichtige Ritualisierung, um in der islamischen Gemeinschaft als vollwertiges Mitglied mit neuen Rechten und Pflichten aufgenommen werden zu können.

● **Mädchenbeschneidung**

Die Beschneidung von Mädchen ist an sich nicht durch den islamischen Glauben vorgesehen, auch wenn regional bedingt diese Tradition in islamischen Ländern in unterschiedlicher Ausprägung vorherrscht. Der Islam verbietet sogar die weibliche Beschneidung und jede andere Art der genitalen Verstümmelung, die der Frau die Fähigkeit nimmt, ihre Sexualität auszuleben. Die Beschneidung der Mädchen geht vor allem auf afrikanische Traditionen zurück, die weitgehend unabhängig von der örtlichen Religionszugehörigkeit weitergegeben werden. Dennoch wird die Infibulation (Mädchenbeschneidung) oft fälschlicherweise als »islamische Sitte« betrachtet. In Deutschland ist die Mädchenbeschneidung illegal. Die Beschneidung von Mädchen oder Frauen wird aus kulturellen Traditionen in weiten Teilen Afrikas durchgeführt. Zu den Ländern, die die weibliche Genitalverstümmelung (Infibulation, Circumcision) durchführen und zum Teil islamisch geführt sind, gehören z.B. der Sudan, Ägypten, Somalia, Eritrea sowie weite Teile von Ost- und Westafrika. In diesen Ländern wird diese Tradition oft als eine islamische Forderung angesehen. Obwohl es auch muslimische Stimmen gibt, die die Mädchenbeschneidung als islamisch hervorheben, ist die Mädchenbeschneidung in den arabisch-islamischen Ländern unüblich. Aber die Meinungen dazu sind – wie so oft in islamischen Fragestellungen – sehr geteilt.

Um einen verlässlichen Überblick über wichtige Fragen des Lebens zu erhalten, werden diese an islamische Rechtsgutachter gesendet, die an der renommierten Al-Azhar Universität in Kairo arbeiten und jeweils zu der Frage eine sogenannte Fatwa oder Fatawa (religiöses Rechtsgutachten) erstellen. Zur Mädchenbeschneidung sagte beispielsweise Scheich Dr. Youssef al-Qaradawi vom Institut für Islamfragen im Jahre 2006: »Die beste Einstellung ist die moderate, die die milde/leichte Mädchenbeschneidung [bei der »nur« ein Teil oder die ganze Klitoris und/oder ein Teil der äußeren Schamlippen entfernt werden] befürwortet…Diese (leichte Bescheidung) macht das Gesicht (einer Frau) schöner und ist bei Ehemännern beliebt.« Mit anderen Worten wird hier eine Beschneidung von Mädchen befürwortet. Aber, wie schon erwähnt, ist diese Meinung auch unter den Rechtsgelehrten nicht unbedingt die gängige, denn eine weitere Fatwa zum Thema aus dem November 2006 kommt zu einem gegensätzlichen Urteil. Im November 2006 wurde eine erneute Fatwa zu dem Thema an der Al-Azhar Universität in Kairo erstellt, die der bekannte Kämpfer für Menschenrechte Rüdiger Nehberg mit der Hilfsorganisation TARGET angestrengt hatte. Unter der Schirmherrschaft des Wissenschaftlers Prof. Dr. Ali Gom'a fand eine »Internationale Konferenz Islamischer Gelehrter gegen weibliche Genitalverstümmelung« statt. Das Ergebnis dieser Konferenz schrieb Geschichte, denn es wurde festgehalten, dass die weibliche Genitalverstümmelung

ein strafbares Verbrechen ist, denn »es verstößt gegen die höchsten Werte des Islam«.

> **Tipp**
>
> Ein Artikel über diese Leistung der NPO TARGET ist unter der Internetseite nachzulesen.

Diese Beispiele zeigen eines: In den islamischen Ländern werden zu diesem Thema unterschiedliche Auffassungen vertreten. In einigen Ländern ist die Beschneidung gesetzlich verboten, wird dennoch in Teilen der Bevölkerung praktiziert. Viele Muslime lehnen sie als unislamische Sitte ab. Andere berufen sich auf die Überlieferung, in der Muhammad die »leichte« Form der Beschneidung empfohlen haben soll.

3.13 Die muslimische Patientin – Besonderheiten der Pflege von Frauen

Alle grundsätzlichen Überlegungen zu Gesundheit und Krankheit in islamischen Kulturen treffen selbstverständlich auch auf muslimische Patientinnen zu. Im Folgenden gehen wir aber auf dennoch auf die spezielle Thematik der Gynäkologie und Geburtshilfe ein, sowie auf die noch stärkeren Tabuisierungen der Körperlichkeit bei muslimischen Patientinnen.

■ Gynäkologie, Schwangerschaft und Geburtshilfe

Der Wunsch nach Kindern ist bei der Eheschließung von Muslimen eine Voraussetzung und ein primäres Anliegen. Kinder haben viele Aufgaben für die Familie und für ihre Eltern: Sie garantieren den Fortbestand der Familie, sie tragen zum Unterhalt der Familie bei und sollen später die Altersversorgung der Eltern übernehmen. Jungen tragen durch eigene Arbeitsleistungen so bald wie möglich zum Familieneinkommen bei. Für die betagten Eltern sorgt in der Regel der älteste Sohn, der oft auch mit seiner Familie in der Nähe oder auch im gleichen Haus wohnt. Staatliche Fürsorge und Altersheime sind in den islamischen Ländern nicht üblich.

Kinder gelten immer als Quelle von Stolz und Ansehen, vor allem für die Mutter, deren Ansehen in der Familie mit der Geburt jedes Kindes steigt. Vor allem die Geburt eines Jungen sorgt für Freude und Stolz in der Familie und bei der Mutter. Der Koran misst der Schwangerschaft eine sehr hohe Bedeutung zu. Die Geburt eines Kindes im ersten Ehejahr gilt als »Zeichen Allahs«. Eine Frau, die Fruchtbarkeit und Gottes Segen (arabisch: *baraka*, türkisch: *bereket*) in sich trägt, gilt während ihrer Schwangerschaft als besonders schutzbedürftig. Sie muss daher eine Reihe von Ritualen und Tabus beachten, um sich selbst und das ungeborene Kind nicht zu gefährden. Für Muslime gelten wie schon erwähnt ganz spezielle Nahrungsmittel- und Essensvorschriften, welche vor allem von schwangeren Frauen streng befolgt werden sollten. Die Zeit der Schwangerschaft und Geburt sowie des Wochenbettes wird als sehr kräftezehrender Zustand empfunden. Deshalb ist es für muslimische Patientinnen sehr wichtig, dass sie warme, kräftigende Speisen zu sich nehmen, die die Familie gerne bereitstellt (▶ Internetadresse Islaminstitut).

■ **Hintergrundwissen über Schwangerschaft und Geburt**

Wegen einer nur sehr unzureichenden offenen Sexualerziehung wissen die meisten Muslime nicht, welche körperlichen Vorgänge eine Rolle spielen, wenn es zu einer Schwangerschaft kommt. Da das Thema Sexualität tabu ist, wird darüber auch nicht offen und explizit gesprochen. Es herrschen nur vage Vorstellungen über die körperlichen Abläufe. Die betreuenden Pflegefachkräfte, Ärzte und Hebammen setzen oft bestimmte Basiskenntnisse voraus, die in Deutschland auch vorausgesetzt werden können, die aber bei muslimischen Patientinnen oft nicht vorhanden sind. Selbst junge Musliminnen, die hier zur Schule gegangen sind, können durch elterliche Einwirkung vom Sexualunterricht fernbleiben und dadurch nicht über das gleiche Wissen verfügen wie ihre anderen Mitschüler. Schwangerschaft und Geburt sind Bereiche, in die der Ehemann kaum mit einbezogen wird. Deshalb werden die Gebärenden in ihren Heimatländern von verwandten Frauen begleitet. Die Männer nehmen an der Geburt nicht teil. Es ist allerdings zu beobachten, dass heute zunehmend auch muslimische Patientinnen, die zur Geburt in die Klinik kommen, ihren Ehemann mit in den Kreißsaal nehmen.

■ **Postnatale Pflege**

Bei muslimischen Gebärenden ist im Allgemeinen die Abneigung gegen Blut, Schleim und alle körperlichen Vorgänge, die die Geburt begleiten können, weit verbreitet. Blut wird im Islam als unrein betrachtet. Deshalb wird nach Möglichkeit jeglicher Kontakt mit Blut vermieden. Muslimische Patientinnen nehmen ihr Kind auch nicht wie deutsche Patientinnen sofort nach der Geburt auf den Bauch oder die Brust. Dies ist erst nach der sorgfältigen Reinigung des Neugeborenen möglich, dann nimmt es die Mutter zu sich. Eine muslimische Frau, die gerade entbunden hat, steht im Mittelpunkt des Familieninteresses. Die Familienangehörigen sorgen für sie, möchten ihr jeden Wunsch erfüllen, verwöhnen sie, und widmen ihr viel Zeit. Je mehr die junge Mutter oder die Gebärende klagt, jammert und leidet, desto mehr Beachtung wird ihr geschenkt und desto mehr wird sich um sie gekümmert. Auch der Ehemann behandelt sie dann mit noch mehr Achtung, Zuvorkommenheit und Zuwendung (Domenig, 2001, S. 363).

■ **Unmittelbar nach der Geburt**

Unmittelbar nach der Durchtrennung der Nabelschnur wird das Neugeborene schon mit religiösen Ritualen in Empfang genommen. In das linke Ohr des Neugeborenen wird der Gebetsruf (arabisch: *adhan*), in das rechte Ohr die Ankündigung des Beginns des Gebetsgottesdienstes (arabisch: *iqamah*) geflüstert. Wenn die Geburt durch einen Kaiserschnitt erfolgt und kein Verwandter bei der Geburt dabei war oder wenn das Kind unmittelbar nach der Geburt eine Behandlung benötigt, gibt es hier ein Problem, da das Kind dann nicht nach islamischem Ritus in Empfang genommen werden kann. In solchen Fällen ist es für die Eltern sehr wichtig, ihr Kind so bald wie möglich sehen zu dürfen, damit sie dann dieser islamischen Pflicht nachkommen können. Nachdem das Neugeborene die beiden Gebete eingeflüstert bekommen hat, bekommt es einen Tropfen Honig, Zucker oder Butter in den Mund geträufelt. Diesen süßen und angenehmen Geschmack soll das Kind fortan mit dem Gebet verbinden und somit von Anfang an eine positive Einstellung zu seiner Religion entwickeln. Aus traditioneller Sicht sollen diese Geschmacksrichtungen außerdem gewisse Charaktereigenschaften beeinflussen und dem Kind zur Entwicklung einer positiven Persönlichkeit verhelfen. Diese Vorstellungen finden wir auch in weiten Teilen Indiens wieder, wo teilweise die gleichen Rituale vorherrschen, auch wenn die Eltern nicht dem islamischen Glauben angehören. Sofort nach der Geburt soll das Kind gewaschen werden, um es von den unreinen Flüssigkeiten (Blut, Schleim usw.) zu reinigen. Erst danach gilt es als ein sauberes und reines Baby.

▪ Stillen

» Und die Mütter stillen ihre Kinder zwei volle Jahre. (Das gilt) für die, die das Stillen vollenden wollen. Und es obliegt dem, dem das Kind geboren wurde, für ihre (Mütter) Nahrung und Kleidung auf gütige Weise Sorge zu tragen. Von keiner Seele soll etwas gefordert werden über das hinaus, was sie zu leisten vermag. Einer Mutter soll nicht wegen ihres Kindes Schaden zugefügt werden… Koran: Sure 2, Vers 233 «

Dem Stillen des Kindes wird schon im Koran eine besondere Wichtigkeit beigemessen. Es wird im Allgemeinen eine Stillzeit von zwei Jahren vorgegeben. Wird jedoch eine Mutter vor vollendeter Stillzeit wieder schwanger, muss sie das Stillen des älteren Kindes beenden. Wie wichtig das Stillen im Islam erachtet wird, wird an der Einführung eines Stillgeldes deutlich. Frauen dürfen von ihrem Ehemann auch im Falle einer Scheidung, bis zur Entwöhnung des Kindes eine finanzielle Versorgung erwarten.

▪▪ Tipps für die Pflege

Mit dem Stillen wird immer auf der rechten Seite begonnen, weil diese als die reine, saubere Seite gilt. Ein bewusstes Wechseln der Stillpositionen, wie dies in Deutschland geraten wird, ist oft nicht bekannt. Bei den meisten muslimischen Müttern ist es üblich, die Erstmilch (Vormilch, das Kolostrum, die Kolostralmilch), die von der weiblichen Milchdrüse produziert wird, ungenutzt auszustreifen und nicht dem Neugeborenen zu geben. In der westlichen Medizin gilt gerade diese Vormilch als wichtig, um das Neugeborene in den ersten Tagen

optimal zu ernähren. Laut muslimischer Überlegung ist diese erste Milch unrein und schadet dem Kind. Viele Frauen betrachten das Kolostrum auch wegen seiner Farbe als unrein – und sie glauben fest daran, dass es einen schädigenden Einfluss auf das Kind haben wird. Beim Stillen der Neugeborenen ist im Normalfall der Vater nicht anwesend. Auch männlichen Kindern, die in die Pubertät kommen, ist die Anwesenheit während des Stillens untersagt.

Für Sie als Pflegende ist es wichtig, Verständnis zu zeigen und der Patientin die Genugtuung und das Wohlgefühl zu gönnen, durch die Geburt im Mittelpunkt zu stehen. Da es nach islamischem Brauch üblich ist, dass eine junge Mutter von ihren weiblichen Verwandten unterstützt und umsorgt wird, verhält sie sich auch danach und erwartet eine größere Fürsorge als eine deutsche junge Mutter. In islamischen Ländern gilt eine Zeit von 40 Tagen Ruhe als angemessen für eine junge Mutter.

Die Dominanz des Ehemannes überwiegt bei muslimischen Patientinnen oft, so dass die Patientin nicht zu eigenen Wortäußerungen kommt. Besonders in der älteren Generation wird die Sprache Deutsch durch das zurückgezogene Leben im häuslichen Bereich oft nur unzureichend gesprochen. Die Fähigkeit und der Willen, konkret über das eigene körperliche Befinden zu reden, ist sehr oft nicht gegeben – teils aus Unwissen, teils aus Scham. Da aber das Ziel weiter vorherrschen sollte, dass sich die Patientin frei äußern kann, um über ihre Befindlichkeiten zu reden, muss sehr vorsichtig vorgegangen werden, damit sich die Patientin jederzeit frei äußern kann. Hierzu können die folgenden Maßnahmen helfen:

- Sie versuchen, die Untersuchung am Körper oder diagnostische Gespräche in der Abwesenheit des Ehemannes durchzuführen.
- Der Ehemann hat aber sehr wohl das Recht, sich bei den Pflegenden über den Genesungsprozess seiner Frau zu erkundigen. Darüber sollten er und seine Frau schon im Eingangsgespräch aufgeklärt werden. Dies ist für das künftige Vertrauensverhältnis zwischen Ihnen und der Patientin sowie deren Familie sehr wichtig!
- Wenn es der Klinikalltag erlaubt, sollten in erster Linie weibliche Ärztinnen und Pflegerinnen für muslimische Patientinnen und

männliche Ärzte und Pflegende für muslimische Patienten eingesetzt werden.
- Eine Dolmetscherin sollte jeder Zeit erreichbar sein.
- Feste Ansprechpartner sollten in der Einrichtung verfügbar sein, und zwar für jede Gruppe von Patienten. Hier ist die Anregung des Arbeitskreises für Gesundheit und Migration zu empfehlen, dass stationäre Einrichtungen Integrationsbeauftragte für ihre Patienten einstellen sollten.

3.14 Scham, Ehre und die Folgen für eine medizinische Untersuchung

Die strengen Regeln über das Verhalten von Männern und Frauen sollen für Muslime einen moralischen Schutz bieten. Der Umgang der Muslime mit fremden Personen des anderen Geschlechtes soll sich auf das Nötigste beschränken. Es ist aus diesem Grunde verständlich, warum Muslime versuchen, einen Arzt des gleichen Geschlechtes aufzusuchen oder sich nur von einer gleichgeschlechtlichen Pflegeperson pflegen lassen wollen. Können diese Wünsche im Alltag der Klinik nicht erfüllt werden, so kann und muss ein Arzt oder eine Pflegeperson des anderen Geschlechts diese Aufgaben übernehmen. Dies stellt aber auch keine Sünde dar, denn der Islam verfügt, was die Pflege von Kranken betrifft, über flexible Maßnahmen, die in solch einer Notsituation entsprechend angepasst werden können. Nur wird trotzdem die Untersuchung von einer hohen Unsicherheit seitens des Patienten und von peinlichen Gefühlen begleitet sein.

Muslime lernen von klein auf, ihren Körper so wenig wie möglich in den Mittelpunkt der Aufmerksamkeit der Außenwelt zu stellen. Diese Haltung soll dem anderen Geschlecht Respekt entgegenbringen. Diese sehr hohen Schamgrenzen werden oft in der Klinik verletzt, da die Untersuchungen oft offen und ohne Sichtschutz durchgeführt werden. Darum sollte wenigstens darauf geachtet werden, dass die Patienten immer nur teilweise und möglichst kurz unbedeckt sind. Der Aufenthalt in einem Raum mit einer fremden Person des anderen Geschlechts sollte vermieden werden. Darum ist es sinnvoll, wenn eine weibliche Drittperson die Patientin ins Untersuchungszimmer begleitet. Eine Untersuchung, bei der sie sich entkleiden muss, ist für die Muslimin ein schwieriger Moment, da ihr die Kleidung einen seelischen sowie körperlichen Schutz bietet. Trotz der Unterstützung einer weiblichen Begleitperson wird es ihr in der Regel schwerfallen, sich in Anwesenheit von fremden Personen freizumachen. Dies gilt auch bei einer Geburt im Kreissaal.

▪▪ Tipps für die Pflege
Als Pflegende sollten Sie die folgenden Ziele im Auge behalten: Die Patientin sollte jederzeit die Gründe der Entblößung für die Untersuchung verstehen können. Die Patientin sollte auch dazu gebracht werden, zu verstehen und zu akzeptieren, dass ihre Intimsphäre in der Klinik nicht dieselbe wie zu Hause sein kann. Ist dieses Verständnis geweckt, wird sich die Patientin auch nicht mehr in ihrer Intimsphäre ausgeliefert fühlen.

Muslime reinigen nach dem Stuhlgang ihr Gesäß mit Wasser. Dazu wird in der Regel kein Papier sondern die linke Hand benutzt (daher gilt sie auch als unrein). Es ist daher sinnvoll, zusätzlich zu den Papierrollen einen Wasserkrug auf der Toilette bereit zu stellen. Grundsätzlich sollte die Intimpflege der Patientin von ihr selber oder von einer gleichgeschlechtlichen Pflegeperson ausgeführt werden. Beim Waschen soll möglichst frisches fließendes Wasser benutzt werden. Bei Bettlägerigkeit ist es sinnvoll, ein Becken zum Waschen in das Bett zu stellen, um die entsprechenden Körperteile mit einem anderen Gefäß übergießen zu können.

Maßnahmen:
- Intimsphäre streng schützen, z.B. mit Paravents, Sichtschutz -Vorhängen, Tüchern zum Abdecken
- Zimmernachbarn in Mehrbettzimmern sollten nach Möglichkeit während der Untersuchung aus dem Zimmer gebeten werden
- Patientinnen möglichst immer von weiblichen Pflegenden versorgen lassen
- Ausreichende Informationsgespräche mit den Patientinnen und ihren Angehörigen führen
- Falls der Wunsch von einer Patientin vorliegt, Angehörige in die Untersuchungen mit einbeziehen
- Körperpflege, wenn möglich, durch Angehörige durchführen lassen

Anmerkung: die Öffentlichkeit des Pflegeprozesses stößt nicht nur muslimische Patienten ab. Auch Niederländer fühlen sich sehr abgestoßen von diesem Umstand im deutschen Pflegealltag. In den Niederlanden gilt die Regel, dass der Pflegeprozess die Intimsphäre berücksichtigt und diese Grenze nicht wie in Deutschland überschritten wird.

Literatur

Domenig, D. (Hrsg.) (2001): Professionelle Transkulturelle Pflege, Bern: Verlag Hans Huber
www.islaminstitut.de/publikationen/artikel/familie.html)
www.target-human-rights.com

»Warum können *die* sich nicht endlich anpassen?« – Kulturelle Prägungen

Unterschiedliche Kulturen stellen uns Menschen immer wieder vor grundlegende Verständigungsprobleme. Wie kann man Kulturen unterscheiden, warum ist dies sinnvoll und inwieweit sollte es gemacht werden? Gibt es überhaupt klare Abgrenzungen zwischen den Kulturen und wenn ja, wie sollten diese vorgenommen werden? Öffnen wir mit der Unterscheidung von Kulturen nicht wieder der Standardisierung die Türen? Und wie lebendig sind Kulturen überhaupt?

All diese Fragen begegnen uns in unserem Pflegealltag genau dann, wenn wir an einen Patienten gelangen, der sich »anders« oder eben nicht »typisch deutsch« verhält und damit die Reflektion oder auch das Unverständnis über sein Verhalten herausfordert. Daher stellt sich die wichtigste Frage überhaupt: Wie hilfreich ist es in unserer Praxis, Kulturen zu kategorisieren? Was habe ich als Pflegender oder Arzt davon?

4.1 Modelle aus den Kulturwissenschaften

Im Alltag hören wir oft von unterschiedlichen Kulturkreisen, von den Problemen mit »den Muslimen«. Wir denken, wir verstehen, wenn sich mal wieder jemand »ganz typisch« verhalten hat, ohne jedoch tiefergreifendes Wissen über andere Kulturen zu haben, was nebenbei bemerkt in dem ohnehin sehr ausgefüllten Pflegealltag auch unmöglich zu verlangen wäre.

Welche Orientierungsmöglichkeiten bleiben uns also? Gibt es Raster oder Typologien, die im Kontakt mit anderen Kulturen hilfreich sind und die ich als Pflegender anlegen kann und die mir die Unsicherheit im Umgang mit schwierigen fremden Patienten und ihren Angehörigen nehmen können?

Ein Blick auf die Erkenntnisse der Kulturwissenschaften hilft hier weiter. Kulturwissenschaftler bezeichnen Kultur heute als umfassendes Lebensmuster, das den gesamten Alltag durchdringt und ganzheitlich betrachtet wird.

>> Nicht nur Picasso und Bach sind Kultur – auch das Auto, die Höflichkeit, religiöse Haltungen, Heizsysteme, Sexualpraktiken und Hygienevorstellungen. (Faschingseder, 2001, S.36.) **«**

Sitten, soziale Institutionen, Werte und Normen aber auch Symbole, Kunst und Architektur spiegeln eine Kultur wider. Eine Kultur wird in den Verhaltensweisen der Kulturangehörigen beobachtbar. Ein wichtiger Kritikpunkt an dem Begriff *Kultur* ist, dass er festgeschrieben und als unüberwindbare Distanz verstanden werden kann. Um diesem Missbrauch des Begriffes vorzubeugen, stellen wir folgende wesentliche Gesichtspunkte der Betrachtung über Kulturen voran:

- Kultur ist nicht statisch! Man kann Kultur nicht als ein unveränderliches Gebilde verstehen, denn der Kulturwandel ist ein permanenter Faktor der menschlichen Zivilisation.
- Jede Kultur ist durch Vermischung geprägt. Verschiedene Völker oder Volksgruppen (Ethnien), Gruppen und Angehörige von verschiedenen Generationen formen ein heterogenes Bild innerhalb einer Kultur.
- Die einzelnen Mitglieder von Kulturen bleiben auch vor dem Hintergrund der kulturellen Betrachtung Individuen. Sie sind somit keine Objekte auf einer kulturellen Bühne, sondern eigenverantwortlich entscheidende Persönlichkeiten, die ihre Lebenswelt gestalten, sich an ihrer Kultur reiben, sich mit ihr auseinandersetzen, sich an sie anpassen oder sich gegen die vorherrschenden Rahmenbedingungen ihrer Kultur wenden können.

Das Modell des kulturellen Eisberges (◧ Abb. 4.1) zeigt, dass die sichtbare Ebene von Kultur nicht die bedeutendste ist, wohingegen der größte und wichtigste Teil einer kulturellen Prägung unterhalb der Oberfläche also im »Unsichtbaren« liegt und damit für Kulturfremde verborgen bleibt. Kultur ist in ihrem weitesten Sinn das, was das Gefühl des Fremdseins auslöst, wenn man sich in einer anderen Kultur aufhält. Sie umfasst alle jene Überzeugungen und Erwartungen, wie Menschen zu sprechen und sich zu verhalten haben. Diese sind als Resultat sozialen Lernens eine Art zweiter Natur für den Einzelnen geworden.

Kultur bedeutet ein sicheres Orientierungssystem für alle Mitglieder einer speziellen Gruppe. Es wird erlernt, überliefert und weitergegeben. Die erlernten kulturellen »Codes« beeinflussen das bewusste und das unbewusst gesteuerte Verhalten des

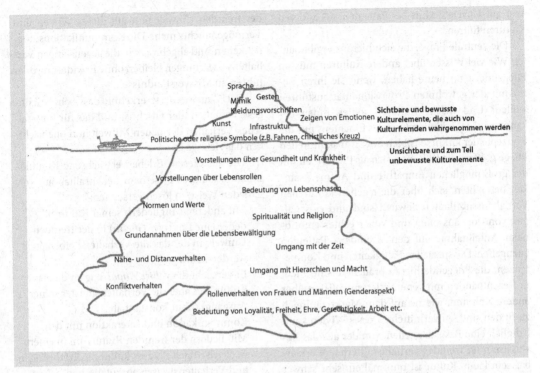

Abb. 4.1 Eisberg (modifiziert nach Tewes R. 2010, »Wie bitte?«. Springer Verlag Berlin Heidelberg)

Einzelnen, wie das Eisbergmodell illustriert. Es ist ein zentrales Bedürfnis des Menschen, sich in seiner Welt orientieren zu können. Kulturelle Codes und das Festhalten an den erlernten kulturellen Verhaltensweisen und Regeln helfen ihm dabei.

Eine aussagekräftige und vielzitierte Definition des Kulturbegriffes lautet:

» Kultur ist eine kollektive Programmierung des Geistes (Hofstede, 1998) «

Wenn man mit Mitgliedern einer Gruppe zusammen ist, die die eigene Kultur teilen, muss man nicht andauernd sein Verhalten und seine Überzeugungen in Frage stellen, denn viele Grundüberzeugungen stimmen auch mit denen von vielen anderen Mitgliedern der eigenen Kultur überein. Zumindest folgt jede Kultur ihren eigenen kulturellen Regeln, die tradiert und individuell erworben wurden.

Alle Mitglieder einer Kultur sehen die Welt in ähnlicher Weise und alle wissen im Großen und Ganzen, was von jedem Einzelnen in der Gesellschaft erwartet wird. Jedoch einer fremden Gesell-

schaft direkt ausgesetzt zu sein und auf völlig neue kulturelle Muster zu stoßen, die lange nicht erklärbar sind, verursacht im allgemeinen ein störendes Gefühl der Desorientierung und Hilflosigkeit, das »Kulturschock« genannt wird.

Patienten aus anderen Kulturen realisieren sehr wohl, dass in der neuen Kultur andere Regeln, Sitten und Gebräuche gelten, aber, da sie sich nicht sehr gut in der neuen Kultur auskennen, bleiben eben diese Regeln fremd und verursachen immer wieder Angst und Unsicherheit. Für die Pflegenden gilt übrigens dasselbe: Zu wissen, dass Patienten aus anderen Kulturen anders als gewohnt reagieren können, bedeutet noch nicht, dass man weiß, wie dieses »andere« Verhalten konkret aussehen wird oder wie man adäquat auf dieses andere Verhalten reagieren soll. Das Problem, das in Pflegesituationen oft entsteht ist, dass nämlich von den Pflegenden verlangt wird, zu wissen, wie sie sich professionell zu verhalten haben, aber auch genau dieses professionelle Verhalten, was uns als Angehörigen der deutschen Kultur bekannt ist, kann auf Widerstände oder vermeintliche Widerstände, zumindest aber auf Unverständnis bei Patienten aus anderen Kulturen führen.

Die zentrale Frage, die sich hieraus ergibt, lautet: Wie viel Wissen über andere Kulturen müssen Pflegende denn heute haben, wenn sie ihren Beruf mit der gewohnten Professionalität ausführen wollen? Und welche Kulturen sollten ihnen bekannt sein? Hier können unseres Erachtens nur die Konzepte der kultursensiblen oder transkulturellen Pflege greifen, die Kultur an sich als Phänomen mit der größtmöglichen Empathie und Aufmerksamkeit betrachten, sich über die eigenen kulturellen Verhaltenssubtilitäten bewusst sind und es schaffen, von dort aus offen und voller echter emotionaler Anteilnahme auf den »fremden« Patienten zuzugehen. Die speziellen Fähigkeiten und Kompetenzen, die Pflegende hierzu brauchen, sind nicht in Rezeptbänden mit generalisiertem Wissen über andere Kulturen, wie sie auf dem Markt zahlreich zu finden sind, zu vermitteln. Dieses Wissen kann lediglich eine Basis darstellen, von der aus das Bewusstsein für fremdes Verhalten überhaupt erklärbar sein kann. Kultur ist nun mal ein sehr schwer klar zu umgrenzendes Konzept, das nicht unveränderlich und festzulegend seine Kulturangehörigen bestimmt. Sie ist ja auch nicht der einzige Faktor, der das individuelle Verhalten eines Patienten festlegt. Lebensumstände, psychischer Status, ökonomische Situation, Bildungsniveau, Religion und letztlich der persönliche Charakter bestimmen das Verhalten des einzelnen Patienten genauso, egal, ob er nun aus einem fremden Kulturkreis kommt oder aus dem bekannten.

Wie schon erwähnt, stellt schon das Eintauchen in die Lebenswelt einer anderen Kultur eine Art Schock dar – den sogenannten Kulturschock. Der Kulturschock ist eine Konfliktsituation. Er löst die Suche nach einer Konfliktlösung aus. Dies kann man sich recht einfach am Beispiel von Einwanderern in ein fremdes Land verdeutlichen. Indem sie ihre gewohnte räumliche Umwelt verlassen, verlassen sie zugleich eine Mitwelt, in der sie sich auskannten und von der sie »verstanden« wurden. Man hatte nicht nur die gleiche Sprache, sondern auch das gleiche Verhalten im Alltagsleben, gleiche Wertorientierungen und Erwartungen. Kurz: Man war auf die gleiche Wirklichkeit bezogen und wusste, was man von seiner Mitwelt erwarten konnte. In

der fremden Umwelt nun gilt dieses Wissen und Vermögen nichts mehr. Die Kommunikationsmöglichkeiten sind abgebrochen, die gegenseitigen Verhaltenserwartungen bleiben ohne Erwiderung oder führen zu Missverständnissen.

Der Zugewanderte erkennt, dass sein »richtiges« Verhalten hier falsch ist und das für ihn »falsche« Verhalten der neuen Mitwelt nun offensichtlich das richtige ist.

Die aus diesem Erleben erwachsene Konfliktsituation kann er in seinem Lebensalltag auf verschieden Weise zu lösen versuchen:

- Mit anderen Mitgliedern seiner Kultur bildet er eine Enklave (*Ghetto*) in der fremden Umwelt, in der das alte Verhalten beibehalten werden kann.
- Er versucht die *völlige Anpassung* an die neue Kultur, legt aber die Verhaltensmuster seiner Ausgangskultur konstant ab.
- Kommunikation und Interaktion mit den Mitgliedern der fremden Kultur, um in einem wechselseitigen Prozess kulturelle Erfahrungen und Verhaltensweisen auszutauschen.
- *Partielle Anpassung*: Er spaltet sich in zwei Lebensbereiche: Er versucht zum Beispiel im Arbeitsbereich die Verhaltensweisen der neuen Kultur anzunehmen, lebt aber in seiner Freizeit und in seiner unmittelbaren Umgebung nach den traditionellen, gewohnten Verhaltensmustern (Beispiel des türkischen Arbeitskollegen, der an der Arbeit aufgeschlossen und modern ist, seiner Tochter aber nicht erlaubt, in ein öffentliches Schwimmbad zu gehen). Dieses Verhaltensmuster ist typisch für ausländische Arbeitnehmer als Zeitwanderer mit dem Ziel der endgültigen Rückkehr in die Heimat.
- *Klassisches Kolonisationskonzept*. Der Fremde versucht, seine Kulturverhaltensmuster gegenüber den Einheimischen durchzusetzen. Eine Prämisse für diese Handlungsmodelle ist, dass der Zustand der Fremdheit als störend, verunsichernd oder gar als bedrohlich empfunden wird und man die kulturelle Desorientiertheit aufheben will.

Wenn wir dieses Wissen auf die spezielle Situation eines kulturell fremden Patienten im Klinikalltag anwenden, erkennen wir sehr schnell, dass der Aufenthalt in einer stationären Einrichtung den Kranken recht unmittelbar in eine andere, bislang ganz unbekannte Lebenswelt hineinbringt, für die er sich in seinem Alltagsleben noch recht gut Muster zurechtlegen konnte. Konkret bedeutet dies: In seinem Alltagsleben mag der Patient seine gewohnte Lebensform mit den anderen Mitgliedern seiner Kultur durchaus weiterleben und weitergeben – in der Klinik ist er plötzlich in die deutsche Lebenswelt hineingeraten, und dies meist unfreiwillig. Nur Patienten, die sich in der völligen Anpassung an die neue Kultur üben, dürften äußerst entgegenkommend und offen sein für den deutschen Pflegealltag und sich jederzeit versuchen anzupassen. Die anderen Patienten, die sich schon im Alltag nicht gut in die deutsche Kultur integrieren konnten, können Verhaltensmuster von Apathie bis hin zu aggressiver Verweigerung gegenüber einzelnen Pflegenden oder bestimmten Pflegemaßnahmen an den Tag legen.

Über das Zusammenlaufen von interkultureller Begegnung und Kulturschock ist schon viel geschrieben worden. Das Thema »Kulturschock« bahnt sich seinen Weg durch die kulturwissenschaftliche Literatur – über den tieferen Zusammenhang von kultureller Verunsicherung und dem Verhalten der Patienten im Krankheitsfall findet man allerdings ausgesprochen wenig. Dabei wird Kulturschock als psychosomatische Auslebung von Fremdheitserfahrung durchaus häufig zitiert, wenn es um die auffällig häufig auftretenden psychosomatischen Erkrankungen von Migranten geht. Dennoch wird unseres Erachtens den Faktoren Überfremdungsangst und Kulturschock bei erkrankten Migranten in der unmittelbaren Klinikerfahrung viel zu wenig Beachtung geschenkt. Im Vordergrund der medizinischen und sozialpsychologischen Untersuchungen stehen bislang nur die psychischen und psychosomatischen Beschwerden und als »typisch« klassifizierte Krankheitsbilder bei Migranten (▸ Kap. 12).

Die Hilflosigkeit gegenüber dem Thema »Krankheitsbilder bei Migranten« zeigt sich in folgendem Zitat:

» All die frühen Untersuchungen über kasuistische Darstellungen über Krankheiten und Krankheitsverhalten ausländischer Arbeitnehmer waren jedoch getragen von einer offenen oder verdeckten Ratlosigkeit hinsichtlich der (…) Einordnung der überwiegend unklaren Symptome, die diese Patienten boten. (Zimmermann 2000, S. 31) «

Angenommen wird bei Migranten eine starke Empfindsamkeit, ein häufiges Auftreten von depressiven Verstimmungen und anderen psychosomatischen Störungen. Hinter den quasi diagnostischen Begriffen »Mama-Mia-Syndrom«, »Ganz-Körper-Schmerz-Syndrom« »Heimwehkrankheit« oder »Gastarbeitersyndrom«(Zimmermann, 2000, 31) verbirgt sich Ratlosigkeit und Unverständnis von medizinischer Seite in Deutschland, das sich seit Ende der 60er Jahre durch die Fachliteratur zieht. In den 80er Jahren folgten empirische Studien zum Zusammenhang von »migrations-spezifischem« Stress und Gesundheit (Gavranidou, M, Abdallah-Steinkopf, B., 2007), welche wieder die Faktoren Kulturschock und kulturelle Unterschiede zumindest im Sprachausdruck komplett ignorierten. So konnte sich bis in die jetzige Zeit eine gewisse Ohnmacht gegenüber den fremdkulturellen Äußerungen und Befindlichkeiten ziehen, unter der die deutschen Pflegekräfte in ihrem Pflegealltag leiden müssen – denn bis heute gibt es keine hinreichenden Erklärungsmuster, die von der Basis her konkrete Tipps und Hilfestellungen für die Pflegekräfte anbieten. Der Grund ist unseres Erachtens einerseits im Fehlen von praxisnaher Literatur begründet, die konkrete Erklärungen liefert und sich trotzdem sensibel diesem komplexen Thema annähert. Aber mit der tiefgreifenden Kenntnis des gesellschaftlichen und kulturellen Hintergrundes der Herkunftskultur der Erkrankten, die unbedingt eine Einbeziehung der aktuellen ethnologischen und soziologischen Erkenntnisse voraussetzt, lassen sich diffuse Krankheitssymptome und Verhaltensauffälligkeiten bei Patienten mit Migrationshintergrund ausmachen und besser erklären.

Was ist unter dem Begriff »Kulturschock« zu verstehen und warum kommt ihm im Zusammenhang mit Migration und Gesundheit eine solche Bedeutung zu? Migration ist nicht von vornherein »gesundheitsgefährdend«, es kommt auch hier wieder auf die Einzelfallbedingung an. Migranten, die ihren Lebensstandard durch die Migration deutlich erhöhen konnten, sind auch weniger krankheits-anfällig. Migration ist vor allem dann mit körper-lichen und psychischen Erkrankungen verknüpft, wenn auch die Lebensbedingungen erschwert sind. Dies ist in erster Linie der Fall, wenn das Leben von Armut, Arbeitslosigkeit, Perspektivlosigkeit oder Isolation gekennzeichnet ist. Die Situation der türkischen Patienten kann interessanterweise unter der Stressbelastung einer Erkrankung große Ver-wunderung bei den Pflegenden auslösen, da die Pa-tienten oft kaum bereit sind, deutsch zu sprechen, obwohl sie zum Teil seit Jahrzehnten in Deutsch-land leben. Was liegt hier zugrunde?

4.2   Selektive Wahrnehmung und Stereotype

Die Begegnung mit dem Fremden kann, wie schon erwähnt, Faszination oder Angst auslösen. Wie der Kontakt mit fremden Menschen oder Situationen erlebt wird, hängt von der Lebenssituation und der Persönlichkeitsstruktur eines Menschen ab, aber auch von seiner wirtschaftlichen Lage, seinem Bil-dungsniveau, seinen Denk-und Verhaltensweisen und seinem individuellen Weltbild. Kulturkontak-te werden durch die Globalisierung in einem für die Geschichte einzigartigen Maße vorangetrie-ben und verstärkt. Im Kontakt mit einer fremden Kultur wird der Einzelne oft mit Verhaltensweisen konfrontiert, die in der eigenen Kultur keinen Platz haben oder auch verdrängt werden. Hier sind vor allem die Bereiche Umgang mit geschlechtsspezi-fischen Rollen, Hygienevorstellungen, aber auch das direkte Ausdrücken von Körperlichkeit, die in der medizinischen Versorgung von Bedeutung ist, anzusprechen. Eine Reaktion auf das Anspre-chen von körperlichen Tabu-Bereichen, etwa von einem gegengeschlechtlichen Arzt, kann einen Kulturschock bei dem Patienten bewirken und ihn in Verhaltensunsicherheit, Angst, Aggression, Iso-lation oder auch in die komplette Verweigerung der Kommunikation mit den Pflegenden stürzen.

Migration ist oft mit starken Identitätskonflik-ten verbunden. Man verlässt durch die Migration die bekannte kulturelle Welt und muss sich nun auf ganz neue Werte, Normen, Regeln, Sitten und Codes des neuen Landes einlassen. Das ist für nie-

manden leicht, nicht für Deutsche, die im Ausland leben, und nicht für Migranten, die in Deutsch-land leben. Von muslimischen Migranten – hier in Deutschland zahlenmäßig am meisten durch die türkischen Einwanderer repräsentiert – werden die Normen der deutschen Gesellschaft oft als ver-störend und verunsichernd empfunden, von Angst und Misstrauen geprägte Stereotype und Vorurteile gegenüber der deutschen Gesellschaft haben sich schon lange in vielen Köpfen etabliert. Die Normen einer »Konsum, Spaß- und Leistungsgesellschaft« sind muslimischen Einwanderern oft fremd und werden kategorisch und unreflektiert abgelehnt. Hier kommt oft ein auf Überfremdungsangst be-ruhendes Verhalten zum Tragen, das sich der neu-en Kultur gegenüber komplett verschließt und als Ethno- oder Kulturzentrismus bezeichnet wird. Im Zusammenhang mit der Theorie des Kulturschocks scheint es, als ob sich diejenigen Migranten, die sich völlig von der deutschen Kultur abwenden und in ihre bekannte Kultur zurückziehen, in der Phase der Eskalation des Kulturschocks befinden und dort nicht mehr herauskommen. Die Folgen dieses »Steckenbleibens« in allen Konfliktgefühlen des Kulturschocks sind auch von deutschen Expa-triates, also Menschen, die einen Arbeitsaufenthalt im Ausland angenommen haben, bekannt, die auf-grund einer tiefgreifenden Kulturschockerfahrung das neue Land verlassen und dann unter einer un-reflektierten Ablehnung der Kultur, die sie verlas-sen haben, leiden und sogar teilweise rassistische Züge gegenüber der fremden Kultur entwickeln. In dieser Phase, die man als Scheitern in der neuen Kultur bezeichnen könnte, wird eine Anpassung an die neue Kultur unmöglich!

Um sich nun Schritt für Schritt dem Thema »kultursensible Pflege« anzunähern, um die Er-kenntnisse und Kompetenzen für sich auch nutzen zu können, ist erneut eine grundsätzliche Betrach-tung zum Thema »Kultur« nötig. »Kultur« ist ein universelles Phänomen. Alle Menschen leben in einer spezifischen Kultur, haben eine Herkunfts-kultur und entwickeln diese weiter. Kultur ist kein statisches Gebilde, Kultur ist äußerst dynamisch, sonst wären Veränderung und Fortschritt nicht möglich. Ein Modell zur inneren Struktur von Kultur ist das Zwiebelmodell von Geert Hofstede. Hofstede betrachtet das Individuum im Kern einer

Kultur mit seinen verinnerlichten Werten und legt die Schichten Rituale, Helden und Symbole ausgehend von diesen Werten an. Werte bilden den Kern einer Kultur.

Von zentraler Wichtigkeit in jeder Kultur sind die Werte und Normen. Sie sind ein Prioritätensystem, denn je nachdem, welche Werte im Vordergrund stehen, bestimmen sie auch über die ethischen Grundvorstellungen in der betreffenden Kultur. Für Außenstehende sind die Werte einer fremden Kultur am schwersten zugänglich, aber sie bilden die beständigsten Elemente von Kulturen. Kommt der Faktor »Angst« hinzu – etwa bei der Angst vor Überfremdung oder Unsicherheit beim direkten Kontakt mit einer neuen Kultur, verzerren sich die Wertvorstellungen und bilden die Grundlage für Vorurteile und massive Missverständnisse. Diese basieren oft auf einer sich selber bestätigenden selektiven Wahrnehmung. Das heißt, wir nehmen nur das wahr, was wir sowieso meinen zu wissen. Wir bekommen auch Bestätigungen gemäß unseren Erwartungen. Wir kennen das Phänomen der selektiven Wahrnehmung auch aus anderen Bereichen. So ist zum Beispiel bekannt, dass Frauen, die schwanger werden möchten, von dem Moment an, wo sie diesen Wunsch verspüren, sehr viel mehr Schwangere sehen, als vorher. Diese selektiven Wahrnehmungen führen aber immer zu einer Verzerrung der Wirklichkeit – die Realität wird subjektiv und nicht objektiv wahrgenommen.

Hier ein konstruiertes Beispiel einer solchen Verzerrung, die zu gegenseitigen Stereotypen und Klischees führt: Der »türkische Vater« und der »deutsche Sozialarbeiter«. Diese beiden in der jeweiligen Gruppe standardisierten stereotypen Verzerrungen basieren auf Angst, Unsicherheit und viel zu wenig kommunikativem Austausch (Beniers, 2005).

> **»Türkischer Vater« aus deutscher Sicht**
> - Streng
> - unnachgiebig
> - verhält sich wie ein »Pascha«
> - bevorzugt seine Söhne
> - lässt seine Kinder nicht integrieren
> - ist strenger Muslim
> - unterdrückt seine Frau und seine Töchter

> - ist ungebildet
> - ist ein unverbesserlicher »Macho«

> **»Deutscher Sozialarbeiter« aus türkischer Sicht**
> - tut freundlich, um sich das Vertrauen zu erschleichen
> - will die Kinder der türkischen Familie entfremden
> - achtet die türkischen Regeln nicht
> - will die Kinder, besonders die Töchter beeinflussen, damit sie an der »Sittenverrohung« der deutschen Gesellschaft teilhaben
> - will die Mädchen aufsässig machen
> - will sich nur in türkische Familienangelegenheiten einmischen

Wir sehen hier eine Verzerrung in beide Richtungen, die, wenn sie sich auch nur durch tendenzielle Erfahrungen auszeichnet, an Vorurteile erinnern, diese verstärkt und eine offene und kultursensible Begegnung unmöglich macht. Daher kann nicht oft genug betont werden, wie sensibel schon der Erstkontakt gestaltet werden sollte, damit ein solches Verschließen in den Vorurteilen gar nicht aufkommt. Im Folgenden kommen wir in einem kleinen Abriss auf die grundlegenden, kulturell und religiös bedingten Besonderheiten im Umgang mit muslimischen Patienten zu sprechen.

Kultur bedeutet ein sicheres Orientierungssystem für alle Mitglieder einer speziellen Gruppe. Dieses wird erlernt, überliefert und weitergegeben. Die erlernten kulturellen »Codes« beeinflussen das bewusste und das unbewusst gesteuerte Verhalten des Einzelnen, wie das Eisbergmodell illustriert. Es ist ein zentrales Bedürfnis des Menschen, sich in seiner Welt orientieren zu können. Kulturelle Codes und das Festhalten an den erlernten kulturellen Verhaltensweisen und Regeln helfen ihm dabei.

Literatur

Cornelius J.M. Beniers (2005): Managerwissen kompakt: Interkulturelle Kommunikation Carl Hanser Verlag GmbH & Faschingseder, G. (2001): Auf dem Markt der Kulturen, In: Südwind Nr. 2, Wien

Gavranidou, Maria und Abdallah-Steinkopff, Barbara: Brauchen Migrantinnen und Migranten eine andere Psychotherapei? In: Psychotherapeutenjournal 4/2007, S. 353 ff

Hofstede, G. H. (1998). Masculinity and femininity : the taboo dimension of national cultures. Thousand Oaks, Calif., Sage Publications.

Zimmermann, E. (2000): Kulturelle Mißverständnisse in der Medizin – Ausländische Patienten besser versorgen, Hans Huber Verlag Bern

Die »Culture Codes«

5.1 Was bestimmt die Gefühle und Überzeugungen des Menschen?

Wie beeinflusst eine Kultur als Ganzes den Menschen und warum kann man von einer »kollektiven Programmierung des Geistes« reden?

Ein Mensch wird immer in eine Kultur hineingeboren und nimmt diese durch seine Umwelt und Erziehung von Anfang an direkt auf. Diese »Kultivierung« oder, um mit Hofstede (2006, S. 4f) zu sprechen, diese »kulturelle Programmierung des Geistes« fängt dabei bereits im Babyalter an, um dann mit ca. 7 Jahren größtenteils verinnerlicht zu sein. Das bedeutet: Ein 7-Jähriger weiß sehr wohl, wie er sich zu verhalten hat, was von ihm verlangt wird, was richtig und falsch ist und er hat eine ungefähre Einordnung der Verhaltensweisen der Erwachsenen um ihn herum. Er weiß also, wie sich seine Mutter, sein Vater, seine Schwester und sein Bruder verhalten sollten und er kennt die Rollen innerhalb der Familienhierarchie. Dabei ist niemandem der Faktor »Kultur« als geistiges und unbewusstes »Steuerelement« der ethischen Interaktion und menschlichen Verhaltensweisen direkt bewusst.

Die Frage nach den grundlegenden Werten einer Kultur ist für den Einzelnen meistens nur schwer zu beantworten – dennoch werden diese grundlegenden Werte zumeist als vorgegebene Wahrheiten akzeptiert, ja der Einzelne ist sogar oft im Glauben, er bilde sich sein eigenes und individuelles Weltbild – ganz unabhängig von anderen Mitgliedern seiner Gesellschaft. Um die grundlegenden kulturellen Werte konsequent abzulehnen ist das »rebellische« Abtauchen in Subkulturen ein Weg – meist von Jugendlichen – die aber gewöhnlich später, wenn die Zeit der Rebellion vorbei ist, wieder in die Ursprungskultur zurückzukehren. Oder das »going native« von Menschen, die ausgewandert sind oder im Ausland arbeiten oder sich verheiratet haben. »Going native« ist der Versuch, sich mit einer neuen Kultur völlig zu identifizieren, da man mit der Herkunftskultur seine persönlichen Schwierigkeiten hatte und sich daher nun überanzupassen versucht.

Empirische Untersuchungen von Kulturwissenschaftlern zeigen immer wieder, wie stark verinnerlicht die kulturellen Prägungen doch sind, obwohl wir alle denken, dass unsere Entscheidungen mehr auf unserem eigenen Willen beruhen als auf unserer kulturellen Prägung. Dem ist aber definitiv nicht so.

Da sich die meisten Menschen ihr Leben lang nur innerhalb einer kulturellen Gruppe bewegen und eine Auseinandersetzung mit einer anderen Kultur, wenn überhaupt, nur oberflächlich stattfindet, wird die »kulturelle Programmierung« auch nur selten in das Bewusstsein gerückt. Kulturelle Programmierungen werden durch die Erziehung auch nur indirekt weitergegeben, so dass man sich nicht bewusst ist über die Grundzüge der eigenen Kultur und die Hintergründe der individuellen Haltung gegenüber der eigenen Kultur. Der monokulturelle Mensch verhält sich so, wie er es gelernt und verinnerlicht hat, und er interpretiert alle Vorkommnisse entsprechend seiner kulturellen Programmierung. So wird z.B. das Verhalten von Ausländern überall oftmals als einfach »komisch« oder »nicht zu verstehen« abgetan, da es nicht mit der vorhandenen kulturellen Programmierung zu interpretieren ist und damit auch unverständlich wirkt.

Eine direkte Konfrontation und offene Auseinandersetzung mit einer anderen Kultur wird daher zumindest unbewusst als »gefährlich« eingestuft, denn sie kann das gesamte, als individuell empfundene Wertesystem bis in die Grundfesten erschüttern und kann das Hinterfragen dieser Grundwerte herausfordern. Gehört man einer Wir-Gesellschaft an, ist es sogar noch gefährlicher, da eine Hinterfragung der kulturellen Grundwerte und Verhaltensmuster zu Auseinandersetzungen bis hin zur Ächtung und Bestrafung durch andere Kulturangehörige der Herkunftskultur führen kann. Es erscheint daher zumindest verständlich, dass viele Menschen diese Konfrontation eher vermeiden, und sich in die »Sicherheit« und Vertrautheit der eigenen Kultur zurück ziehen. Vor diesem Hintergrund sei noch einmal die oft geäußerte Forderung der »Anpassung« an unsere Kultur in das Bewusstsein gerückt, die oberflächlich ist, an den kulturellen Realitäten vorbei geäußert wird und zu mehr Rückzug als Integration bei Migranten führt.

Dennoch: Die Auseinandersetzung mit der eigenen Kultur und die Konfrontation mit den neuen und erlernten kulturellen Werten werden

5.1 · Was bestimmt die Gefühle und Überzeugungen des Menschen?

53   **5**

unvermeidbar für Menschen, die in einem anderen Land für einen längeren Zeitraum leben. Dabei wird alleine für die Beherrschung der äußersten Kulturschicht des Eisbergmodells (► Abb. 4.1) rund ein Jahr gebraucht – vorausgesetzt, die Person beherrscht die Sprache des neuen Aufenthaltslandes fließend und ist intellektuell in der Lage, kulturelle Grundwerte zu reflektieren. Mit der Zeit kann dann immer tiefer eingedrungen werden in die neue Kultur, Muster können erkannt und zugeordnet werden.

Dieser Prozess der Akkulturation, wie die Anpassung an eine neue Kultur wissenschaftlich genannt wird, ist individuell verschieden. Die Zeit, die benötigt wird, um sich zurechtzufinden, kann sehr unterschiedlich sein sowie auch die Offenheit für das Einleben in die neue Kultur. Es gibt Menschen, die sich mit dem Eintauchen und Verstehen in die neue Kultur leicht tun, aber es gibt auch andere, die sich auch nach Jahren in einer anderen Kultur noch nicht eingewöhnt, nicht angepasst und nicht integriert haben.

■ Warum wir sind, wer wir sind

Der Kulturanthropologe, Psychologe und Marketingberater Clotaire Rapaille schuf mit seinen Erkenntnissen und Untersuchungen einen wesentlich tieferen Ansatz für die kulturellen Wurzeln eines jeden Einzelnen. In 30-jähriger intensiver Forschungsarbeit mit etlichen Versuchsreihen hat er die »kulturellen Codes« für grundlegende Dinge wie Nahrung, Schönheit, Liebe, Gesundheit und Krankheit, Arbeit oder Geld, die im kulturellen Unbewussten einer jeden Kultur verankert sind, entschlüsselt. Er zeigt sehr überzeugend, wie sehr und in welcher Weise die kulturellen Codes in den unterschiedlichsten Lebensbereichen von Land zu Land von einander abweichen und worin der Schlüssel zu den jeweiligen »kulturellen Codes« liegt (Rapaille 2006: S. 17ff).

Seine Untersuchungen haben ergeben, dass Angehörige von unterschiedlichen Kulturen auch eine unterschiedliche Emotionalität gegenüber bestimmten Themenbereichen des Alltagslebens an den Tag legen. In aufwendigen psychologischen Untersuchungsreihen versucht er, die tief liegenden kulturell verwurzelten Gefühle von Menschen aus verschiedenen Kulturen zu entschlüsseln. Die

Erkenntnisse aus diesen Forschungen stellt er für gezielte Marketingstrategien von namhaften Markenprodukten zur Verfügung. Wie gut Rapailles Methode funktioniert, wird eindrucksvoll dadurch belegt, dass ihn mehr als die Hälfte der »Fortune-100-Firmen«, der umsatzstärksten Firmen weltweit, als Berater engagiert haben.

■ Was ist der »kulturelle Code«?

Der »Kultur-Code« beantwortet die nur scheinbar banale Frage: Was macht einen Türken zum Türken, einen Franzosen zu einem Franzosen und einen Deutschen zum Deutschen? Wer die ziemlich ausgehöhlte »Leitkultur«-Debatte verfolgt hat, weiß, wie schwer wirklich festzumachen ist, was genau eine Kultur von anderen unterscheidet. Der Kultur-Code ist nach Clotaire Rapailles Erkenntnis die Bedeutung, die wir jedem Sachverhalt des Alltags über die Programmierung der Kultur, in der wir aufwachsen, unbewusst beimessen. Kulturelle Unterschiede führen dazu, dass wir ein- und dieselbe Information unterschiedlich emotional verarbeiten – das ist das Spannende an Rapailles Untersuchung, die erstmals die Kulturwissenschaften durch psychologische Forschungen ergänzt und damit zu tieferen Einsichten über kulturelle Unterschiede kommt.

■ Warum wir handeln, wie wir handeln

Alle Menschen werden von Erfahrungen geprägt, die sie im Lauf ihres Lebens gesammelt haben. Lernen ohne Emotion ist nicht möglich, das ist schon lange bekannt. Starke Emotionen hinterlassen starke Prägungen, die unser zukünftiges Handeln unterbewusst beeinflussen: Jede Prägung trägt dazu bei, uns zu dem zu machen, der wir glauben zu sein. Alle erfahrenen Prägungen zusammen definieren uns – und sie ergeben in der Kombination ein ganzes Bezugssystem von Codes, auf das wir immer wieder zurückgreifen.

Natürlich macht jeder Mensch unterschiedliche Erfahrungen in seinem Leben und er erfährt daher auch ganz unterschiedliche und einzigartige Prägungen. Doch wer in den für die Entwicklung entscheidenden ersten sieben Lebensjahren, die als die aktivste kulturelle Lernphase gesehen wird, in nur *einer* Kultur aufwächst – und das ist die Regel – wird von deren Denkart und von deren Empfinden geprägt. So betrachtet gewissermaßen jeder Mensch seine Welt durch seine kulturelle Brille. Die Entschlüsselung des Kultur-Codes aber wird zu einer Befreiung, denn wer versteht, wie sein Verhalten unbewusst geleitet wird, kann die Brille abnehmen und sich selbst und andere aus einer ganz neuen Perspektive wahrnehmen.

5.2   Wie man den Code knackt

Die kulturellen Codes beeinflussen uns *unbewusst*. Wie kann man diese Codes entschlüsseln? In drei so genannten »Discovery«-Sitzungen führt Rapaille seine Testpersonen Schritt für Schritt zurück zu ihren ersten Begegnungen mit dem zu analysierenden Thema. Er lässt sich von Grund auf erklären, welche Emotionen welcher Alltagsbegriff bei seinen Testpersonen hervorruft. So dringt er langsam immer mehr zu den »wahren Antworten« seiner Probanden vor, die dem Reptilienhirn entspringen, also dem Hirnstamm, in dem die Instinkte liegen. Denn, so lautet Rapailles Credo: »Glaube nie dem, was die Leute auf direkte Fragen antworten. Sie werden meist das sagen, was der Fragende ihrer Überzeugung nach hören will, und das ohne ihn bewusst täuschen zu wollen.« Die Leute reagieren auf solche Fragen einfach mit dem Teil des Gehirns, der den Verstand steuert und nicht die Emotionen oder den Instinkt. Sie denken über eine Frage nach, sie prüfen die Fragestellung und die Antwort, die sie schließlich geben, ist dann das Produkt reiner Überlegung. Sie wissen meist ganz genau, welche Antworten von ihnen erwartet werden.

Beispielsweise filtert Rapaille aus den Antworten amerikanischer Teilnehmer zu den Themengebieten »Gesundheit und Wohlbefinden« den Code BEWEGUNG heraus. Amerikaner halten sich nur dann für gesund und leistungsstark, wenn sie genug Kraft haben, etwas *zu tun*. Körperliche Bewegung gibt ihnen die Bestätigung, gesund zu sein. Japaner denken und fühlen dazu im Gegensatz in eine ganz andere Richtung: Gesundheit ist für Japaner in erster Linie eine *Verpflichtung* gegenüber dem persönlichen Umfeld.

Auf die muslimischen Patienten bezogen wäre es sehr spannend, die tieferen emotionalen Gefühle zu Gesundheit und Krankheit entschlüsseln zu können. Leider gibt es hierzu noch kein Material und alles, was wir heute wissen, ist, dass im muslimischen Kontext Krankheit enger mit religiösen oder spirituellen Gefühlen verknüpft ist. Tiefer liegende Erkenntnisse haben wir aber noch nicht darüber, so wie Rapaille sie für seine Entschlüsselungen zugrunde legen kann. Spannend ist in dieser Hinsicht die Frage: Sagen muslimische Patienten uns wirklich, was sie fühlen, oder halten sie ihre Gefühle zurück, da wir nicht die gleichen kulturellen Codes haben? Wir alle werden von Codes geprägt und die sind kaum zu verändern, das ist die vielleicht wichtigste Erkenntnis aus Rapailles spannender Arbeit. Kulturelle Codes sind auf allen tieferen emotionalen Ebenen wirksam. Sie prägen unser Verhalten bezüglich aller Alltagsgewohnheiten und Einstellungen.

5.3   Zusammenfassung

Das Wichtigste in diesem ganzen Zusammenhang ist die Erkenntnis, dass Menschen, die alle die gleiche oder zumindest eine sehr ähnliche kulturelle Programmierung haben, diese Programmierung für die allgemein gültige und richtige halten. Das bedeutet, dass sie sich alle (oder doch zumindest zum größten Teil) entsprechend den Normen und Werten ihrer Kultur benehmen und damit auch das Verhalten anderer Menschen an diesen Normen und Werten messen. Dabei soll dies natürlich nicht heißen, dass alle Personen innerhalb einer Kultur total identisch sind – sie verhalten sich im Vergleich mit dem Verhalten in einer anderen Kultur nur relativ ähnlich, nicht unbedingt im Vergleich zur eigenen Kultur. Das Fazit der Beschäftigung mit Clotaire Rapailles »kulturellen Codes« lässt sich auch auf den Bereich der Pflegepraxis anwenden. Es lautet: Wenn man jedem Menschen den eigenen kulturellen Spiegel vor die Nase hält und ihm zeigt, wie tief die jeweiligen kulturellen Programmierungen wirklich auf jeden Einzelnen wirken – egal aus welcher Kultur er nun stammt – bekommt jeder, der dieses Spiegelbild annimmt, gleichzeitig noch eine Lektion in angewandter Toleranz als kostenloser Beigabe. Wer den »Kultur-Code« von anderen Kulturen knackt, wird keinem Türken, Kurden, Iraner, Nigerianer oder auch Franzosen oder Italiener mehr vorwerfen können, ein höchst unzureichender Deutscher zu sein … und umgekehrt.

Literatur

Hofstede, G.H. (2006): Lokales Denken, globales Handeln: interkulturelle Zusammenarbeit und globales Management, 3. Aufl., München

Rapaille, C. (2006): Der Kultur-Code: Was Deutsche von Amerikanern und Franzosen von Engländern unterscheidet und die Folgen davon für Gesundheit, Beziehungen, Arbeit, Autos,Sex und Präsidenten, Riemann Verlag

Kulturstandards

> **Definition Kulturstandards:** [...] alle Arten des Wahrnehmens, Denkens, Wertens und Handelns [...], die von der Mehrzahl der Mitglieder einer Kultur für sich persönlich und andere als normal, selbstverständlich, typisch und verbindlich angesehen werden. (Thomas, 1996, S. 112) «

Kulturstandards, die man auch als »allgemeinverbindliche Regelung der Alltagswelt« begreifen kann, sind die Grundmauern eines jeden kulturellen Orientierungssystems oder einfacher ausgedrückt: Durch die von klein auf erlernten kulturellen Standards lernen die Mitglieder von allen Kulturen, was ein »richtiges« und was ein »falsches« Verhalten ist, was von ihnen in ihrer Gesellschaft erwartet wird, was sie dürfen und was nicht. Und was noch wichtiger ist: Sie lernen zu bewerten, was am Verhalten anderer als fremd, seltsam, provokant, anomal usw. empfunden wird!

Welche Erkenntnis bietet uns das Modell der Kulturstandards? Jede Gesellschaft braucht um zu funktionieren ein gewisses Maß an Verhaltensübereinstimmung der einzelnen Mitglieder. Die Kulturstandards bieten den Rahmen der Gesellschaft, sie bestimmen weitgehend Art und Weise der Handlungen und ermöglichen es den einzelnen Gesellschaftsmitgliedern, Sicherheit und Orientierung zu erleben. Daher stellt jede Kultur und jede Gesellschaft ihre eigenen kulturellen Standards auch nicht groß in Frage, sondern setzt sie in Gesetzen und in ungeschriebenen Verhaltensvorschriften für den Einzelnen um. Dabei unterliegen die Kulturstandards durchaus auch innergesellschaftlichen Unterschieden, die sich in unterschiedlichen Anschauungen (politisch, sozial, altersbedingt, etc.) widerspiegeln und die den Individuen die Möglichkeit geben, sich selbstverantwortlich zu positionieren. Tendenziell kann man jedoch auch in den unterschiedlichen Ebenen viele wesentliche Strukturprinzipien der jeweiligen Kultur erkennen. Um dies zu illustrieren, möchte ich ein Beispiel aus der Kulturentwicklung der westlichen Industrienationen bemühen: In den 60er Jahren hatte die Jugendkultur der westlichen Länder die Hippie-Bewegung hervorgebracht. Das sogenannte »bürgerliche Establishment«, die etablierte bürgerliche Gesellschaft, wurde bekämpft und die Regeln der bis dahin geltenden bürgerlich-konservativen Kulturstandards wurden von Jugendlichen und jungen Erwachsenen bewusst gebrochen. Dennoch ist nachweisbar, dass genau diese Jugendkultur sich nach kurzer Zeit wieder an die kulturellen Standards ihrer Gesellschaft anpasste und sich im geschichtlichen Rückblick die Bewegung um ein kleines Aufbegehren handelte, das keine wirklich tiefgreifenden Veränderungen in den weiterhin vorherrschenden Kulturstandards hervorbrachte.

Um wieder zu unseren muslimischen Patienten zu kommen, können wir auch hier feststellen, dass es innerhalb der verschiedenen Generationen von Migranten-Familien große Unterschiede gibt, in welchem Maße die Herkunftskultur gelebt wird, aber viele kulturelle Standards der islamischen Kultur bleiben weitestgehend verbindlich. So schreibt Melda Akbas, eine junge Deutsch-Türkin aus Berlin, in ihrem Buch »So wie ich will« sehr explizit über die kulturellen Standards der Herkunftskultur Osttürkei, die in ihrer Familie herrschen, über die sie sich sehr differenzierte Gedanken macht, aber denen sie dennoch in ihrem Verhalten letztendlich unterliegt (Akbas, 2010). Trotzdem möchten wir darauf hinweisen, dass dem Modell der Kulturstandards keine uneingeschränkte Gültigkeit zugesprochen werden kann. Schließlich verbergen sich hinter einer Kultur immer Individuen – auch wenn es sich um eine Kultur handelt, die sich durch ein »Wir-Gefühl« definiert, wie dies die islamischen Kulturen tun (▶ Kap. 7).

Wir können also sagen, dass keine Kultur vollständig mit einer kleinen Anzahl von Kulturstandards beschrieben werden kann. Kulturelle Standards können eher als Orientierungshilfen der interkulturellen Begegnungen begriffen werden und daher beleuchten wir die kulturellen Standards der deutschen und der türkischen Kultur später genauer, um eben diese Orientierung zu schaffen, nicht aber um kulturelle Entwicklungen und Überzeugungen festzuschreiben. Wir übernehmen Teile der Kulturstandardmethode nach A. Thomas durchaus (Thomas, 1996), ergänzen sie aber, um dem Bild von einer dynamischen Kultur gerecht zu werden. Die Kulturstandardforschung wird insgesamt zu sehr als Resultat betrachtet, wir möchten hier im Zusammenhang mit der Pflege das Augenmerk auf den wichtigen Prozess des dynamischen Kulturkontaktes richten.

◧ **Tab. 6.1**   Kulturelle Standards Deutschland und Türkei

Deutschland	Türkei
Sachorientierung	Ehre (türkisch: *namus*, *seref* und *onur*)
Regelorientierung	Familie
Professionelle Distanz (»Job ist Job und privat ist privat«)	Respekt vor Älteren (*sagy*), Liebe für die Jüngeren (*sevgi*)
Wahrung der Privatsphäre	Tradition
Exakte Zeitplanung	Religion
Hohe Leistungsbereitschaft	Gastfreundschaft
Hohe Eigenverantwortung	Bezug zur islamischen Gemeinschaft
Emanzipationsgedanke	Klare Geschlechterrollen

Die Kulturstandardforschung hat zweifelsfrei ihre Berechtigung und kann in unserem Kontext mit dem Pflegealltag eine gute Orientierungshilfe bieten. Sie macht darauf aufmerksam, dass es grundsätzliche Unterschiede zwischen dem Fremden und dem Eigenen gibt und sie zeigt sehr schnell, wo diese Unterschiede emotional verwurzelt sein können. Bestimmte Verhaltensweisen lassen sich nun mal nicht unabhängig vom kulturellen Hintergrund erklären bzw. beurteilen. Damit trägt die Kulturstandardforschung ihren Teil zur interkulturellen Sensibilisierung bei – solange sie nicht dazu dient Angehörige, einer Kultur zu fest in kulturelle Raster zu pressen.

Die unmittelbare Anwendbarkeit der kulturellen Standards lässt sie zu einem geeigneten Muster in der interkulturellen Praxis werden. Sie hat sich vielfach bewährt und in der Tat zu mehr Verständnis und damit zu einer Unterbrechung der Unsicherheitsfaktoren im Umgang mit muslimischen Patienten geführt. Die Kulturstandards können einen Grundstein zum Fremdverstehen und zur Entwicklung interkultureller Kompetenz legen, wobei hier die Betonung auf *können* liegt. Letztendlich spielt die eigene Bereitschaft zur Reflexion der eigenen kulturellen Werte und Standards im Vergleich mit den fremden kulturellen Standards eine entscheidende Rolle zum interkulturellen Lernen.

6.1   Kulturelle Standards in Deutschland und der Türkei

Auf der Suche nach interkulturellem Verstehen haben sich Kulturwissenschaftler schon lange mit dem Phänomen der kulturellen Standards auseinandergesetzt. Was sind kulturelle Standards? Unter kulturellen Standards versteht man die grundsätzlichen Prioritäten, die Menschen aus unterschiedlichen Kulturen für ihr Leben setzen. Die Ergebnisse basieren auf wissenschaftlichen Untersuchungen und Befragungen in verschiedenen Ländern. Ein Blick auf die Unterschiede der kulturellen Standards in Deutschland und der Türkei erklärt zugleich auch die größten Problemfelder der interkulturellen Verständigung (◧ Tab. 6.1).

Wenden wir uns nun den kulturellen Standards in der Türkei etwas intensiver zu, da sie sehr klar zeigen, wo kulturelle Unterschiede zu der deutschen Kultur liegen. Da die kulturellen Standards auch immer etwas über die Erwartungen aussagen, die die einzelnen Kulturmitglieder haben, hilft es nicht, zu sagen, der eine oder der andere solle lernen, sich anzupassen. Die Standards werden viel tiefer vermittelt als es im Bewusstsein überhaupt sichtbar ist – daher ist eine Anpassung an das als richtig und als falsch verstandene Verhalten nicht so einfach, wie es sich fordern lässt. Im Folgenden nun eine Erläuterung der türkischen kulturellen Standards.

6.1.1 Ehre

Der für die türkische Kultur vielleicht zentralste Begriff ist der Begriff der Ehre (türkisch: *namus, onur* und *seref*). Schon alleine die vielfältigen Bedeutungszusammenhänge, die wir im Deutschen kaum übersetzen können, zeigen die Bedeutung dieser Begrifflichkeit. Während sich im Deutschen das Konzept der Ehre auf bestimmte kulturelle Standards, wie zum Beispiel Fleiß, Pünktlichkeit, Zuverlässigkeit bezieht, umfasst er in der türkischen Kultur ebenso wie in der arabisch-islamischen all jene Tugenden und Verhaltensweisen, die die Geschlechterverhältnisse regeln. Während in Deutschland der Ehrbegriff das soziale Miteinander umschreibt, was zum Beispiel in Ausdrücken wie Ehrenamt, Ehrenplatz, Ehrenwort oder in einem Wettbewerb als Siegerehrung zum Ausdruck kommt, umschreibt der Ehrbegriff im türkischen oder im arabischen Raum all jene Verhaltensweisen, die die islamische und familiäre Gemeinschaft zusammen halten.

Im Türkischen gibt es für den Begriff der Ehre drei Hauptwörter: *namus, seref* und *onur*. Darüber hinaus existieren noch etliche andere Begriffe, die im Bedeutungszusammenhang mit dem Begriff der Ehre stehen. In dem Sprichwort »des Menschen Ehre ist so wertvoll wie sein Blut« (türkisch: *Namus insanin kani pahasidir*) zeigt sich bereits die nahezu lebenswichtige Rolle der Ehre im muslimischen und traditionellen Kontext. Sehr eng mit der Ehre ist auch der Begriff des Respektes (türkisch: *saygi*) verbunden, denn den Menschen, die sehr ehrenvoll sind (ältere Menschen aufgrund der Hierarchie), bringt man Respekt entgegen. Die Begrifflichkeit von Ehre und Respekt ist immer im Zusammenhang mit der islamischen Gesellschaft zu sehen, wobei die Kernfamilie im Zentrum der islamischen Gemeinschaft steht und ihre Werte und Normen danach ausrichtet. Die Kernfamilie ist sozusagen im Mittelpunkt des Verwandtschaftskreises, der Nachbarn, des Dorfes oder der Kleinstadt oder überhaupt der Religionsgemeinschaft, die sie schützt und gleichzeitig kontrolliert. Die Angst eines jeden einzelnen, von dieser Gemeinschaft ausgeschlossen zu werden, ist enorm groß. Daher kommt der Behütung der Ehre eines jeden Familienmitgliedes eine ganz zentrale Rolle zu. Die öffentliche Meinung ist in viel stärkerem Maße ein Kontrollorgan zur Wahrung der Ehre eines jeden einzelnen als in Deutschland.

■ **Namus**

Der Begriff der Ehre (türkisch: *namus*), der im Deutschen am ehesten mit den antiquiert anmutenden Begriffen der Tugendhaftigkeit, Keuschheit und des Anstandes zu übersetzen sind, regelt das Verhältnis der Geschlechter zueinander. Es besteht unter fremden Männern und Frauen eine sehr hohe Grenze, die nicht leichtfertig überschritten werden darf. Wird diese Grenze von einem Mann oder einer Frau, die sich nicht kennen, überschritten, wird dies in den meisten Fällen als Ehrverletzung interpretiert und kann ernstliche Folgen haben, die die ganze Familie mit einschließt. *Namus*, also die Tugendhaftigkeit der Frauen in der Familie, muss von allen männlichen Familienmitgliedern gewahrt werden. Frauen gelten als zu schwach und schutzbedürftig, um ihre eigene Ehre zu wahren. Da in der türkischen Gesellschaft davon ausgegangen wird, dass der Angriff auf die Ehre einer Frau von Männern vollzogen wird, können wiederum nur andere Männer die Ehre einer Frau wiederherstellen. Verhalten sich alle Frauen in der Familie sehr tugendhaft, haben die Männer in der Familie folglich eine sehr hohe Stellung in der Männergesellschaft. Verletzt aber eine Frau der Familie diese Ehre der Männer durch ihr eigenes Verhalten oder durch den Angriff eines anderen Mannes, so ist die gesamte Familie von Ehrverlust betroffen.

■ **Seref**

Der Begriff der Wertschätzung und Anerkennung in der Familie, der quasi die Familienehre bezeichnet, heißt im türkischen *seref*. Ein Mensch der als ehrlos betitelt wird, kann weder Respekt noch Wertschätzung genießen, er kann folglich auch keine Familienehre haben. Menschen die diese Wertschätzung in der Familie verloren haben und damit als ehrlos gelten, können kein Prestige mehr in der Gesellschaft genießen.

■ **Onur**

Der türkische Begriff »onur« kann am ehesten mit dem deutschen Begriff der Würde übersetzt werden. Während *namus* und *seref* sich in erster Linie auf die Gesellschaft und die Familienmitglieder beziehen, beschreibt der Begriff *onur*, Werte und Haltungen, die sich auf den Selbstrespekt und die Selbstachtung beziehen.

Diese drei zentralen Begriffe der Ehre in der islamischen Gesellschaft finden wir in ganz ähnlicher Form wie in der türkischen Herkunftskultur auch in den arabisch-islamischen Kernländern, allerdings mit einer anderen Begrifflichkeit. Im arabischen heißen diese Begriffe: *Ird* (Keuschheit, Anstand), *Karama* (Würde) und *Sharaf* (Familienehre). In Kapitel 10 gehen wir noch einmal genau auf diese zentralen Ehrbegriffe in der islamischen Kultur ein, dann mit der arabischen Begrifflichkeit.

Der Begriff der Ehre bezeichnet sowohl in der türkischen als auch in der arabischen Gesellschaft immer eine klare Grenze nach außen. Die Familie, die im Innenbereich der Gesellschaft liegt, ist immer stark vom Außen, der Öffentlichkeit, abgegrenzt. Sobald diese Grenzen von innen und außen verwischt werden, besteht nach der islamischen Vorstellung und Wertehaltung die Gefahr der Ehrverletzung für die gesamte Familie. Die Gründe, die zum Überschreiten der Grenze von innen nach außen geführt haben, sind zweitrangig und werden auch so betrachtet. Wichtiger ist der Fakt, dass die sensible Grenze überhaupt überschritten wurde. Männer, die die Ehre ihrer Familie nicht bedingungslos wahren und nicht entschieden genug verteidigen, gelten wieder als ehrlos und haben keinen Respekt mehr verdient. Dies setzt eine bedingungslose Solidarität und Verteidigung der Ehre eines jeden einzelnen voraus. Hier setzt das Prinzip der Wir-Gesellschaft ganz strikte Grenzen und Regeln, an die sich jeder halten muss. Wenn Familienmitglieder die Werte und Normen verletzen und damit einen Ehrverlust der Familie riskieren, dann bestimmt die streng gegliederte Hierarchie in der Familie die Vorgehensweise der Bestrafung. Der Vater ist die oberste Strafinstanz, nach ihm die älteren Söhne, usw.

Es gibt einen Spruch im arabischen, der die hierarchischen Verbindungen der einzelnen Mitglieder vielleicht am besten illustriert. Er lautet in etwa:

>> Ich gegen meinen Bruder
mein Bruder und ich gegen unsere Cousins
wir und unsere Cousins gegen den Rest das Dorfes

unser Dorf gegen das Nachbardorf
und unser Land gegen das Land unserer Feinde.
(mündliche Überlieferung) **«**

Hier zeigt sich die bedingungslose Solidarität untereinander, immer von dem Nächsten ausgehend und daraus resultierend die Verpflichtung untereinander innerhalb der Gruppe. An der Spitze der Familie steht das Familienoberhaupt, der Vater, dem die Anerkennung der Familie (*seref*) gebührt und demgegenüber man seinen Respekt zeigen muss (*saygi*). Diese Begriffe um Ehre, Anstand und Respekt und die damit verbundenen Werte und Normen, sind, obwohl im gesamten islamischen Kontext und in allen islamischen Kulturen zu finden, dennoch eher traditions- als religionsgebunden. Dies zeigt sich letztlich in solch unislamischen Traditionen wie dem Ehrenmord. So zeigte beispielsweise eine Studie der Universität Diyarbakir aus dem Jahre 2005, dass sich die Einstellung zum sogenannten Ehrenmord kaum geändert hat. 430 Menschen in der Türkei, die an einer Befragung teilnahmen, äußerten sich zu dem Thema Ehrenmord. 37,4% der Befragten laut Studie verstanden und begrüßten einen Ehrenmord und zwar Männer wie Frauen. Während 25% der Befragten eine juristische Scheidung bei einer außerehelichen Beziehung bevorzugten, befürworteten 37,4% die Tötung der Frau. Diese Zahlen zeigen, dass Ehrenmorde auch heute noch als legitime Konfliktlösung in der Gesellschaft gesehen werden (Kizilhan, 2006).

6.1.2 Familie

Die Familie hat, wie wir immer wieder sehen werden, eine sehr große Bedeutung für muslimische Patienten. Die Familie ist als Verbund des Schutzes und der Geborgenheit für jeden Einzelnen von zentraler Wichtigkeit. Das Konzept der Großfamilie wird auch in Deutschland noch vielfach in den muslimischen Familien gelebt und umgesetzt, zumindest umfasst der Begriff »Familie« wesentlich mehr Menschen als bei uns in Deutschland. Jedes Familienmitglied hat eine bestimmte Aufgabe nach den islamischen Vorschriften. Diese Rollen sind zum Teil an bestimmte Lebensabschnitte gebunden, zum Teil aber existieren sie auch ein Leben lang. So ist es zum Beispiel die Aufgabe der Frau, für die familiären Angelegenheiten zu sorgen, und die Aufgabe des Mannes, die Familie nach außen hin zu repräsentieren und die Familienehre zu verteidigen. Die islamischen Kernländer – auch die Türkei – sind streng patriarchalisch organisiert, was sich in der Außenwirkung und dem Ehrkonzept erklärt. Der Mann muss die Familie nach außen hin repräsentieren, er ist Familienoberhaupt und Ansprechpartner, auch wenn es sich um Angelegenheiten dreht, die die Frau oder die Kinder betreffen. Der Vater kann auch von einem älteren, oftmals dem ältesten Sohn vertreten werden. Dies erklärt die Anwesenheit der Ehemänner oder Söhne bei Anamnesegesprächen, die Patientinnen betreffen.

Der Familienzusammenhalt ist auch wieder durch die oben erwähnten strengen Respektsbezeugungen sichtbar. Übrigens hat in der Familienhierarchie die Großmutter oder Schwiegermutter eine sehr große Gewichtigkeit in muslimischen Familien. Was sie sagt, gilt und wird von allen befolgt. Da eine Frau mit ihrer Heirat in die Familie des Mannes einheiratet, untersteht sie auch den Regeln ihrer Schwiegermutter und muss diese sehr respektieren. So ist auch die Erziehung der Kinder oftmals Sache der Schwiegermutter, die niemals so frech behandelt wird, wie teilweise die Mütter. Egal wie aufgelockert die Familienrollen in heutigen muslimischen Einwandererfamilien, wie den türkischen gesehen werden, die starken familiären Bindungen bleiben jedoch bestehen.

▪▪ Hinweis für Pflegende

Kommt es im Verlauf einer gynäkologischen Aufklärung zur Nennung von **Tabubereichen** (der gesamte sexuelle Bereich der Frau, wie Menstruation oder Stillen, ist streng tabuisiert), kann es passieren, dass der Mann die Information nicht weitergibt, da »man über so etwas nicht mit seiner Frau spricht.«

6.1.3 Respekt

Unter türkischen Migranten ist, wie auch in der Türkei als Herkunftskultur, eine Art traditionelle Hierarchie verankert, die in der gesamten türkischen Gesellschaft bekannt ist, weitergegeben und geschätzt wird. Gemeint ist der Respekt gegenüber

älteren Menschen (*saygi*) und ein gewisses nachsichtiges, behutsames Aufziehen der Jüngeren und Kinder (*sevgi*). Die Ehrerbietung gegenüber älteren Menschen zieht sich durch das gesamte gesellschaftliche Leben. Ältere Menschen werden in entscheidenden Fragen um Rat gefragt, die Begrüßungsrituale, bei denen mit der Stirn die Hand des Älteren berührt wird, zeigen eine grundsätzlich respektvolle Haltung gegenüber den Älteren unter Muslimen. Dementsprechend, wie diese Ehrerbietung verstanden und gelebt wird, wird sie auch vorausgesetzt. Insgesamt verlangen ältere Patienten mehr Respekt als ein jüngere.

6.1.4 Tradition

Der traditionell enge familiäre Zusammenhalt innerhalb der türkischen Familien beruht auf einer relativ klaren Ordnung und einer langen Tradition mit festen Regeln. Werte und Tugenden, wie Ehrlichkeit, Großzügigkeit, Anstand, Achtung der Eltern sowie Respekt vor den Älteren und die schon erwähnte Gastfreundschaft, sind sehr wichtig. Häufig ist in türkischen Familien der Vater noch die Entscheidungsautorität und auch die anderen männlichen Familienmitglieder genießen in der Regel eine größere Freiheit als die weiblichen Familienangehörigen (▶ Kap. 10). Innerhalb der Familie ist es Tradition, die Ehre zu erhalten und über diese zu wachen (*namus, onur* und *seref*). Die Ehre wird im traditionellen ländlichen Leben von den Männern geschützt.

Der Mann kann Einfluss und Bildung erwerben; die Ehre der traditionell orientierten Familie hängt aber auch damit zusammen, dass Frauen und Mädchen sehr zurückhaltend und mehr im häuslichen Inneren leben – dies wohlgemerkt nur in konservativen Familien bzw. den gesellschaftlichen Richtlinien der Herkunftskultur. Heute verzeichnen wir hier in Deutschland eine immer größere Anzahl von muslimischen Studentinnen und hochqualifizierten Hochschulabsolventinnen, die mit viel Engagement und einer sehr großen Zielgerichtetheit auch ihre berufliche Zukunft sichern. Die Männer der Familie sollen gewährleisten, dass die Traditionen gewahrt werden, ansonsten verlieren sie ihre Ehre, geraten in Schande und werden nicht mehr ernst genommen.

6.1.5 Religion

Dass die Religion eine übergeordnete Rolle für viele muslimische Patienten spielt, hatten wir schon mehrfach erwähnt. Da der Islam auch das gesamte Alltagsleben über die Vorschriften des Koran und die Überlieferungen aus dem Leben des Propheten Muhammad – die Sunna – regelt, ist vereinfachend zu sagen, dass viele Vermischungen zwischen den kulturellen und den religiösen Hintergründen bestehen. Da im Verlaufe der Entwicklung durch die Vertreter des Islam in den verschiedenen Ländern auch viele volksreligiöse regionale Abwandlungen aufgenommen wurden, vermischen sich Traditionen und Glaubensvorschriften in nahezu jedem islamischen Land auf eine andere Weise. Das macht es für Außenstehende auch schwierig, das Verbindende zu sehen, wenn so viele unterschiedliche Traditionen und Glaubensrichtungen vorherrschen. Rund 90% der Muslime weltweit sind Sunniten – auch in der Türkei ist die sunnitische Glaubensrichtung am stärksten vertreten. Der Name der Sunniten leitet sich von der Sunna des Propheten ab, den Überlieferungen über sein Leben und seinen Aussprüchen, die in sogenannten Hadithen (mündlichen Überlieferungen) festgehalten sind. Die zweite große Religionsgruppe der Muslime ist die der Schiiten, die mit rund 6% die zweitgrößte Glaubensgruppe des Islam darstellen. Die Schiiten glauben an eine andere rechtliche und religiöse Nachfolge des Propheten durch seine engsten Verwandten (also die Blutlinie) und nicht, wie die Sunniten, durch seine Gefolgsleute, die später die Khalifen stellten.

Es gibt noch kleine religiöse Untergruppen, wie etwa die Aleviten (die Anhänger Alis) in der Türkei, die wiederum eine andere Ausrichtung der religiösen Vorschriften haben und die sich aus der schiitischen Glaubensrichtung in der Türkei (in der Region Anatolien) entwickelt hat. Wichtig ist es in diesem Zusammenhang zu erwähnen, dass die Aleviten nicht in Moscheen beten und den Koran nicht wörtlich auslegen. Sie suchen die Bedeutung hinter den Offenbarungen und setzen der islamischen Mystik eine eigene entgegen. Sie leben auch nicht nach den fünf Säulen des Islams, weil sie dies als pure Äußerlichkeit ansehen.

Falls Ihr Patient der *alevitischen* Religionsgemeinde angehört, wird er in vielem nicht den gängigen Stereotypen von orthodoxen, strenggläubigen Patienten entsprechen. Vielmehr wird er seine Religion für Sie unsichtbar ausüben. Die Aleviten lehnen generell eine dogmatische Religionsauslegung ab. Das rituelle Gebet wird nicht in der konventionellen Form der sonstigen Schiiten oder Sunniten verrichtet. Außerhalb des alevitischen Gottesdienstes benötigt der Gläubige dieser Glaubensrichtung für sein Gebet keinen speziellen Raum und er richtet sich auch nicht nach einer vorgegebenen speziellen Zeit. Viele Aleviten beten, wann und wo sie wollen, und auf die Art, die ihnen persönlich am besten entspricht, da sie glauben, der innere Bezug des Individuums zu Gott sei der einzig wahre, ohne einen normativen oder auch dogmatischen Rahmen hierfür zu benötigen. Im Zentrum des alevitischen Glaubens steht der eigenverantwortliche Mensch, eine Haltung, die heute auch im Christentum oft im Vordergrund steht. Von führenden Vertretern der sunnitischen Glaubensrichtung werden die Aleviten oft nicht als »richtige« Muslime angesehen, da sie der menschlichen Eigenverantwortung so viel Wert beimessen und sich nicht vorbehaltlos den Vorschriften des orthodoxen Islams unterwerfen. Die alevitische Glaubenslehre basiert auf der Entscheidungs- und Glaubensfreiheit des Menschen, in der niemand eine Verpflichtung hat, etwas tun oder glauben zu müssen. Insgesamt leben in Deutschland rund 500.000 Aleviten, die zu 95% aus der Türkei stammen. Durch den prozentualen Anteil der Aleviten von 13% stellen die Aleviten, nach den Sunniten, die zweitgrößte Gruppe der in Deutschland lebenden Muslime dar.

Viele Aleviten leben wegen der garantierten Religionsfreiheit gerne in Deutschland und sind gut hier integriert. Wie erwähnt spielt anders als im sunnitischen oder schiitischen Islam die islamische Rechtsordnung *Scharia* im Alevitentum keine übergeordnete Rolle. Deshalb stellt sich für Aleviten in Deutschland auch nicht die Frage, ob Scharia und Grundgesetz vereinbar sind, wie für die orthodoxen Muslime. Was daraus erfolgt, ist eine wesentlich bessere Integration in die deutsche Gesellschaft als bei konservativen Sunniten, da die Werte der beiden Kulturen viele Übereinstimmungen haben.

▪▪ Tipps für die Pflege

Fragen Sie im Eingangsgespräch Ihre Patienten nicht nur, ob sie gläubig sind oder nicht, sondern fragen Sie auch, welcher religiösen Gruppe sie angehören. Wenn Sie alevitische Patienten haben, so wird das gesamte Verhalten anders sein als bei orthodoxen sunnitischen Patienten. Es wird in der Regel auch besser gelingen, eine offene Kommunikationsstruktur aufzubauen als bei konservativen, sunnitischen Patienten.

6.1.6 Gastfreundschaft

>> Seid gut zu den Eltern, Verwandten, Waisen, Bedürftigen, den verwandten Nachbarn, den nichtverwandten Nachbarn, den Gefährten, den Reisenden und den Leibeigenen! Gott liebt nicht die Überheblichen und die Selbstherrlichen! (Koran, Sure 4:36) «

Die schon fast sprichwörtliche Gastfreundschaft in vielen islamischen Ländern geht auf sehr alte Wurzeln zurück und stammt so noch aus der vorislamischen Zeit der arabisch-islamischen Kernkultur und dem Iran. Gastfreundschaft war für Reisende lebensnotwendig, weil sie den einzigen verlässlichen Schutz bot. Gastfreundschaft ist auch eng mit den Werten von Respekt und Ehre dem anderen gegenüber verbunden. Der Gast wird in das soziale Beziehungsnetz seines Gastgebers eingebunden. Letztlich schreibt schon der Koran vor, Reisenden gegenüber besonders gastfreundlich zu sein. Freigebigkeit und Großzügigkeit gehören zu dem Kulturstandard der Gastfreundschaft.

Gastfreundschaft ist allerdings nicht zwangsläufig nur selbstlos, sondern sollte in dem gesellschaftlichen Umfeld gesehen werden, wo sie entstand. Sie beinhaltet somit auch den Anspruch auf Gegenseitigkeit. Das bedeutet, die zugrunde liegenden Motive für die Gastfreundschaft sind in einem ökonomischen Sinne eine Investition, aus der sich auch wieder konkrete Ansprüche herleiten lassen können. Diese Ansprüche orientieren sich an dem Wert, den der Gastgeber dem Gast zu geben bereit war.

6.1.7 Bezug zur islamischen Gemeinschaft

Das Wort der islamischen Gemeinde (arabisch: *umma*) taucht im Koran häufig auf. Die religiöse Gemeinschaft bezeichnet im Koran ethnische oder religiöse Gemeinschaften, wie Juden, Christen und Muslime. Die islamische Gemeinschaft gilt laut Koran als die menschliche Gemeinschaft, die über alle anderen Gemeinschaften erhaben ist. Sie zu erweitern und fortzubilden, ist ein wichtiges Ziel gläubiger Muslime. Die starke Betonung der Einheit mit Gott im Islam hat auch Auswirkungen auf das Konzept von der Einheit der islamischen Glaubensgemeinde. Mohammed hat sich anfangs in erster Linie als Prophet für sein Volk, die Araber, verstanden. Später beanspruchte er jedoch für seine Botschaft eine universale Gültigkeit. Weltweit sind Muslime heute stolz darauf, dass der islamische Glaube die Grenzen von Rassen, Nationen und gesellschaftlichen Klassen überwindet. Im Islam steht jeder Mensch gleich vor Allah – ungeachtet von seinem Rang, Status oder seiner Volkszugehörigkeit. Hervorgehoben wird im Islam auch, dass es keinen Klerus gibt, also keine kirchliche oder »geistliche Klasse«, die in einer besonderen Mittlerstellung zwischen Gott und den Menschen steht. Der Vorbeter (Imam) einer Moschee erfüllt zwar auf sozialer, wie auf religiöser Ebene eine leitende Funktion, er erhält aber keine Weihe, die ihn über die anderen Muslime stellen würde, wie dies in der sehr hierarchisch angeordneten christlichen Kirche der Fall ist.

Die weltweite Einheit aller Muslime kommt in den religiösen Handlungen, den sogenannten fünf Säulen des Islams, zum Ausdruck. Das für alle gleichlautende Glaubensbekenntnis, der einheitliche Gebetsritus und die gleichen rituellen Zeremonien für jeden Mekkapilger fördern das Bewusstsein einer allgemeinen muslimischen Zusammengehörigkeit, die staatliche und politische Grenzen überwindet. Auch der Pflichtgebrauch der arabischen Sprache bei allen religiösen Handlungen (beim Lesen des Korans in den Koranschulen, beim Gebet, etc.) soll der Einheit von Muslimen dienen und führt sogar beobachtbar zu einer gewissen Vereinheitlichung der islamischen Grundwerte in allen islamischen Ländern und Kulturen.

Ein überzeugter Muslim wird der weltweiten islamischen Glaubensgemeinschaft gegenüber eine höhere Loyalität verspüren als seinem eigenen Staat gegenüber.

Allerdings wird diese Idealvorstellung von der Einheit der Muslime von der politischen und sozialen Wirklichkeit stark in Frage gestellt. Es gibt heute derartig viele religiöse Gruppen und Sekten in den einzelnen islamischen Ländern, deren Lehre zum Teil stark voneinander abweichen, dass von einer wirklichen politischen Einheit des Islam kaum eine Rede sein kann und dieses Ideal auch eher in den Köpfen herrscht als in den Taten. Islamische Nachbarstaaten, wie zum Beispiel der Iran und der Irak, oder die Türkei und Syrien, sind in der Realität oft die erbittertsten Feinde.

6.1.8 Klare Geschlechterrollen

Auch in der »zweiten und dritten Generation« bestimmen oft noch die traditionellen Geschlechterrollen selbstverständlich die Aufgabenverteilung, die Pflichten und Freiheiten von Männern und Frauen. Allerdings handelt es sich hierbei nicht nur um eine türkische Besonderheit. Dieses Verhalten findet man ebenfalls in vielen anderen Teilen Südeuropas, wenn eine an Traditionen orientierte Haltung der Familienmitglieder vorliegt.

Gemäß der türkischen Tradition verbringen Männer und Frauen, Mädchen und Jungen im Alltag kaum Freizeit miteinander. Die Männer und Frauen bleiben unter sich, verbinden sich aber untereinander in starken »Netzwerken«. Der Kern der Gesellschaft und der Identität ist und bleibt jedoch die Familie. Dabei trifft das westeuropäische Stereotyp der »Großfamilie« heutzutage selbst in der Türkei kaum noch zu: Die Folgen und die Realität der Industriegesellschaft bewirkt, dass zumindest in den Städten die Kleinfamilie vorherrschend ist. Aber das traditionelle Ziel der Geborgenheit ist und bleibt die Großfamilie. Es ist vielleicht einer der größten Unterschiede in den kulturellen Standards, dass in der deutschen Gesellschaft die Eigenverantwortung und ein ausgeprägter Emanzipationsgedanke führend sind und in der muslimischen Gesellschaft die Trennung der Geschlechter als eine Pflicht ehrenvollen Verhaltens angesehen wird.

6.2 Erwartungen türkischer und deutscher Patienten an das Gesundheitssystem

Die Gegenüberstellung der kulturellen Standards in der Türkei und in Deutschland bedeutet jetzt nicht, dass die jeweils unterschiedlichen Punkte der anderen Kultur keine Gültigkeit hätten! Es bedeutet aber, dass die Wertigkeit anders gesetzt wird. Am Beispiel erklärt bedeutet dies, dass der türkische Patient von Anfang an eine andere Erwartungshaltung an die Pflege hat als der deutsche! Dem türkischen Patienten ist wichtig, dass seine Familie sich um ihn kümmern kann, dass er »respektvoll« behandelt wird (dies ist ein unglaublich sensibler Bereich, besonders bei älteren türkischen Patienten) und dass er seine Religion ausüben kann oder dass Rücksicht auf seine religiösen Gewohnheiten genommen wird. Der Begriff des »Respektes« (türkisch: *saygi*) bedeutet wesentlich mehr als sich ins Deutsche übersetzen lässt: Er bedeutet die bedingungslose, aber dennoch liebevolle Unterordnung in einer strengen familiären Hierarchie gegenüber den älteren Männern wie Frauen. Dem deutschen Patienten ist es wichtig, dass er aufgeklärt und einbezogen wird in die Behandlung, dass er »seine Ruhe« hat und dass die Pflegefachkräfte ihm die beste Pflege angedeihen lassen. Was die Ärzte angeht, werden Spezialisten erwartet, man muss Vertrauen zur Pflege haben und die Freundlichkeit der Pflegenden ist wichtig.

Und was ist in der heutigen Pflege in Deutschland per Vorschrift wichtig – wohlgemerkt nicht dem deutschen Pflegenden? Gemäß dem Arbeitsalltag muss er oder sie möglichst einen reibungslosen Ablauf garantieren. Das heißt, es wird auf Schnelligkeit genauso viel Wert gelegt wie auf präzises Arbeiten. In einer Klinik zählen die exakten Zeitpläne mehr als die individuelle Betreuung – sonst wäre ein reibungsloser Arbeitsablauf nicht mehr garantiert! Hier sehen wir die Umsetzung der kulturellen Standards Sachorientierung, Regelorientierung und exakte Zeitplanung. Hinzu

◘ Tab. 6.2 Erwartungen deutscher Patienten an die Pflege

Strukturqualität, technische Qualität, funktionale Qualität	
Gebäude und Raumausstattung Medizinisch-technische Ausstattung Personal (Anzahl und Ausbildung, Know-how) Zertifikate	Reputation (Bekanntheitsgrad, Image) von Anstalt und Personal (vor allem von Chefärzten) Referenzen
Prozessqualität	
Technische Fertigkeiten Formaler Leistungsablauf (Diagnose, Therapie) Termingestaltung Wartezeiten	Atmosphäre Betriebsklima Kontaktstil des Personals Dienstleistungskultur Rücksichtnahme auf den Krankheitszustand
Ergebnisqualität	
Änderung des Gesundheitszustandes Zuwachs an gesundheits- relevantem Wissen Diagnosesicherheit Behandlungsdauer	Erklärung der Leistung Entlassungsgespräch
Kundenbefragung des Forschungsinstitutes Opinio zur Systematisierung der Qualität der Patientenversorgung im Krankenhaus (Internetadresse opinio)	

kommt eine möglichst große Absicherung gegen mögliche Klagen.

In den letzten 20 Jahren wurde die gesamte Führungs- und Managementebenebene im Sozial- und Gesundheitswesen in Deutschland »modernisiert«. Es gibt mittlerweile für fast alles Protokolle. Anhand dieser Protokolle erstellt man Statistiken und leitet dann Maßnahmen daraus ab. Ab einem gewissen Zeitpunkt führen diese Maßnahmen die immer genauere Erfassung von Daten und die immer bessere Standardisierung dazu, dass die Lebensqualität der Patienten negativ beeinträchtigt wird. Die Pflegenden bekommen einen enormen Dokumentationsaufwand zugemutet und statt pflegen zu können müssen sie schreiben und dokumentieren. Mittlerweile gibt es auch verschiedene Protokolle für den Umgang mit ausländischen Patienten. Die zentrale Frage hier ist: Wie kann man sich noch empathisch und sensibel dem Patienten widmen, wenn zugunsten einer Dokumentationsflut das Gespräch zu kurz kommt? Diese Fakten aus dem modernen Klinikalltag erschweren einen kultursensiblen Umgang mit den Patienten gewaltig. Dennoch erwarten deutsche, wie türkische Patienten eine auf sie abgestimmte individuelle Pflege.

6.2.1 Erwartungen deutscher Patienten

Eine aktuelle Befragung des Forschungsinstitutes Opinio zeigt die Erwartungen, die heute der deutsche Patient an seine Pflege hat (◘ Tab. 6.2):

Es zeigt sich klar, welche Leistungen und Standards von deutschen Patienten in der Pflege erwartet werden. Im Vordergrund stehen technische und funktionale Qualitäten im Pflegealltag. Vorausgesetzt wird ein Service, der den Patienten von der Ausstattung des Krankenhauses (modern und funktionell) bis hin zur Pflege (technische Fertigkeiten des Pflegepersonals und unbedingte Fachkompetenz) in den Mittelpunkt stellt. Aufklärung und das Miteinbeziehen des Patienten in den Versorgungsprozess wird von vielen deutschen Patienten als selbstverständlich erwartet. Damit entsprechen viele dieser Patientenerwartungen an die Pflege den kulturellen Standards in Deutschland, die Sach- und Regelorientierung, aber auch das Recht auf Selbstbestimmung und einen möglichst effizienten Umgang mit der Zeit als sehr hoch einstufen. Der deutsche Patient setzt Knowhow in jeder Hinsicht voraus (Zertifikate und Referenzen, hochmoderne technische Ausstattung). Man bedenke, dass ein grundlegendes Werbeargument von privaten Krankenkassen in Deutschland das Anrecht des Patienten auf einen Facharzt, einen Spezialisten, beinhaltet. Die Klinik, die stationäre Einrichtung oder das Seniorenheim muss aus der Sicht des deutschen Patienten modern und funktionell ausgestattet sein. Die Frage nach der persönlichen Betreuung und Ansprache der Patienten taucht noch nicht einmal ansatzweise als Patientenwunsch in Deutschland auf. Hinter den Begriffen »Dienstleistungskultur« und »Kontaktstil des Personals« lässt sich heraus lesen, in welcher Rolle sich der deutsche Patient im Pflegealltag sieht: Der deutsche Patient sieht sich als Kunde in einem Gesundheitssystem, das ihm selbstverständlich zur Verfügung steht und erwartet die optimale Versorgung, technisch und fachlich. Auch in der Begrifflichkeit »Rücksichtnahme auf den Krankheitszustand« verbirgt sich der Wunsch nach Selbstbestimmung, aber auch nach individueller Ansprache durch das Pflegepersonal und die behandelnden Ärzte.

6.2.2 Erwartungen türkischer Patienten

Stellt man diesen deutschen Erwartungen an den Pflegealltag die Erwartungen von muslimischen Patienten entgegen, wird sehr schnell klar, dass sich noch nicht einmal in einem Punkt eine Übereinstimmung finden lässt (◘ Tab. 6.3).

Wenn wir uns die Erwartungen der muslimischen Patienten an die Pflege vor Augen führen, fällt auf, dass sich in den Pflegewünschen der Patienten die kulturellen Standards der türkischen Gesellschaft widerspiegeln. So sind die Faktoren Respekt, Recht auf Besuch von vielen Verwandten, Akzeptanz und Möglichkeit der Einhaltung der religiösen Regeln wichtige Bestandteile für das Wohlgefühl und den Genesungsprozess des Patienten. Insbesondere der Respekt gegenüber dem Glauben ist für orthodoxe oder konservative muslimische Patienten enorm wichtig, da jeder Muslim seinen eigenen Weg hat, sich zum Islam zu bekennen und auch wahr- und ernstgenommen werden möchte in seiner religiösen Überzeugung. Das Wissen um die Verschiedenartigkeit der Religion ist wichtig, um auch dem Patienten zu zeigen, dass er wahr-

◘ Tab. 6.3 Erwartungen des muslimischen Patienten an die Pflege - Beispiel Türkei

Respekt (saygi) Akzeptanz Rücksichtnahme für den Patienten Möglichkeit der Einhaltung der religiösen Regeln Feinfühlige »warmherzige« Pflege	Zeit für Gespräche mit den Verwandten Recht auf viel Besuch von Verwandten Bei der Anamnese sollen die Behandelnden herausfinden, wie streng gläubig die Person ist Je nach Religiösität sind die Anforderungen an die Pflege unterschiedlich

Studie mit Modifizierungen der Autorin v. Bose

und ernstgenommen wird. Die Aussage, dass eine feinfühlige »warmherzige« Pflege erwartet wird, zeigt das Bedürfnis nach Anteilnahme durch die Patienten.

6.3 Zusammenfassung

Treffen zwei Kulturen aufeinander, dann sind es die Grundüberzeugungen, die Werte und die Normen, die bei zwei unterschiedlichen Kulturen aufeinanderprallen und nicht zwingend die sichtbaren Verhaltensweisen. Kulturen unterliegen aufgrund bestimmter Einflussfaktoren, wie Umwelt, Zeit und allgemein der gesellschaftlichen Entwicklung, in jeder Zeit einem Wandel – die viel zitierten Generationskonflikte sind hier ein Beispiel, das dies verdeutlicht. Aber es ist schwierig bis unmöglich, allgemeingültige Aussagen über eine bestimmte Kultur zu treffen, zumal sich die Werte in einer Gesellschaft in Zeiten des sozialen Umbruchs stark wandeln können.

Dennoch versuchen die Kulturwissenschaften schon lange, das Rätsel um verschiedene Kulturen mit verschiedenen Modellen zu lösen. Die Erläuterungen und Untersuchungen von kulturellen Dimensionen (Hofstede, 2006) oder Kulturstandards (Thomas, 1996) dienen hier als Hintergrund zu einem besseren Verstehen von menschlichem Handeln. Wir nehmen diese zum Teil auf in unsere Betrachtungen im Pflegealltag, da wir der Meinung sind, dass sie einen Orientierungsrahmen für die Pflegekraft bieten können, die nach Antworten sucht und die im interkulturellen Kontakt verunsichert sein kann. Aber wir möchten gleich auf die Begrenztheit der im Folgenden erläuterten Modelle hinweisen: Letztlich bleibt der Patient ein Individuum und kann nicht in ein Raster gesteckt werden.

Literatur

Akbas, M. (2010): So wie ich will: Mein Leben zwischen Moschee und Minirock, Bertelsmann Verlag

Kizilhan, I. (2006), zitiert nach: Tunc, Hüseyin: »Eine Frage der Ehre!« Grin Verlag 2007, S. 18ff

Thomas, A. (1996). Analyse der Handlungswirksamkeit von Kulturstandards. In: Thomas, Alexander (Hrsg.), *Psychologie interkulturellen Handelns* (S. 107-135). Göttingen: Hogrefe

Hofstede, G.H. (2006): Lokales Denken, globales Handeln: interkulturelle Zusammenarbeit und globales Management, 3. Aufl., München

www.opinio-forschungsinstitut.de/kundenbefragung-zielsetzung.htm

Ich- und Wir-Kultur

7.1   Kulturelle Unterschiede am Beispiel der kulturellen Dimensionen in der Türkei und Deutschland

Kulturelle Dimensionen in der Türkei im Überblick und im Unterschied zu Deutschland (◙ Abb. 7.1).

7.2   Akzeptanz von Hierarchien, Respekt vor Älteren, Statusdenken

In wieweit wird Hierarchie als natur-, status- oder gottgegeben angesehen? Welchen Respekt hat der Einzelne vor Menschen in einer höheren Position? Diese Fragen umschreiben eine weitere kulturell vorprogrammierte Dimension. Macht- und Hierarchiedenken sowie die Akzeptanz von Rollen- und Statusunterschieden variieren sehr in der deutschen und der türkischen Kultur. Eine ungleiche Machtverteilung ist in der Türkei wesentlich akzeptierter als in Deutschland, wo Gleichheit und Emanzipationsgedanke wichtige kulturelle Werte darstellen. Hierarchien und gesellschaftliche Ungleichheiten werden in der türkischen Gesellschaft vorausgesetzt und nur wenig oder gar nicht hinterfragt. Da die Mitglieder der türkischen Kultur die Hierarchien ihrer Gesellschaft kennen, verhalten sie sich auch danach und setzen ihr Verhalten in Dominanzverhalten gegenüber »Rangniedrigeren« und Respekt gegenüber »Ranghöheren« um. Das heißt, dass ein türkischer Patient, der älter ist, von vorneherein mehr Respekt erwartet von den Pflegenden als ein jüngerer, und er erwartet auch, dass er von einem besseren, erfahreneren Arzt oder Pfleger »bedient« wird als ein jüngerer Patient.

7.3   Ich-Gesellschaft und Wir-Gesellschaft

Die deutsche und die türkische Kultur unterscheiden sich ganz maßgeblich in ihrer gesellschaftlichen Ausprägung, die G. Hofstede Individualismus-Index nennt. Wir möchten hier die Begriffe Wir-Gesellschaften (kollektivistische Gesellschaften) und Ich-Gesellschaften (individualistische Gesellschaf-

ten) einführen, da sie die Thematik besser verdeutlichen. Beide Gesellschaftsformen integrieren ihre Mitglieder in einer gänzlich verschiedenen Art und Weise in ihre Gesellschaft. Wir-Gesellschaften haben viele Regeln, denen sich der Einzelne nicht einfach so entziehen kann. Wir-Gesellschaften bieten einen sicheren Schutz für jeden in der Gruppe, für die gesamte Familie und die gesamte Gesellschaft. Sie weisen aber auch feste Plätze, Pflichten und Aufgaben zu, denen sich der Einzelne nur schwer oder überhaupt nicht entziehen kann.

» Individualismus beschreibt Gesellschaften, in denen die Bindungen zwischen den Individuen locker sind: Man erwartet von jedem, dass er für sich selbst und seine unmittelbare Familie sorgt. Sein Gegenstück, der Kollektivismus, beschreibt Gesellschaften, in denen der Mensch von Geburt an in starke, geschlossene Wir-Gruppen integriert sind, die ihn ein Leben lang schützen und dafür bedingungslose Loyalität verlangen (Hofstede 2006:102). «

In Ich-Kulturen, wie in Deutschland, stehen Eigenverantwortung und Individualismus wesentlich höher im Ansehen als verpflichtende Gruppenregeln. Wir haben gesehen, dass der kulturell allgemein verbindliche Standard der Eigenverantwortung in Deutschland eine sehr große Rolle spielt. Eine Kultur mit einem sehr hohen Individualismus-Index ist auch die nordamerikanische Kultur, die auch unsere Kultur in West-Deutschland seit dem 2. Weltkrieg maßgeblich prägte und die bis in die Populärkultur hinein predigt, dass der Einzelne ganz nach oben kommen kann. In Ich-Kulturen gibt es wesentlich losere Verbindungen bis hinein in die Familie, die wesentlich enger und kleiner gesehen wird als in Wir-Kulturen. Der Trend zur Single-Gesellschaft ist bezeichnend für einen immer weiter fortschreitenden Individualismus-Index oder, um es anders auszudrücken, für die Entwicklung zu einer immer konsequenteren Ich-Gesellschaft. So besteht eine typische deutsche Familie heute aus Vater-Mutter-Kind, dann erst kommen die Großeltern. Onkel, Tanten, Cousinen usw. spielen eine entferntere Rolle. In der türkischen und auch den anderen islamischen Wir-Gesellschaften umfasst eine Familie auch die Großeltern und Onkel, Tan-

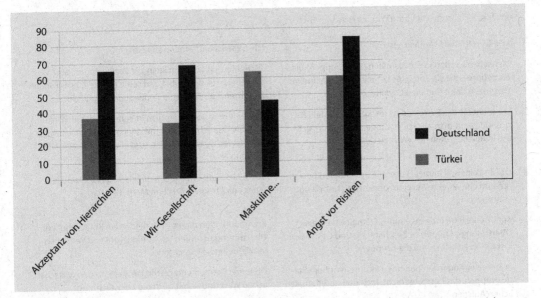

Abb. 7.1   Die wichtigsten kulturellen Dimensionen im Vergleich Deutschland und Türkei (modifiziert von Autorin)

ten, Cousinen und Cousins, Neffen und Nichten. Da all diese Personen zur direkten Familie zählen, sind sie auch verpflichtet, sich um die Kranken zu kümmern! Das erklärt wieder einen Aspekt des als typisch empfundenen Familienbesuchs von muslimischen oder türkischen Patienten (▶ Kap. 3.9. Besuchsverhalten).

In der Ich-Kultur regieren Selbstmanagement und Eigenverantwortung. Jeder muss für sein eigenes Fortkommen und nur das seiner engsten, direkten Angehörigen sorgen. Das hat nichts mit Egoismus zu tun, sondern mit anerkannten gesellschaftlichen Regeln, die von klein auf anerzogen werden. Wenn wir hier in Deutschland in ein Möbelhaus gehen, können wir sehen, wie früh diese Erziehung ansetzt. Ein eigenes Kinderzimmer für jedes Kind ab dem Babyalter gehört zu den Standardvorstellungen von Raumangeboten für Kinder. Der seit 20 Jahren auf dem Markt zu findende ehemalige Bestseller »Jedes Kind kann schlafen lernen« von Annette Kast-Zahn und Hartmut Morgenroth vervollständigt dieses Bild von einem Baby, das sich in seinem eigenen Raum an feste Schlaf- und Wachrhythmen gewöhnen kann und somit frühzeitigst schon in das Raster von großem Raum, eigener Sphäre und Eigenverantwortung passt.

Die Wir-Gesellschaft hingegen gibt einen festen Platz in jedem Lebensstadium für jedes Mitglied der Gesellschaft. In Wir-Gesellschaften ist der einzelne niemals alleine, sondern in eine feste familiäre und religiöse oder spirituelle Gruppe eingebunden. Das hat auch wieder positive und negative Begleiterscheinungen für den Einzelnen. Der Schutz und die Anteilnahme durch die wesentlich größere Familie bietet Sicherheit, erwartet aber auch uneingeschränkte Solidarität mit der Familie und der gesellschaftlichen Gruppe, zu der der Einzelne Zeit seines Lebens gehört. Diese Loyalität, die gefordert wird, ist fundamental und kann nicht in Frage gestellt werden. Vor diesem Hintergrund werden vielleicht einige Handlungsweisen, wie Gehorsam von erwachsenen Kindern, für Deutsche auch verständlicher. Die Familie regiert immer, egal wie alt man ist und was man schon erreicht hat.

Der Grad, bis zu dem man es vorzieht, unabhängig und losgelöst von Gruppenbeziehungen zu sein, variiert in verschiedenen Kulturen – dies wird als der Individualismus-Index bezeichnet. So kann man sehr vereinfachend feststellen, dass stark individualistische Kulturen häufig mehr Wohlstand haben, was insgesamt zu dem Schluss führen könnte, dass Wohlstand den Individualismus unterstützt. Aber das hängt wohl auch damit zusammen, dass

◘ Tab. 7.1 Unterscheidung Wir- und Ich-Gesellschaft

Wir-Gesellschaft - kollektivistisch	Ich-Gesellschaft - individualistisch
Menschen werden in Großfamilien (Wir-Gruppen) hineingeboren, die sie Zeit ihres Lebens schützen und im Gegenzug dafür immerzu Loyalität erhalten	Jeder Mensch wird von klein auf dazu erzogen, ausschließlich für sich selbst und seine direkte (Kern-)Familie zu sorgen, Identität ist im Individuum begründet
Die Identität des Einzelnen ist im sozialen Umfeld begründet, dem man angehört. Kinder lernen von klein auf in den Begriffen des »Wir« zu denken	Kinder lernen von Anfang an in Begriffen des »Ich« zu denken. Das Schulsystem mit der Förderung des frühen Wettbewerbsgedankens ist Ausdruck dieser kulturellen Prägung
Der Einzelne soll immer Harmonie mit anderen bewahren und eine direkte Auseinandersetzung unbedingt vermeiden	Seine Meinung offen auszusprechen, ist Kennzeichen eines aufrichtigen ehrlichen Menschen
Kommunikation indirekt – mit hohem Kontextbezug; Übertretungen führen zu Beschämung und Gesichtsverlust für einen selbst und die Gruppe	Kommunikation direkt – mit niedrigem Kontextbezug; Übertretungen führen zu Schuldgefühl und Verlust an individueller Selbstachtung
Diplome ermöglichen nur einen Eintritt in höhere Statusgruppen, das bedeutet nicht auch den gesellschaftlichen Aufstieg	Diplome, Examen und Zertifikate steigern den wirtschaftlichen Wert und damit auch die Selbstachtung
Die Beziehung zwischen Arbeitgeber und Arbeitnehmer wird an moralischen und persönlichen Maßstäben gemessen	Die Beziehung zwischen Arbeitgeber und Arbeitnehmer ist ein Vertrag, der sich auf gegenseitigem Nutzen gründen soll
Einstellungs- und Beförderungsentscheidungen berücksichtigen die Wir-Gruppe des Mitarbeiters	Einstellungs- und Beförderungsentscheidungen sollen ausschließlich auf Fertigkeiten und Regeln beruhen
Management bedeutet Management von Gruppen	Management bedeutet Management von Individuen
Persönliche Beziehung hat Vorrang vor Erledigung der Aufgabe	Erledigung der Aufgabe hat Vorrang vor persönlicher Beziehung

Wohlstand eine unabhängige Existenz erst möglich macht, während die Pflichten der Wir-Gesellschaft Wohlstand anders definieren. Wohlstand in Wir-Gesellschaften wird geteilt und die Stärkeren unterstützen die Schwächeren, Ich-Gesellschaften haben eine höhere durch den Staat vorgegebene Absicherung des Einzelnen zur Folge (z.B. durch staatliche Absicherungen, Krankenversicherungswesen)

- **Unterscheidung der allgemeinen Normen in Wir- und Ich-Gesellschaften**
Die Unterscheidung der allgemeinen Normen sind in ◘ Tab. 7.1 aufgelistet

- **Unterscheidung der intrinsischen Gedankenwelt**
Kollektivistische und individualistische Unterscheidung der intrinsischen Gedankenwelt ◘ Tab. 7.2.

Diese kulturellen Dimensionen von Ich- und Wir-Kultur sind wegen ihrer Allgegenwart – und Offensichtlichkeit – die Dimensionen, die wohl am besten und tiefgreifendsten erforscht werden. Ihre Auswirkungen auf das gesamte Alltagsleben sind sehr vielseitig und wir finden auch sehr viele Auswirkungen dieser Prägungen im Klinikalltag im Kontakt mit unseren muslimischen Patienten. In einer Wir-Gesellschaft will kein Gruppenmitglied als besonders herausgestellt werden, da die Gruppe Vorrang hat. Das gilt auch für die Pflege, die als Familiensache betrachtet wird, also als Gruppenaufgabe gegenüber einem einzelnen Gruppenmitglied. Die Gruppenmitglieder von Wir-Gesellschaften orientieren sich an dem schwächsten Glied, in diesem Falle an dem Kranken in ihrer Gruppe. Politisch gesehen stellen Demokratie und freie Marktwirtschaft eine auf Individualismus basierte politisch-ökonomische Ideologie dar. Dementspre-

◻ Tab. 7.2 Unterscheidung der intrinsischen Gedankenwelt

Kollektivistisch	Individualistisch
Kollektive Interessen dominieren individuelle Interessen	Individuelle Interessen dominieren kollektive Interessen
Das Privatleben wird von (der) Gruppe(n) beherrscht	Jeder hat ein Recht auf Privatsphäre!
Meinungen werden durch Gruppenzugehörigkeit vorbestimmt	Man erwartet von jedem eine eigene Meinung
Gesetze und Rechte sind je nach Gruppe und Hierarchie/Status unterschiedlich	Gesetze und Rechte sollen für alle gleichermaßen gelten
Niedriges Pro-Kopf-Bruttosozialprodukt in der Gesellschaft	Hohes Pro-Kopf-Bruttosozialprodukt in der Gesellschaft
Dominierende Rolle des Staates im Wirtschaftsleben (Diktatur, Theokratie)	Eingeschränkte Rolle des Staates im Wirtschaftsleben Politische Macht wird von Wählern ausgeübt (Demokratie)
Gleichheitsideologien dominieren vor Ideologien individueller Freiheit und Autonomie	Ideologien individueller Freiheit (Emanzipationsgedanke) dominieren vor Gleichheitsideologien
Harmonie und Konsens in der Gesellschaft stellen die höchsten Ziele dar	Die Selbstverwirklichung und Eigenverantwortung eines jeden Individuums stellt eines der höchsten Ziele dar

chend lässt sich auch etwas oberflächlich erklären, warum meistens in kollektivistischen Ländern eher die »unfreie« Marktwirtschaft herrscht und kollektivistische Länder oft eher undemokratische Regierungsformen haben, bzw. hatten.

Das Wir- oder Ich-Konzept einer Kultur greift aber in jedem Falle am stärksten in der kleinsten Gruppe der Gesellschaft, der Familie. Hier zeigen sich Ich- und Wir-Prägung einer Kultur am besten. So erziehen die Eltern in individualistischen Ländern ihre Kinder überwiegend zur Selbstständigkeit und Eigenverantwortung, wie z.B. in Deutschland und den USA, wo es die Regel ist, dass die Kinder spätestens bei Studienbeginn von zuhause ausziehen. In der Türkei und in südlichen Ländern, wie Spanien oder Italien, ist dies nicht die Regel – viele junge Erwachsene leben auch weiterhin, oft bis zur Heirat, bei ihren Eltern. Überhaupt spielt die sogenannte Großfamilie in kollektivistisch ausgeprägten Gesellschaften eine sehr viel wichtigere Rolle als in den individualistisch-orientierten Gesellschaften.

7.4 Maskuline und feminine Gesellschaftswerte

Kulturen unterscheiden sich auch in der Akzeptanz und Ausübung von sogenannten »maskulinen« und »femininen« Werten und Verhalten, wobei diese Begrifflichkeit, die G. Hofstede prägte, immer wieder für einige Verwirrung sorgt. Zwei gegensätzliche, sozusagen »geschlechtsspezifische« Eigenschaften von Kulturen werden hier voneinander unterschieden. In maskulin orientierten Gesellschaften herrschen starrere Regeln, der Leistungsgedanke zählt und der Wettbewerbsgedanke ist ein wichtiger kultureller Wert. Maskuline Kulturen sind mehr durch die sogenannten »kriegerisch-männlichen« Eigenschaften gekennzeichnet: Nur der Beste zählt, Toleranz und Mitgefühl spielen keine oder nur eine untergeordnete Rolle. Die Geschlechterrollen sind relativ strikt getrennt. Als typische maskuline Kulturen gelten z.B. die USA, Japan, Deutschland und Italien.

»Feminine« Kulturen zeichnen sich vor allem durch »weibliche« Eigenschaften wie Mitgefühl, Toleranz, Harmonie und soziales Miteinander aus und sind von einer gewissen Sympathie für den Schwächeren gekennzeichnet. In feminin orientierten Gesellschaften sind auch die Geschlechterrollen nicht so strikt getrennt – ein Mann kann auch weinen. Ein Paradebeispiel für eine feminine Kultur ist die niederländische Kultur sowie die skandinavischen Länder.

Die Geschlechterrollen vermischen sich aber heutzutage in der Erziehung in Deutschland, was eine insgesamt stärkere Ausrichtung in eine feminine Gesellschaftsstruktur andeutet. In der deutschen Kultur hat früher das Wort gegolten: »Ein Junge weint nicht«, was ein männliches »Stärkezeigen« demonstrieren sollte, seit den 6oer Jahren wurden aber die Geschlechterrollen in Deutschland immer mehr aneinander angepasst, so ergreifen zum Beispiel heute viele Frauen Männerberufe und Männer bleiben im Erziehungsurlaub zu Hause.

An der Wertigkeit von maskulinen Werten und femininen Werten zum Beispiel von der deutschen und der türkischen Kultur fällt sehr stark auf, dass Deutschland in Untersuchungen als »maskuliner« eingestuft wird als die Türkei, obwohl dies vordergründig nicht einleuchtend ist. Zumindest entspricht diese Einstufung nicht den gängigen Stereotypen, in denen die türkische Kultur klar männerorientiert ist. Hier wird sehr gut klar, wie stark der Faktor »Wir-Gesellschaft« sich in der Türkei zeigt. Die Wir-Gesellschaft hat in ihrer Ausprägung sehr »feminine« Züge, die dem einzelnen eine Sicherheit und Harmonie geben, die auch als wohltuend empfunden wird, während die deutsche Ich-Kultur Gesetze und Regeln für den Einzelnen formuliert, wo Wettbewerb und Sachorientierung im Vordergrund stehen, aber nicht mehr der Mensch! Das soziale Miteinander in der türkischen Kultur ist, wie wir vielfach sehen können, viel ausgeprägter als in der deutschen Gesellschaft und dadurch wird die türkische Kultur insgesamt auch bei ihrer partiarchalischen Ausprägung in ihren Dimensionen als femininer eingestuft als Deutschland.

Aggressives Verhalten im Geschäftsleben, als Folge der Gewinnorientierung, ist häufiger in maskulinen Kulturen anzutreffen als in den eher auf Harmonie, Bescheidenheit und Mitgefühl ausgerichteten »femininen« Kulturen. Status ist vor allem in maskulinen Kulturen wichtig. Aggressives Verkaufsverhalten auf Kosten anderer, wie z.B. vergleichende Werbung im amerikanischen Stil, wird in

femininen Gesellschaften als überwiegend negativ aufgenommen.

7.5 Angst vor Risiken, Angst vor Fremdem, Unsicherheitsvermeidung

Die Toleranz gegenüber Unbekanntem, Fremdem und gegenüber Risiken und Unsicherheiten variiert stark in der deutschen und der türkischen Kultur. Der Umgang mit Ungewissheit wird in der türkischen Kultur als bedrohlicher empfunden als in der deutschen, obwohl auch die deutsche Kultur weltweit betrachtet Risiken und Unsicherheiten eher zu meiden sucht und gegenüber Fremdem nicht sehr aufgeschlossen ist. Dennoch ist die Angst vor Neuem und Kulturfremdem in der türkischen Kultur noch wesentlich präsenter. Dies erklärt auch zum Teil die Rückzugstendenzen vieler türkischer Migranten, die eine konsequente Trennung von der deutschen Kultur befürworten.

Die Angst vor Fremdem, Neuem, Risiken usw. zeigt sich auch in dem Maße, in dem eine Kultur starre Strukturen und Grenzen für ihre Mitglieder aufbaut und zwar bewusst und unbewusst, denn diese Regeln gehen in die gesellschaftlichen Normen und Erziehungsstile über. Auch wenn ein einzelner Mensch sich in einer bestimmten Situation, die ihm unbekannt ist, unwohl fühlt, so werden doch eben diese Gefühle stark von dem Unbewussten gesteuert, in dem alle Gefühle für »richtig« und »falsch«, »bekannt« und »unbekannt« gesteuert werden. Gehört man zu einer Kultur, die Neues eher ablehnt, wird man sich unbehaglicher fühlen, wenn man mit Neuem in Kontakt kommt und dies schneller und tiefgreifender ablehnen, als wenn man aus einer Kultur kommt, wo die Neugierde auf Neues und Fremdes gefördert wird und eine hohe Risikobereitschaft besteht. Unbekannte Situationen sind immer überraschend und anders als das Gewohnte. Die Interpretation, ob dies gut oder schlecht ist, unterliegt hier dem Maße, in dem man Unsicherheiten und Neues zulassen kann.

Wie in ◘ Abb. 7.1 ersichtlich ist die türkische Kultur sehr unflexibel gegenüber Neuem, Unbekanntem und die sogenannte Überfremdungsangst ist Gegenstand zahlreicher Untersuchungen. Unsicherheitsvermeidende Kulturen wie die Türkei reduzieren das Maß an unbekannten Erfahrungen auf ein Minimum, indem sie strenge Regeln aufbauen für ihre Mitglieder und indem sie sich stark bis ausschließlich an dem Bekannten orientieren. Auf der gedanklichen und religiösen Ebene wird ein absoluter Glaube propagiert, der einen festen Rahmen für alle bietet und der nicht angezweifelt oder in Frage gestellt werden darf. Der sprichwörtliche »Blick über den Tellerrand« wird von dem Gedanken an die vermeintliche alleinige Wahrheit ausgehebelt. Vor diesem Hintergrund kann das zuweilen verbissene Festhalten an religiösen und kulturellen Regeln von besonders unsicherheitsvermeidenden Personen eher verstanden werden, da sie dem Neuen eine strikte Weigerung bis hin zur Überheblichkeit entgegenstellen. Nach dem Motto: »Wir haben die alleinige Wahrheit gepachtet«, wird dann alles unreflektiert abgelehnt, was nicht in dieses Raster passt.

Kennzeichnend für die hohe Unsicherheitsvermeidung in der türkischen Kultur ist auch, dass ihre Mitglieder emotionaler reagieren und auch zuweilen unter einem nervösen Druck stehen, der sichtbar wird, der aber zunächst nur schwer für Deutsche einzuordnen ist. In der deutschen Kultur regiert die Frage: »Warum änderst Du es denn nicht, wenn es Dir nicht gut tut…«. In der türkischen Kultur ist dies nur sehr schwer möglich. Deutsche sind toleranter gegenüber anderen Meinungen und Ansichten und sie zeigen dies auch, religiöse Regeln spielen eine eher untergeordnete Rolle und es werden viele Ansichten nebeneinander toleriert. Für Türken ist dies nahezu unverständlich und in diesem Zulassen von Unsicherheiten wird Schwäche und Respektlosigkeit gesehen. Die Unterschiedlichkeit im Umgang mit Unsicherheiten und Risiken ist wieder ein Faktor, der interkulturelle Konflikte hervorrufen kann, da er das menschliche Verhalten sehr stark beeinflusst. Was die Emotionalität angeht, so wird diese in der deutschen Kultur wesentlich weniger ausgeprägt gezeigt, das Zeigen von Emotionen und Schmerzen gilt als unangebracht. Vor diesem Hintergrund können wir laute Schmerzensäußerungen auch besser verstehen, wenn wir Patienten mit türkischem Hintergrund haben, beispielsweise in der Gynäkologie, wo die »laute Geburt« der türkischen Patientin schon fast sprichwörtlich ist.

7.6 Zusammenfassung

Die Betrachtung der Kulturdimensionen und ihr Einfluss auf das Verständnis von verschiedenen Kulturen ist einer DER neueren Forschungsschwerpunkte interkultureller Forschung. Die Suche nach kulturellen Dimensionen durch systematische Erforschung und Abstrahierung kultureller Unterschiede soll einen tieferen Einblick in die Normen und Gedanken der Menschen aus unterschiedlich geprägten Kulturen ermöglichen.

Diese sogenannten kulturellen Dimensionen vereinfachen zunächst einmal die Klassifizierung von Kulturen entsprechend der vorgegebenen Dimensionen und sollen so die Analyse von kulturellen Unterschieden und ihren Auswirkungen erleichtern. Doch Vorsicht: Sie können nur dazu dienen, sich erst mal einen groben Überblick über die Mehrheitsgesellschaft und ihre Werte zu bilden, niemals aber als »Rezeptsammlung« zum interkulturellen Verständnis begriffen werden. Denn damit würden sie zwei ganz entscheidende Bereiche von Kultur ausklammern: den Wandel und die Individualität der einzelnen Kulturangehörigen. Dennoch gelten die kulturellen Dimensionen für einzelne Länder und Kulturen als ein etabliertes und weitreichend erforschtes Muster von verschiedenen Methoden zur systematischen Analyse verschiedener interkultureller Situationen und Verhalten und bilden eine anerkannte abstrakte und theoretische Grundlage zur weiteren, vertieften Forschung.

Die wissenschaftlichen Grundlagen der kulturellen Dimensionen sind von verschiedenen Kulturwissenschaftlern geschaffen worden. Mit am bekanntesten und auch am meisten verbreitet und angewandt sind die Dimensionen von Geert Hofstede (1991) und von Fons Trompenaars und Hampden-Turner (1997). Ihre Dimensionen werden und wurden unabhängig von anderen zeitgenössischen Kulturwissenschaftlern validiert und ergänzt.

Die Forschung und Entwicklung dieser kulturellen Dimensionen wird fortlaufend weitergeführt, bleibt damit lebendig und reagiert auch auf Veränderungen. So fügte z.B. Geert Hofstede 1991 seinen bestehenden vier Dimensionen eine neue Dimension, die LTO (= Langzeitorientierung) hinzu.

Die wohl unumstrittenste, und am meisten zitierte Dimension ist die der Ich- und der Wir-

Gesellschaften (Individualismus/Kollektivismusindex) von Kulturen – oder die Dimension, die sich mit der Gruppen, beziehungsweise der Ego-Ausrichtung einer Kultur beschäftigt.

Eine weitere Dimension von Geert Hofstede, die zunehmend an Bedeutung gewinnt, ist die Dimension der Maskulinität/Femininität von Kulturen. Ebenso sind die Risikobereitschaft oder der Grad der Unsicherheitsvermeidung (uncertainty avoidance) und die soziale Distanz (power distance index) heute oft benutzte kulturelle Dimensionen. Diese neueren Dimensionen sind, im Vergleich zur den beiden vorherigen, relativ einfach in der Anwendung und Interpretation. Eine weitere Dimension ist die neutral/emotionale Dimension, die sich mit dem offenen Zeigen von Emotionen beschäftigt, was sich mit unseren Beobachtungen im Klinikalltag deckt. Insgesamt können wir sagen, dass Wir-Gesellschaften das Zeigen von Emotionen wesentlich mehr zulassen als Ich-Gesellschaften. Die für unsere Belange nicht ganz so wichtigen, der Vollständigkeit halber aber dennoch erwähnten kulturellen Dimensionen sind die des britischen Kulturwissenschaftlers Edward T. Hall. Er hat zusätzlich zwei weitere Dimensionen identifiziert. Eine beschäftigt sich mit der Unterschiedlichkeit des Zeitempfindens in verschiedenen Kulturen, der Monochronität bzw. der Polychronität und die andere mit ganz vehementen Unterschieden in der Kommunikation und dem Bedeutungskontext in der Sprache. So haben beispielsweise Länder wie Deutschland und die USA relativ wenig indirekten Kontext in ihrer Sprache, das heißt sie sprechen »direkt«. Arabische Länder, die Türkei, aber besonders auch China und Japan sowie eine Reihe von asiatischen Ländern liegen auf der gegenüberliegenden Seite der Kommunikationsachse: Sie sprechen weitestgehend indirekt, d.h. beispielsweise, dass es selten oder nicht vorkommt, dass man seinem Gegenüber »Nein« sagt (▶ Kap. Kommunikation).

Für die europäische Kultur gilt der Individualismus als die Basis der westlichen modernen Gesellschaft. Der Individualismus der westlichen modernen Gesellschaft ist mit einer Reihe von Wesenszügen verbunden. Der relativ hohe Status von Frauen, ein moralischer Universalismus und in der Regel demokratische Regierungsformen zeichnen die westlichen individualistischen Kulturen aus.

Äußerst interessant ist in diesem Zusammenhang, dass neuere Forschungen genetische Unterschiede zwischen individualistischen und kollektivistischen Gesellschaften herausgefunden haben und diese Dimensionen mit Wirtschaftswachstum und Innovation in Verbindung gebracht haben. Eine kurze Einführung in die Thematik mit weiteren Quellenangaben der Autoren Gorodnitschenko und Roland (2010) findet man im Internet.

Nach diesen neuesten Erkenntnissen ist die Hauptdimension kultureller Variation eben die Unterscheidung in Wir- und Ich-Kulturen. Während in der Ich-Gesellschaft persönliche Freiheit, Eigenverantwortung und Leistung im Vordergrund stehen, verinnerlichen Wir-Gesellschaften konsequent die Gruppeninteressen der Gesellschaft. Die individualistische Kultur misst gesellschaftlichen Status daran, wie viel persönliche Leistungen der Einzelne erbracht hat. Dies hat natürlich eine stärkere Ich-Bezogenheit zur Folge, die wir in unserer Gesellschaft auch beobachten können. Verknüpft mit der Eigenverantwortung ist auch der Mut und der Anspruch, sein eigenes Leben in die Hand zu nehmen, was für Vertreter von Wir-Kulturen schwer nachvollziehbar bleibt. In der individualistischen Gesellschaft werden gemeinschaftliche Interessen nicht mehr so stark verinnerlicht wie in der kollektivistischen.

Wir-Gesellschaften ermutigen ihre Mitglieder zur Konformität und lehnen Einzelinteressen in großem Maße ab. Interessant ist in diesem Zusammenhang, dass die Ich-Gesellschaft ein ganz klar westeuropäisches Phänomen zu sein scheint, das sich von dort auch auf die neuen Kulturen Nordamerikas und Australiens ausbreitete. Kulturen unterliegen, wie schon erwähnt, dem Wandel der Entwicklung. Daher ist es auch schwierig, allgemeingültige Aussagen über eine bestimmte Kultur zu treffen. Die Erläuterungen und Untersuchungen von kulturellen Dimensionen oder Kulturstandards dienen lediglich als Ansatzpunkt zu einem besseren Verstehen von menschlichem Handeln. Wenn wir uns nun die islamische Kultur ansehen, so wird schnell klar: So bunt und unterschiedlich wie jede andere Kultur auch, so unterschiedlich sind auch die Länder, die eine islamische Kultur verbindet.

Das heißt: Wir können im Großen und Groben durchaus Aussagen treffen, aber allgemeingültig können diese nicht werden! Dazu sind der Islam, die Kulturen, die sich zum Islam bekennen, und die einzelnen Menschen viel zu unterschiedlich.

Sehen wir uns einmal das Beispiel Türkei an: Die Unterschiede, die wirtschaftlich und kulturell zwischen der West-und der Ost-Türkei liegen, sind gravierend! Während der Westen absolut Europa-orientiert ist, ist der viel größere Osten traditioneller und lebt andere Werte. Oder schauen wir einmal kurz auf die politische Entwicklung des Islams und seiner Länder. Das Land mit den meisten Muslimen weltweit ist Indonesien! Dann folgt Indien, dann Pakistan, dann Bangladesch – und erst dann kommen Ägypten als das einzige arabisch-sprachige Land und die Türkei mit jeweils um die 70 Mio. Muslimen. Alleine diese Information sollte zeigen, dass ein Über-einen-Kamm-Scheren der islamischen Kultur nicht möglich ist. Nicht länderübergreifend und nicht in einem Land!

Literatur

Gorodnitschenko J., Roland G.,(2010): »Cuture, Institutions, and the Wealth of Nations« HG: Center for Economic Policy Research (http://www.voxeu.org/index.php?q=node/5540

Hampden-Turner, C. and F. Trompenaars (1994). The seven cultures of capitalism : value systems for creating wealth in the United States, Britain, Japan, Germany, France, Sweden, and the Netherlands. London, Piatkus.

Hofstede, G. H. (1991). Cultures and organizations : software of the mind. London; New York, McGraw-Hill.

Hofstede, G.H. (2006): Lokales Denken, globales Handeln: interkulturelle Zusammenarbeit und globales Management, 3. Aufl., München

Trompenaars, F., Hampden-Turner C. (1997): Riding the waves of culture : understanding cultural diversity in business. London, Nicholas Brearley.

Kommunikation – oder »Wie sage ich es meinem Patienten?«

8.1   Sprache und Verstehen

Oft wird die Kommunikation zwischen ausländischen Patienten und Pflegenden durch mangelnde Sprachkenntnisse der Patienten im medizinischen Bereich erschwert. Um die Beschwerden und Ängste der Patienten zu verstehen und somit einen Zugang zu seinen Bedürfnissen und Wünschen zu bekommen, ist jedoch eine kultursensible Kommunikation zwischen Pflegepersonal und Patienten notwendig. Die oft nicht ausreichenden Kenntnisse der deutschen Sprache bei Patienten der ersten Generation erschweren dies natürlich.

Aber auch die mangelnden Kenntnisse der Pflegenden über die islamische Kultur sorgen für Kommunikationslücken auf beiden Seiten. Auch Migranten, die schon länger in Deutschland leben, verfügen oft nicht über wichtige medizinische Fachbegriffe. Eine einfache, bildhafte Sprache ist hier zu empfehlen. Der Gebrauch von Analogien, Metaphern und beispielhaften Geschichten entspricht der türkischen Kommunikationskultur, da auch in der Türkei viele Themen des Alltags in beispielhaften Analogieerzählungen erklärt werden. Dies verlangt von Pflegenden grundsätzlich auch eine Bereitschaft, anders zu kommunizieren als sie dies gewohnt sind und in Betracht zu ziehen, dass die für uns Deutsche gewohnte direkte Kommunikation, die aus klarer Frage und klarer Antwort besteht, für muslimische, insbesondere türkische Patienten, oft zu Missverständnissen führt. So führt zum Beispiel die klare Nachfrage: »Haben Sie mich verstanden?« möglicherweise zu einem »Ja«, auch wenn dies gar nicht stimmt. Wie kommt das?

8.2   Was tun, wenn »die Leber brennt«?

Um die Phänomene der unterschiedlichen Kommunikation zu verstehen, müssen wir uns mit der grundsätzlichen Verschiedenartigkeit von Kommunikationsformen in Kulturen beschäftigen. So können die gleichen Worte in verschiedenen Kulturen eine vollständig andere tiefere emotionale Bedeutung haben. Der Begriff der *Leber* ist beispielsweise in der türkischen Sprachbedeutung eher mit der Bedeutung unseres Begriffes *Herz* zu vergleichen. Während die Leber in Deutschland, was die Emotionalität betrifft, im Gegensatz zu unserem Herzen als dem vermeintlichen Sitz von Emotionen nur eine untergeordnete Rolle spielt, ist die Leber im türkischen Sprachgebrauch der hauptsächliche Sitz der Emotionen. Der türkische Patient wird sich also nicht traurig fühlen, mit einem »schweren Herzen«, sondern er wird über die Befindlichkeit seiner Leber klagen, wenn er betrübt ist. Dass dies zu Fehldiagnosen und einer Verzögerung der richtigen Behandlung führen kann, liegt auf der Hand.

So können wir ein grundsätzlich anderes Krankheitsverständnis der türkischen Kultur auch mit Besonderheiten in der Sprache in Verbindung bringen, die zwar versucht, sich mit deutschen Worten auszudrücken, aber dennoch eine Direktübersetzung aus dem türkischen Gesamtzusammenhang wählt und damit zu Unverständlichkeit führt. So können Organe »fallen« oder »verrutschen«.

> **Beispiele zum Verständnis der Sprache**
> Das Fallen des Herzens kann eine Depression oder Melancholie, zumindest aber eine traurige Verstimmung beinhalten.
>
> Das »Fallen des Kreuzes oder des Rückens« kann die Bedeutung von Kreuzschmerzen haben.
>
> Ein »Verrutschen der Zunge« kann von Stottern über Schluckbeschwerden bis hin zu einem Verlust der Stimme durch eine Kehlkopfentzündung o. Ä. alles bedeuten.
>
> Das »Fallen des Nabels« bedeutet Übelkeit, Schwäche, Schmerzen am ganzen Körper, was wir in unserem Sprachgebrauch mit einem »Verlust der Mitte« benennen können.

Solche sprachlichen Besonderheiten kann man z.B. überwinden, indem man den Patienten nach seinen Vorstellungen der Therapie fragt. »Wie würde diese Beschwerde bei Ihnen zu Hause behandelt werden?« Dies ist ein Signal, den Patienten ernst zu nehmen und sich um ihn zu sorgen, und kann Auftakt zu weiterer und besser verständlichen Informationen bedeuten.

> **Organe mit besonderer Bedeutung:**
> **Lunge:** türkisch: *akciğer*, wörtliche Übersetzung ins Deutsche: »weiße oder reine Leber«
> **Leber:** »türkisch: *ciğer, karaciğer*, wörtliche Übersetzung ins Deutsche: »schwarze« Leber«

An der Doppelbenennung ciğer einmal schwarz und einmal weiß ist die Wichtigkeit des Organs abzulesen. Die »Leber« ist der Sitz für die Seele des Menschen, also nicht nur die Bezeichnung für das Organ. Leber und Lunge werden beide in Verbindung gebracht mit: Trauer, Schmerz und Krankheit, Melancholie, Verlust – kurz den negativen und bedrückenden Emotionen.

- **Beispiele aus dem türkischen Sprachgebrauch**
  - In Verbindung mit Traurigkeit: Leberschmerzen und Gelbsucht kommen von Trauer
  - In Verbindung mit Verlust: Die Leber wird groß oder wächst bei einem sehr schmerzhaften Ereignis (Beispiel junge Frau nach Schwangerschaftsabgang)
  - In Verbindung mit schwerem Leid: Leber ist zerstückelt, schwemmt aus oder zerfällt
  - In Verbindung mit einem Fluch: deine Leber soll verbrennen = ewiges Unglück
  - In Verbindung mit Zuneigung: *cigerim* bedeutet nicht nur »meine Leber« sondern auch »mein Schatz/Herz«

- **Irrtum**

Missverständnis mit rechtlichen Folgen: In einem Vortrag des Medizinethikers Ilkhan Ilkilic wird ein mittlerweile oft angeführtes Beispiel zitiert über die unzureichende Kommunikation zwischen Arzt und Patientin und über daraus folgende Sprach- und Verständigungsbarrieren: »Bei einer damals 23-jährigen türkischen Frau wird während ihrer zweiten Entbindung im Rahmen eines Kaiserschnitts eine Sterilisation durchgeführt. Vor der Entbindung sagte die Frau dem Arzt gegenüber »Nix Baby mehr«, was vom Arzt als Wunsch nach Sterilisation aufgefasst wurde. Der Arzt hat sie über die Bedeutung und Folgen sowie Operationstechniken einer Sterilisation informiert. Nach der Aufklärung nickte die Patientin, die rudimentäre deutsche Sprachkenntnisse besaß, auf die Frage, ob sie alles verstanden habe. Einen Tag später wurde der Eingriff durchgeführt. Später verklagte die türkische Frau den Arzt auf Schmerzensgeld, da er sie ohne ihr Wissen sterilisiert habe.

Dieses Fallbeispiel zeigt anschaulich, wie vielschichtig die Problematik rund um das Thema Sprache und Kommunikation in unserem Themengebiet der kultursensiblen Pflege sein kann. In diesem Falle erwachsen ethische Konsequenzen aus der unzureichenden Kommunikationsbereitschaft des geschilderten Verhaltens des Arztes. Es zeigt auch, wie wichtig das genauere Erspüren von tiefer liegender Thematik bei den kulturfremden Patienten ist, und es zeigt, dass Kommunikation ganz besonders im interkulturellen Kontext nicht losgelöst von einem Basiswissen um die Bedeutung von kulturellen Unterschieden ist.

8.3 Gesprächsverhalten und Tabubereiche in der Kommunikation von Pflegenden und Patienten

Türken investieren viel Zeit in persönliche Beziehungen. Dies gilt für jede zwischenmenschliche Begegnung, ob im Geschäftsleben oder im Privatbereich. Auch in der Klinik wird erwartet, dass sich Pflegende und Ärzte Zeit nehmen, oder zumindest, dass man ihnen den oft herrschenden Zeitdruck nicht anmerkt, da dieser unpersönlich und abstoßend wirkt. Türken ziehen bekannte unbekannten Personen vor. Bekanntschaften werden über private Einladungen und gemeinschaftliche Unternehmungen verfestigt und ausgebaut. Höflichkeit und Respekt werden vom Gesprächspartner vorausgesetzt, wobei der Respekt andere Regeln hat als in Deutschland (▶ Kap. 6 Kulturstandards). Türken respektieren sehr stark ältere Menschen, unabhängig von ihrem Bildungsstand. Außerdem werden Männer mehr respektiert als Frauen, da sie in der als selbstverständlich- und Allah-gegebenen Hierarchie höher stehen.

Türken haben eine geringere Nähe- und Distanzspanne, das heißt, sie stellen sich in der Regel dichter an ihren Gesprächspartner als Deutsche und, wenn sie in der Gruppe stehen, stellen sie sich enger zusammen als Deutsche dies tun. Damit sorgen sie in der Klinik oft für Unbehagen, wenn deutsche Pflegende von mehreren Familienangehörigen »eingekreist« werden. Für Türken ist diese wesentlich geringere körperliche Distanz jedoch normal und üblich. Wer dann versucht, auszuweichen, gilt als sehr unhöflich und unfreundlich! Man kann sich ja mal selber in die Lage versetzen, wie man fühlt, wenn jemand dauernd zurückweicht, je näher man kommt.

Diskussionen kommen zunächst schwerfällig in Gang und werden von vielen zum Teil auch umständlichen Fragen, die für Deutsche als irrelevant für das Thema eingestuft werden können, unterbrochen. Es gilt aber als Zeichen von extremer Unfreundlichkeit, die schon an Beleidigung grenzt, wenn immer wieder versucht wird, diese Fragen abzukürzen, um zum Kernpunkt des Themas zurückzukommen.

Die Regeln des Smalltalks sind schon alleine dadurch anders, als bei Türken der Aufbau der persönlichen Beziehung im Vordergrund steht, bei Deutschen der Smalltalk aber aus unpersönlichen Informationen besteht, wie etwa dem Reden über das Wetter, und familiäre und private Informationen nicht gegeben werden. Bei der Gesprächsführung mit Türken haben private Fragen, insbesondere Fragen nach der Familie und den Kindern ihren festen Platz und gelten als Zeichen von Anteilnahme, guter Erziehung und Höflichkeit.

Türken sind recht nationalistisch, das heißt, sie sind stolz, Türken zu sein, und sind stolz auf ihr Land, ihre Herkunft und Kultur. Sie begrüßen Fragen über ihre Kultur und Landesgeschichte, aber Fragen über die politischen Gegebenheiten oder Politikgeschichte sollten vermieden werden – diese gehören nicht zum Aufbau einer persönlichen Beziehung und haben in einer offen interessierten Unterhaltung nichts zu suchen.

Türkische Männer lieben Fußball und man tut gut daran, wenigstens einmal den Namen der wichtigsten Fußballmannschaften gehört zu haben: Galatasaray, Beşiktaş oder Fenerbahçe. Fragen nach dem bevorzugten Team zeigen nicht nur Interesse an diesem wichtigen Teil des täglichen Lebens, sie werden meist überaus gerne aufgegriffen, wenn sich das ergibt, und auch wenn dies nicht vorrangig

zu einem Gespräch im Klinikzusammenhang steht, können sie viel dazu beitragen, dass Ängste und Vorurteile gegenüber deutschen Pflegenden abgebaut werden. Jedoch sollte sich kein Pflegender gekünstelt verstellen müssen, um eine positive Beziehung aufzubauen. Wer sich partout nicht für solche Alltagsthemen interessiert, sollte dies auch nicht zwangsläufig tun müssen, nur weil er eine gute Beziehung zu seinen Patienten aufbauen möchte. Viel wichtiger im Aufbau der persönlichen Beziehung ist die Authentizität und Echtheit beider Partner. Ist die persönliche Beziehung erst einmal hergestellt, ist dann auch die Kommunikation direkter und man kann in den Folgegesprächen wesentlich schneller »auf den Punkt kommen« und sich auch auf eine klare Frage-Antwort-Situation einlassen, die der gewohnten schnellen Einschätzung von Problemen dient.

> **Ist der persönliche Kontakt hergestellt, ist das Aufrechterhalten von Augenkontakt wichtig und zeugt von Ernsthaftigkeit und Vertrauen. Bevor diese persönliche Verbindung hergestellt wurde, sollte der direkte Augenkontakt vermieden werden, da es als respektlos gilt.**

Jemandem, den man nicht kennt, direkt in die Augen zu starren, gilt als peinlich und unhöflich! Auch hier gilt wieder: Je mehr Zeit in den Erstkontakt investiert wurde, desto schneller funktioniert später die Kommunikation. Hat man dies aber nicht berücksichtigt, kommt nie mehr ein gutes und vertrauensvolles Gesprächsklima auf und wertvolle Informationen, die für die Pflege sehr wichtig sind, werden nicht mehr gegeben!

Es kann von großem Vorteil sein, wichtige Informationen grafisch, etwa mit Piktogrammen, zu verdeutlichen, um sicherzugehen, dass die Informationen auch verstanden wurden. Ein aus Höflichkeit vorgebrachtes »Ja« auf die Frage, ob alles verstanden wurde, muss nicht heißen, dass dies der Wahrheit entspricht, es kann auch ein »Höflichkeits- oder Verlegenheits-Ja« sein, das mit echtem Verständnis nichts zu tun hat. Falls ein wichtiger medizinischer Vorgang erklärt werden muss, kann das Ausweichen auf sprachliche Bilder und Metaphern sinnvoll sein. Wenn Sie es als Pflegender mit Patienten türkischer Herkunft zu tun haben, sollten

Sie immer das Folgende im Auge behalten: Ihr Zugang zu dem Patienten wird maßgeblich von Ihrer Fähigkeit, eine persönliche Beziehung zu ihm aufbauen zu können, beeinflusst. Wenn Sie akzeptiert und gemocht werden und sich der Patient Ihnen dann auch persönlich öffnen kann, dann gestaltet sich die Beziehung auch sehr viel einfacher, als wenn sich große persönliche Widerstände gegen Sie als deutschen Pflegenden bereits aufgebaut haben. Versuchen Sie also gerade bei Ihren »verletzlichen« Patienten weniger sachlich und dafür herzlicher aufzutauchen. Gerade die von uns Deutschen so bevorzugte Sachlichkeit wird von türkischen Patienten oft als herzlos und kalt empfunden und wenn der Patient das Gefühl hat, es mit einem »herzlosen Deutschen« (so ein gängiges Stereotyp) zu tun zu haben, verschließt er sich und ein konstruktiver Umgang wird wesentlich schwieriger. Der Erstkontakt sollte so aufgebaut werden, dass in erster Linie die persönliche Beziehung aufgebaut wird, indem Sie an erster Stelle das Interesse am Menschen zeigen, ein Interesse an seiner Familie, Herkunft, persönlicher Lebenswelt usw. aufbauen und in zweiter Linie dann die gesundheitlichen Aspekte erfragt werden. Je besser dieses erste Kennenlernen funktioniert und je weiter sich der Patient auch persönlich öffnet, desto besser funktioniert dann auch die medizinische Versorgung.

Die Kommunikation mit türkischen Patienten sollte visuell und metaphorisch ergänzt werden. Es ist besser, einen komplizierten medizinischen Sachverhalt in »Bilder« zu kleiden als ihn nüchtern und sachlich durch den Gebrauch von Fachtermini zu erklären. Wenn es Ihnen gelingt, die wichtigen Informationen in beispielhafte Analogien zu übersetzen, dann sprechen Sie den Patienten wesentlich besser an als mit der Anhäufung von sachlichen Informationen.

Entscheidungen werden in der Türkei oft schwerfällig gefällt und immer wieder überdacht. Das heißt, dass Sie unter Umständen öfters das Gleiche zu ihrem Patienten sagen müssen, bis er es umsetzt. Das hat nichts mit dem Boykottieren Ihrer Anordnungen zu tun, es ist eher so, dass jeder Entscheidungsprozess in der Türkei mehrere Anläufe nimmt, bevor es zu einer Entscheidung oder Akzeptanz kommt. Ist Ihr Rat oder Ihre Anordnung dann aber akzeptiert, wird sie auch nicht mehr in Frage gestellt.

Setzen Sie als Pflegende keine Deadlines, in dem Sinne von: »Wenn Sie sich jetzt nicht daran halten, dann…« Und üben Sie keinen Druck aus, denn das kommt sehr schlecht an und wird sich letztlich gegen Sie selber richten. Es kann sogar unter Druck zu einer kompletten Kommunikationsverweigerung kommen und Ihre Anordnungen können unterlaufen werden, sobald Sie aus dem Zimmer sind.

Seien Sie sich bewusst, dass die Begriffe von Ehre und Respekt wesentlich weiter gefasst sind als in Deutschland und sich das gesamte Verhalten des Patienten und seiner Angehörigen auch um diese Begriffe dreht. So ist die altersmäßige Reihenfolge in einer Familie immer zu beachten. Der ältere ist immer noch respektvoller und taktvoller zu behandeln als der jüngere Gesprächspartner. Ältere Familienmitglieder stehen in der Familienhierarchie über den jüngeren, das heißt, sie sind auch der bessere Ansprechpartner – auch wenn es gerade die älteren Patienten und Migranten sind, die nicht so gut deutsch sprechen. Dennoch sollten Sie als Pflegender immer zuerst die älteren Anwesenden anreden und man sollte ihnen die Wahl ihres Dolmetschers überlassen. Im medizinischen Zusammenhang wird auch angenommen, dass der ältere Pfleger oder Arzt, die ältere Pflegerin oder Ärztin besser respektiert und angenommen wird als die jüngeren. Wenn Sie türkische Mitbürger einmal beobachten, werden Sie sehen, dass auch im Alltag die älteren sehr respektvoll gegrüßt werden, indem die rechte Hand geküsst und mit der Stirn berührt wird. Grüßen Sie immer zuerst die älteste Person in einer Gruppe, egal ob dies ein Mann oder eine Frau ist, denn die älteren Frauen genießen auch sehr hohen Respekt in der türkischen Familienhierarchie.

8.4 Unterschiede in interkulturellen Kommunikationsstrukturen

Unterschiede in interkulturellen Kommunikationsstrukturen ◘ Tab. 8.1.

Wie man an der Darstellung sehen kann, gibt es ganz klare Unterschiede in der Kommunikationsstruktur von Menschen, die direkt kommunizie-

Türkische Anredeform

Auch ohne sich perfekt mit der Sprache auszukennen oder diese beherrschen zu müssen, kann es hilfreich sein, sich die wichtigsten türkischen Sprachbesonderheiten anzueignen, wenn Sie es mit Patienten türkischer Herkunft zu tun haben. Wenn Sie Ihren Patienten ansprechen, so ist es sinnvoll, die türkische Anredeform zu benutzen, bei der das »Herr« (türkisch: *bey*, gesprochen »bai«) hinter den Vorna-men gestellt wird. Also »Herr (Fatih) Dogan« wird »Fatih Bey« angeredet. Ähnlich ist die Namensgebung bei Frauen, hier folgt auf den Vornamen das türkische *hanim* (gesprochen: »hanem«), also Frau Ayse Dilic wird mit »Ayse hanim« angeredet. Dies sollten Sie so handhaben, wie es Ihnen liegt. Wenn es Ihnen gelingt, sich an diese Sprechweise natürlich anzupassen, kann sie Tore öffnen, da Sie damit zeigen, dass Sie sich mit den Grundregeln der türkischen Kultur vertraut gemacht haben. Es geht nicht um ein »Anbiedern«, sondern um ein echtes Sich-auf-den-anderen-Einlassen. Personen, die Ihnen noch nicht vorgestellt wurden, wie Familienangehörige, die sich im Raum befinden, können Sie »*efendim*« (wörtlich »mein Herr«) nennen, dies ist einfach eine höf-liche Anrede gegenüber Personen, deren Namen man nicht kennt.

◻ Tab. 8.1 Indirekte und direkte Kommunikationsstrukturen

Indirekte Kommunikationsstruktur	Direkte Kommunikationsstruktur
Zwischenmenschliche Harmonie steht im Vordergrund der Kommunikation – sehr zeitintensiver, enger Beziehungsaufbau	Zwischenmenschliche Beziehungen sind in erster Linie formal und kurzfristig angelegt – schnelle direkte Kommunikation, zeiteffiziente Kommunikation, Harmonie ist kein Grundbedürfnis
Kommunikation ist allgemeinverbindlich und indirekt, das heißt, es wird wenig direkt ausgedrückt	Kommunikation ist direkt, sachlich und unemotional
Vereinbarungen werden gemeinsam, personenorientiert und mündlich getroffen, es zählt der Handschlag als Vertrag	Vereinbarungen werden auf sachlicher Ebene getroffen und schriftlich fixiert, Verträgen liegen immer Vereinbarungen zugrunde
Das kulturell erlernte Verhalten basiert auf langfristigem Beziehungsaufbau, kann von Kulturfremden als kompliziert und unbeweglich empfunden werden	Das kulturell erlernte Verhalten in der Kommunikation ist auf Kurzfristigkeit und Effizienz gegründet und wandelt sich schneller, es kann von Kulturfremden als kalt und wenig herzlich empfunden werden

Organisatorische Auswirkungen unterschiedlicher Kommunikationsnormen (in Anlehnung an Kutschker, Schmid: 2008)

ren, und Menschen, die indirekt kommunizieren. Kennzeichnend sind immer auf der einen Seite die Direktheit und Sachbezogenheit und auf der anderen Seite immer die Personenbezogenheit und die Wichtigkeit eines harmonischen Verhältnisses aller Beteiligten. Der menschliche Beziehungsaufbau ist wichtiger als die Erreichung des Ziels. Erst wenn eine gute, harmonische Beziehung aufgebaut wurde, kann auch das Sachziel verfolgt werden.

Um nun das übliche Kommunikationsverhalten muslimischer, insbesondere türkischer Patienten näher darzustellen und besser zu illustrieren, stellen wir die Unterschiede in der Kommunikationsform anhand der folgenden Tabelle dar (◻ Tab. 8.2). Die erarbeitete Tabelle basiert auf einer bislang unveröffentlichten Datensammlung der Autorin v. Bose aus dem Jahr 2009, die zu dem Thema direkte und indirekte Kommunikation deutsche Pflegende und türkische Patienten befragte.

Die *Höflichkeit* gilt als Fundament der erfolgreichen Kommunikation in der türkischen Gesellschaft. Bestimmte respektvolle Umgangsformen sind sehr wichtig. Türken sprechen nur ungern direkt ein Thema an, eine Umschreibung von wich-

Tab. 8.2 Direkte und indirekte Kommunikation am Beispiel Deutschland und Türkei	
Direkte Kommunikation Deutschland	**Indirekte Kommunikation Türkei**
Direkte Fragen, die mit »ja« oder »nein« beantwortet werden sollen	Höflichkeit steht im Vordergrund, diese verbietet jedoch oft eine klare Negativantwort
Gebrauch von medizinischen Fachbegriffen	Gebrauch von Metaphern und Bildern, um Beschwerden darzustellen
Abfragen von organischen Beschwerden	Fehlen von Nachfragen bei Nichtverstehen
Zielgerichtete Kommunikation mit direktem Blickkontakt	Vermeidung von Blickkontakt aus Respekt vor dem Pflegenden
Offen gezeigter Unwille bei Ergebnisverzögerungen	Gebrauch von umständlichen Formulierungen, wenn körperliche Symptome umschrieben werden
Körperliche Funktionen werden offen und sachlich angesprochen im medizinischen Alltag	Ausweichen und Vermeidung von Tabuthemen aus dem sexuellen Bereich
Direkte Kommunikation zwischen Pflegendem und Patienten	Probleme werden oft indirekt verhandelt von Ehepartnern oder Familienangehörigen

tigen Themen in Bildern und Analogien wird als Kennzeichen guter Erziehung gesehen. Komplimente zu machen, ist wichtig. Im Allgemeinen wird eine kontrollierte und disziplinierte Körperhaltung als positiv angesehen. Man spricht und lacht, insbesondere in der Öffentlichkeit, recht leise. Dies gilt nur, wenn man bei normaler Gesundheit ist. Im Falle von Krankheit oder unter den Schmerzen der Geburt rückt der Patient/die Patientin in den Mittelpunkt, er/sie darf den Emotionen lauthals ihren Lauf lassen. Auch im Falle des Versterbens in der Klinik, werden die Angehörigen in der Regel ihrem Schmerz lauthals ihren Lauf lassen, da der Verlust eines Angehörigen in stark ritualisierter Form ablaufen darf.

■■ Tipps für die Kommunikation im Pflegealltag

– Nachfragen, ob Angehörige als Übersetzer vorhanden sind und diese gegebenenfalls in die Pflege integrieren. Bitte hier keine Kinder einsetzen. Das Übersetzenlassen von Diagnosen und Informationen zum Krankheitsverlauf von Familienmitgliedern ist in mehrfacher Hinsicht nicht unumstritten. Dennoch erlaubt es der Pflegealltag leider noch nicht, immer auf professionelle Übersetzer zurückzugreifen. Kinder sollten aus der Dolmetschertätigkeit aber strikt ausgenommen werden.

– Dolmetscher organisieren (Pflegende, anderes Pflegepersonal, berufliche Dolmetscher, die auch der Schweigepflicht unterliegen
– Mit Hilfe von Bildern kommunizieren. Piktogramme bietet das z.B. Klinikum Nürnberg an (»KOM-MA Kommunikations-Materialien für Ausländische Patienten«), diese sind unter der Internetseite nachzulesen.
– Kontakt zum Imam der Gemeinde pflegen
– Schlüsselwörter der Sprache lernen
– In einfachen und kurzen Sätzen reden

8.5 Nichtverbale Kommunikation und Körpersprache

Die nichtverbale Kommunikation und Körpersprache ist eine Sammlung von Verhaltensweisen, die adäquat von den einzelnen Mitgliedern von Kulturen benutzt, eingesetzt und verstanden wird. Grundsätzlich kann man davon ausgehen, dass in Nordeuropa und Mitteleuropa die Körpersprache eher gedämpft ist, wohingegen in Süd- und Osteuropa die Körpersprache mehr benutzt wird. Hier zeigt sich auch wieder das kulturell bedingte Nähe und Distanzverhalten.

Körperbewegung und Gestik werden in Deutschland und der Türkei in unterschiedlichem Maße eingesetzt. In dieser Hinsicht fühlen die Türken sich den Italienern oder Griechen näher als den Deutschen. Gestik, Mimik, Augenkontakt und die Körpersprache können teilweise sehr voneinander abweichen und daher auf beiden Seiten zu Missverständnissen führen.

So bedeutet beispielsweise das Schütteln des Kopfes nicht unbedingt ein »Nein«, sondern viel eher ein diffuses: »Ich verstehe nicht«. Bei indischen Patienten – die weltweit den dritthöchsten Anteil an praktizierenden Muslimen stellen, die ihren Kopf schütteln, bedeutet dies sogar ein »Ja« oder eine Zustimmung! Im zwischenmenschlichen Umgang sind in der Türkei Berührungen häufiger als in Deutschland. Die Körperdistanz ist, wie schon beschrieben, geringer. Auch Männer nehmen sich gelegentlich in den Arm oder berühren sich zur Begrüßung mit den Wangen. Dennoch: Als Deutscher und nicht der islamischen Gruppe Angehöriger, sollte man nicht die Initiative zum Körperkontakt ergreifen. Definitiv sollte man nicht mit gegengeschlechtlichen Patienten Körperkontakt pflegen, denn dies wird missverstanden werden und kann zu dem Gefühl der Verletzung der Intimsphäre führen!

- **Blickkontakt**

Der Blickkontakt folgt in der türkischen Gesellschaft ganz anderen Regeln als in der deutschen. Da die Konzepte von Ehre, Respekt und Hierarchie immer unbewusst mit eine Rolle spielen, kann sich der Augenkontakt sehr unterschiedlich gestalten und für Deutsche oft falsch verstanden werden. Wenn es um eine Respektsperson geht, vermeiden die Jüngeren und Frauen oft den Blickkontakt, um ihren Respekt zu zeigen. Dies ist genau anders als in Deutschland, wo ein Wegsehen und Ausweichen von Augenkontakt eher als respektlos gedeutet wird, denn als respektvoll. Besonders im Umgang mit türkischen Kindern oder Jugendlichen kann diese Unterschiedlichkeit in der Wahrnehmung zu Kommunikationsbarrieren führen. In Deutschland gilt ein Jungendlicher, der nicht offen in die Augen schauen kann, als gehemmt oder unwillig. In der Türkei zeigt er seinen Respekt gegenüber dem Gesprächspartner, wenn er nicht in dessen Augen blickt.

- **Begrüßung und Verabschiedung**

Das in Deutschland übliche Händeschütteln ist nicht so häufig anzutreffen bei Türken wie in Deutschland. Stattdessen gibt man Wangenküsse auf beide Wangen. Aber: Im Kontakt zwischen Frauen und Männern gilt dies nicht und ebenso nicht im Kontakt zwischen gläubigen Muslimen und Christen. Hier wird der Körperkontakt so gut es geht, vermieden.

Wenn sich ein Deutscher und ein Türke begegnen, teilen sie nur ein kleines gemeinsames Territorium von »Bekanntem«. Alles andere ist fremd und verwirrend. Wie tief diese Unterschiede gehen können, soll an einigen Beispielen gezeigt werden.

8.6 Wahrnehmung in der Kommunikation – kulturell geprägte Unterschiede in Denkmustern

Um die Unterschiede in den Konzepten unserer und der türkischen Kommunikation noch besser zu verdeutlichen, können wir noch tiefer gehen als bei den sonstigen kulturellen Unterschieden. Das heißt, hier treffen nicht nur unterschiedliche Traditionen, Werte und Normen aufeinander, sondern das gesamte Denken und die Wahrnehmung sind anders ausgerichtet.

Aber: Wie sind wir gewohnt zu denken? Hier kommt wieder ein Muster zum Tragen, das wir schon aus anderen kulturellen Unterschieden kennen: Lineares Denken und lineare Wahrnehmung in Deutschland steht im Gegensatz zu divergentem, nicht auf Ursache und Wirkung fixiertem Denken in allen islamischen Kulturen, aber auch in weiteren asiatischen Kulturen. Diese Unterscheidung in der Denkweise, der Kommunikation und der Wahrnehmung basiert nicht auf einem klar einzugrenzenden pädagogischen Erziehungsmuster, sondern sie ist vielmehr Ausdruck des »kulturell verankerten Denkens«.

8.6.1 Welche Arten von kulturell anerzogenem Denken gibt es?

- **Linear (deutsches Denkmuster)**
  - Primär lösungsorientiert
  - Linear
  - Zielgerichtet

▣ Tab. 8.3 Vergleich des kulturellen Denkens Deutschland – Türkei	
Deutschland	**Türkei**
Individualgesellschaft	Gruppe – Kollektivgesellschaft
Hohe Eigenverantwortung	In die Gruppeninteressen eingebundenes Handeln
Status wird erreicht durch Eigenverantwortung	Status wird erlangt durch Geburt, Verwandtschaft, Geschlecht, Alter
Konzentration auf Unterschiede	Konzentration auf Ähnlichkeiten

- Exakt
- Naturwissenschaftlich
- Logisch
- Systematisch
- Abstrakt
- Konzentration auf das Wesentliche
- Linke Gehirnhälfte – sprachliches, logisches systematisches Denken wird trainiert

- **Divergent (türkisches Denkmuster)**
- Setzt sich in Bewegung, um eine Richtung zu finden
- Macht Gedankensprünge
- Kein entweder – oder
- Kein ja oder nein
- Suche nach Synthesen, Gemeinsamkeiten
- Berücksichtigt auch scheinbare Belanglosigkeiten

Kennzeichnend für das divergente Denken sind die Vieldeutigkeit in der Sprache, der Gebrauch von Bildern, Anekdoten und Metaphern und die Vermeidung von abstrakten Begriffen. Die Sprache prägt mit ihrer Vieldeutigkeit eine Wahrnehmung, die viele Beziehungen zwischen den Dingen herstellt, viele Wege andenkt und vielfältige Erfahrungen als Hintergrundwissen voraussetzt. Die grafischen Modelle von Kreis und Linie lassen sich verwenden um viele Unterschiede zwischen Deutschen und Türken in der Kommunikation zu beschreiben. Während der Türke in nahezu all seinem Handeln, Kommunizieren und Wirken in eine Gemeinschaftsstruktur (Kreis) eingebunden ist, ist der Deutsche zunächst nur für sich selber verantwortlich. Hier stehen sich die Gesellschaftlichen Modelle von Individualismus und Kollektivismus

wieder gegenüber – auch in der Kommunikation (▣ Tab. 8.3).

Für die Kommunikation heißt das:
- Klare Zielrichtung: Suche nach Übereinstimmung, Vereinigung
- Entweder-oder: Vermeidung von Extremen

Welche Folgen hat dies für die Beziehung zwischen Pflegendem und muslimischem Patienten und für deren persönlichen Umgang miteinander? Für den Patienten ist ein guter, respektvoller Umgang und ein angenehmes Klima mit dem Pflegenden und den Ärzten von großer Bedeutung, deutsche Pflegende möchten schnell eine Lösung, ein Behandlungsmuster und eine sichtbare Genesung vorweisen.

Für die Praxis heißt das: In jedem Bereich, wo schnelle Entscheidungen zu fällen sind oder es um termingerechte Abgaben geht, wird der türkische Patient sich schwer tun, weil er sich verunsichert und unter Druck gesetzt fühlt. Er gerät immer dann unter Druck, wenn gemäß unserer Struktur schnelle Entscheidungen zu fällen sind. Und er überfordert sich und andere, wenn er versucht, vielfältige Lösungen für ein nur einfach zu lösendes Problem zu finden. Das wiederum macht für uns die Kommunikation so anstrengend, denn wir sind ja gewohnt möglichst schnell EINE Lösung zu finden.

Unser deutsches Denken trennt in der Argumentation auch strikt zwischen Person und Sache. In der Türkei ist auch das anders, da jede »objektive« Darstellung zunächst einmal eine Darstellung ist, die nur ein Mensch hervorbringt, die aber nichts mit dem religiösen Hintergrund zu tun hat. Anders ausgedrückt: Es liegt nicht immer im Interesse eines strenggläubigen muslimischen Patienten, eine Sachlösung für sein gesundheitliches Problem angeboten zu bekommen, wenn er der Meinung ist, dass die Krankheit ihm von Allah geschickt wurde oder auch dazu dient, ihn persönlich wieder mehr in das Interesse seiner Familie zu rücken, die sich stärker um ihn kümmern muss, wenn er erkrankt ist.

Noch eine wichtige Unterscheidung in Denken und Wahrnehmung zwischen Deutschen und Türken existiert: Eine Beurteilung – auch im medizinischen Umfeld – gibt immer ein Mensch ab. Sie ist also folglich eine menschliche Meinung, nicht mehr. Respektiert werden muss aber nur eine Meinung, die sich im Einklang mit der Religion befindet. So kann ein nach unserem Sinne sachlicher medizinischer Einschub oder Widerspruch auf das Verhalten von muslimischen Patienten als Angriff auf deren Persönlichkeit verstanden werden. Hier liegt der Grund dafür, dass den Aussagen einer Person von Rang und Bedeutung grundsätzlich nicht offen und direkt widersprochen werden darf. Das verstößt gegen das Konzept von Ehre als zentralem kulturellem Wert und wird als respektlos und ungehobelt wahrgenommen.

8.7 Gesichtsverlust – Scham und Ehre in der Kommunikation

Wer viel mit muslimischen Patienten zu tun hat, dem fällt eine besondere Höflichkeit besonders ins Auge. Egal was der Patient oder seine Angehörigen denken mögen, sie zeigen es nicht direkt, sondern verhalten sich immer sehr vorsichtig. Zunächst wird alles vermieden, was Anstoß erregen könnte. Das oberste Gebot in der Kommunikation für muslimische Patienten: Respekt zu erfahren und das Gesicht zu wahren! Das Schlimmste was passieren kann, ist demzufolge, respektlos behandelt zu werden und damit das Gesicht zu verlieren.

Selbst in einer kritischen Situation wird ein Türke alles vermeiden, was den anderen bloßstellen könnte. Und er erwartet dasselbe von seinem Gegenüber. Wird er Zeuge davon, wie jemand getadelt oder gar gerügt wird, so ist dies für ihn peinlich und er entnimmt der Situation, dass demnächst er selber so peinlich zurechtgewiesen wird. Deswegen ist es für ihn schon unangenehm, wenn er eine Kritik nur mit anhört.

Wenn wir uns diesen Kontext verdeutlichen, wo kann es dann Probleme geben in der Kommunikation zwischen Pflegenden und Patienten? Für den muslimischen Patienten sind Menschen und intakte zwischenmenschliche Beziehungen, insbesondere Loyalität und Vertrauen, von zentraler Wichtigkeit. Das eher diffuse Kommunikationsverhalten bedeutet: Person und Sache werden oft nicht voneinander getrennt. Das hat zur Folge, dass Ihr Patient sich eines indirekten Kommunikationsstils bedient, sich nicht klar und für Sie verständlich ausdrückt. Für Pflegende bedeutet das: Sie müssen lernen, zwischen den Zeilen zu lesen und das Nichtgesagte zu hören. Auf jeden Fall müssen sie sich bei den Untersuchungen und Behandlungen genügend Zeit nehmen und Raum für das Erspüren von Informationen lassen (◘ Tab. 8.4).

8.8 Kommunikation in der Patienten-Pflege-Beziehung – Respekt, Anerkennung, Selbstsicherheit und Vertrauen

Da in der türkischen Kultur, besonders in der islamischen Kultur, aber auch ganz allgemein der gegenseitige Respekt unter Menschen eine sehr übergeordnete Rolle spielt und dieser Begriff ganz anders als in Deutschland emotional besetzt wird, sollten Sie sich als Pflegende ganz besonders mit dem Begriff des Respektes auseinandersetzen. Respekt – der Begriff ist viel weiter gefasst als in Deutschland und er reicht sowohl in das Konzept von Ehre als auch in das Konzept von Höflichkeit, Anteilnahme und zwischenmenschlicher Beziehung. So gilt beispielsweise eine Ehescheidung als Zeichen von Respektlosigkeit des Ehepartners, der die Scheidung einreicht, gegenüber dem anderen. Die Scheidung ist zwar hier ohnehin erlaubt – nach dem türkischen Rechtsverständnis auch – sie wird aber in der Gesellschaft sehr ungern gesehen. Respekt bedeutet auch Anerkennung und Vertrauen, nicht nur Ehrerbietung.

Muslimische und insbesondere türkische Patienten haben oft, wie wir schon anführten, eine noch größere Angst als deutsche Patienten vor dem Klinikaufenthalt. Respekt in diesem Zusammenhang bedeutet auch, die Ängste wahr und ernst zu

☐ Tab. 8.4 Verhaltenskodex in türkischer und deutscher Kommunikation hinsichtlich der Pflege

Deutscher Verhaltenskodex im Gespräch	Türkischer Verhaltenskodex im Gespräch	Interkulturelles Konfliktpotential
Der Mensch gestaltet eigenverantwortlich seine Zukunft	Der Mensch soll sein Bestes geben und tun, aber das Leben folgt letzten Endes einem vorgegebenen Weg, der von Allah und dem Schicksal vorgezeichnet ist	Dieser grundlegende Unterschied bedeutet auch ein unterschiedliches Verhalten gegenüber pflegerischen Vorschriften
Wenn diese nicht verstanden oder angenommen werden, werden sie nicht befolgt
Der Mensch sollte in seinem Streben realistisch sein	Ideale sollten unabhängig von Vernunftgründen angestrebt werden	Unterschiedliche Zielsetzung
Man muss hart arbeiten, um eigene Ziele zu erreichen	Harte Arbeit ist wichtig, ist aber nicht alles; Weisheit, Glück sind auch wichtig	Motivation, Leistungsanreize, Arbeitsethos
Vereinbarungen müssen eingehalten werden	Vereinbarungen sollten zwar eingehalten werden, aber eine Vereinbarung kann durch neue Erkenntnisse bzw. Ereignisse geändert oder außer Kraft gesetzt werden	Ärztliche und pflegerische Vorschriften
Man sollte zeitbewusst handeln	Zeitabläufe sind wichtig, aber nur im Zusammenhang mit anderen Prioritäten	Exakte Planung, Einhalten von Pflegevorschriften und Medikationen
Emotionale Einflüsse sollten bei Entscheidungen minimalisiert werden; Fakten müssen dominieren	Die Weisheit des Entscheiders, die nicht angezweifelt werden darf ist, sehr wichtig	Entscheidungsprozess
Der Entscheider konsultiert kompetente Leute vor der Entscheidung und holt sich eventuell noch eine zweite Meinung ein	Eine Konsultation des Arztes oder des Pflegers ist für die individuelle Verhaltensentscheidung oft nicht notwendig; wichtiger kann die Meinung und der Rat der Familie sein	Pflegevorschriften

nehmen und in der Kommunikation sehr vorsichtig mit schwierigen Themen umzugehen. Das heißt konkret: Lernen Sie eine andere Form der Kommunikation kennen, wenn Sie eine erfolgreiche Beziehung mit Ihren muslimischen Patienten aufbauen wollen. Respekt, Vertrauen und Anerkennung gewinnt man am besten, wenn man der Kultur, der Religion und auch dem Nationalbewusstsein gegenüber Verständnis und Respekt zeigt.

■ **Tabuthemen**

Das Interesse an dem Herkunftsland des Patienten ist angebracht. Begeben Sie sich aber nicht auf das Terrain der unvorsichtigen Kritik an politischen oder sozialen Gegebenheiten. So ist es zum Beispiel sehr verletzend für eine muslimische Patientin, wenn sie gefragt wird, warum sie eine Kopfbedeckung trägt, obwohl sie doch »hier aufgewachsen«, oder »sehr selbstbewusst und erfolgreich« sei. Die Verletzung, die sich durch unvorsichtige Bemerkungen dieser Art einstellt, ist noch nicht einmal festzustellen, aber sie wirkt sich negativ auf das Vertrauen aus.

Ein anderes sensibles Thema, das einer Beleidigung gleichkommt, ist die Diskussion darüber, ob die Türkei EU-tauglich ist. Auch die politisch relevanten Fragen der jeweiligen Herkunftsländer sollte man nicht erörtern, um ein positives Gesprächsklima aufzubauen. Kritik am Glauben, an den stärker festgelegten Geschlechterrollen, an Politik und islamischer Gesellschaft allgemein verbieten sich ebenso. Überhaupt ist ein Gespräch über den Islam bei konservativen Patienten tabu für Sie als Angehöriger einer anderen Religion. Dies gilt alles sogar für den Fall, dass Sie den Patienten schon gehört haben, wie er im Beisein anderer diese Themen kritisch erörtert. Dennoch sollten Sie sich nicht auf dieses gefährliche Terrain der interkulturellen Begegnung einlassen und diese Themen »respektvoll« meiden.

■ Selbstsicherheit

Was das Gesprächsverhalten allgemein angeht so gilt: Zeigen Sie Sachkompetenz und Selbstsicherheit, indem Sie die Gespräche ruhig und sicher führen. Zeigen Sie keine Unsicherheiten, wie zum Beispiel in den Worten: »Das kann ich nicht entscheiden.«, oder »Ich weiß nicht.« Solche Aussagen lassen den Patienten an Ihrer Kompetenz zweifeln und er wird sich daraufhin vor Ihnen eher verschließen als öffnen. Das gilt insbesondere für weibliche Pflegende, die ohnehin mit dem latenten Vorurteil der nicht so hohen fachlichen Kompetenz aufgrund ihres Geschlechtes zu kämpfen haben, je jünger sie sind, desto mehr.

Sinnvoll ist es, zunächst einmal jegliches Klischeedenken über Muslime aus dem Kopf zu verbannen. Vermeiden Sie selber auch ein offenes Nein und direkte Kritik. Dies gilt als unerträgliche respektlose Besserwisserei. Lassen Sie sich aber durchaus auf Gespräche über Ihr Leben, Ihre Familie ein, wenn der Patient danach fragt. Das öffnet auch die Türen zu einer offenen Gesprächshaltung, in der Sie wertvolle Informationen über die Lebensumstände des Patienten erhalten können. Nur betrachten Sie diese Informationen niemals als eine Einbahn-Kommunikation. Wenn der Patient private Hintergründe erzählt, so erwartet er das auch von Ihnen. Dies natürlich in einem taktvollen und vorsichtigen Ton. Zeigen Sie echtes Interesse an Ihren Patienten, anteilnehmend, vorsichtig und immer in einer Haltung von größtmöglichem Respekt. Wenn Sie etwas nicht wissen, so lassen Sie es sich nicht anmerken, denn Unsicherheit ist ein großer Feind in der Kommunikation mit muslimischen Patienten und führt zu Verschlossenheit.

■ Aktives Zuhören

Eine grundlegende Fähigkeit kompetenter Kommunikation, nicht nur im interkulturellen Bezug, ist die Gabe des aktiven Zuhörens. Gutes und aktives Zuhören bedeutet im interkulturellen Zusammenhang, ganz besonders sensibel den ganzen Menschen wahrzunehmen, da muslimische und insbesondere türkische Patienten nicht sehr offen kommunizieren, was heißt, dass sie nicht von vornherein sehr viel von sich preis geben und eher indirekt kommunizieren. Das macht es für Deutsche sehr viel schwieriger, zu erkennen, wann Ablehnung oder emotionaler Rückzug überhaupt stattfindet. Versuchen Sie als Pflegende durch Fragen und sehr aufmerksames Zuhören, was auch eine sensible Beobachtung mit einschließt, herauszubekommen, was nicht offen ausgesprochen wird und wo Hauptinteressen oder -probleme liegen. Bohren Sie auf keinen Fall direkt nach, das wirkt grob und bedrängend und führt nur zu einer erschwerten erneuten Kommunikationsaufnahme.

Motivation und Begeisterung sowie das Zeigen von freundlichen, herzlichen Emotionen ist für muslimische Patienten sehr wichtig, um sich angenommen zu fühlen. Schaffen Sie eine entspannte Gesprächsatmosphäre. Sprechen Sie über das übergeordnete Ziel der Gesundung. Fragen Sie nach Behandlungsmustern im Heimatland und nehmen Sie Ihren Gesprächspartner jederzeit ernst, damit er niemals das Gefühl bekommt, sein Gesicht verloren zu haben. Benutzen Sie keine medizinische Fachsprache, die Ihr Gegenüber nicht beantworten kann, sondern versuchen Sie eher, auf die Schilderung des Krankheitsbildes einzugehen. Vermeiden Sie Fragen, die ein klares Ja oder ein klares Nein als Antwort voraussetzen. Dies ist für Deutsche, die sehr direkt und schnell kommunizieren, besonders schwierig, aber versetzen Sie sich einfach in die Lage eines Gesprächspartners, der diese beiden Begriffe nicht kennt. Dann drücken Sie automatisch die Fragen weiter gefasst aus und Sie lassen somit mehr Raum für aktives Zuhören. Und last but not least: Üben Sie niemals Druck aus in einem Gespräch! Bei der Anwesenheit von mehreren Familienangehörigen fragen Sie, wer als Gesprächspartner zur Verfügung steht und gegebenenfalls übersetzt, obwohl die Dolmetscheraufgabe nicht zwangsläufig von Familienmitgliedern ausgeführt werden sollte, sondern von Fachkräften, die nicht in einem emotionalen Bezug zu dem Patienten stehen.

■ **Gesprächsverlauf**

Falls Ihr türkischer Patient für Sie unklar oder diffus redet, zum Beispiel in der Aussage: »Ich bin ganz krank«, und Sie selber zu sehr an einem vorgesetzten Gesprächsplan kleben, nach dem Sie immer wieder auf einzelne Symptome zu sprechen kommen, laufen Sie Gefahr, von unerwarteten und teilweise konfusen, unerwarteten Äußerungen Ihres Patienten aus dem Konzept gebracht zu werden. Ganz ohne einen Plan das Gespräch zu führen, ist allerdings auch nicht anzuraten, denn sobald der Patient Ihre Unsicherheit merkt, kann er dies wieder als Inkompetenz deuten und er verschließt sich Ihnen. Seien Sie auf diese zunächst sehr ungewöhnliche Form der Kommunikation gefasst. Bleiben Sie ruhig und gelassen und vor allem: Verlieren Sie nicht die Geduld und Selbstsicherheit. Dann kommen Sie schneller weiter und Ihrem Ziel in der Patientenkommunikation näher. Das Zeigen von Emotionen ist genauso üblich und unerwartet für Deutsche, wie das absolut Pokerfacehafte Nichtzeigen jeglicher Emotion. Werden Sie konkret, wenn der Patient Einwände erhebt, zeigen Sie, dass Ihnen die muslimische Kultur nicht fremd ist und dass Sie nicht so leicht verunsichert werden. Nutzen Sie aktives Zuhören und offene Fragen als Techniken, um eventuelle Blockaden zu durchbrechen. Trennen Sie die sachliche und persönliche Ebene strikt und machen Sie diese Trennung auch deutlich. Solange Sie selber freundlich und angemessen kommunizieren und auch eventuelle Austestungen souverän kontern, indem Sie sich nicht provozieren lassen, gewinnen Sie schon lange bevor Sie merken, dass der Patient sich nun langsam auf Sie einlässt.

> **❯ Konzentrieren Sie sich auf die wirklichen Interessen des Patienten, seine Probleme und versuchen Sie auch die emotionalen Widerstände aufzuspüren und herauszufinden. Da die türkische Kultur Hierarchien sehr wohl voraussetzt, müssen Sie Kompetenz und Sicherheit ausstrahlen, um ernst genommen zu werden.**

8.9 Erfolgreiche Kommunikation in der Pflege

Betrachten Sie Ihren eigenen Kommunikationsstil. Werden Sie sich bewusst über die folgenden persönlichen Eigenheiten:

— Ihre Sprechgeschwindigkeit: Reden Sie langsamer, auch wenn Ihr Patient gut deutsch versteht

— Vermeiden Sie eine komplexe Fachsprache und medizinische Begriffe

— Kommunizieren Sie nicht unter Zeitdruck mit Ihrem Patienten

— Setzen Sie kein medizinisches Grundwissen voraus

— Nehmen Sie den Patienten als Individuum, frei von Klischees, wahr

— Achten Sie auf die Signale des Patienten, vielleicht hat er durchaus erweiterte medizinische Kenntnisse, zeigt dies aber nicht von Anfang an

— Muslimische Patienten können oft mit Begrifflichkeiten wie »fettarme Diät« oder »erhöhter Zuckerkonsum« nicht viel anfangen, umschreiben Sie solche für uns mittlerweile gängigen Termini

— Respektieren Sie den Glauben und die Haltungen religiöser Menschen, auch wenn Sie sie nicht verstehen können

— Akzeptieren Sie, dass muslimische Patienten auch die Krankheit als Willen Allahs oder als Prüfung verstehen können und seien Sie dann besonders vorsichtig mit der Forderung nach Eigenverantwortung bei den Patienten

Folgende Fragen können helfen, die Kommunikation konkreter zu gestalten:

— Können Sie mir sagen, wie diese Krankheit oder Beschwerde in der Türkei, im Iran, etc. behandelt würde?« Oder:

— »Mich interessiert, wie diese Beschwerden bei Patienten in der Türkei, im Iran, etc behandelt und geheilt werden«

Beobachten Sie genau die Körpersprache des Patienten und versuchen Sie, diese zu entschlüsseln, aber **Achtung:** Übersetzen Sie die Körpersprache nicht eins zu eins: dieselbe Körpersprache kann in verschiedenen Kulturen verschiedene Bedeutung haben.

Beispiele:

- Das Vermeiden von Augenkontakt ist für türkische Patienten ein Zeichen von Achtung und Respekt, nicht von Unhöflichkeit!
- Ein Lächeln kann Zustimmung bedeuten, aber auch Furcht und Unsicherheit ausdrücken.

■ **Hilfsmittel zur Erleichterung der Kommunikation mit Patienten**

- Es gilt als ausgesprochen unhöflich, mit lauter Stimme zu sprechen.
- Ein »Nein« drückt der Patient unter Umständen indirekt aus, indem er einen Schnalzlaut mit der Zunge macht oder einfach den Kopf nach hinten neigt und gleichzeitig die Augen kurz schließt. Dies bedeutet ein »Nein«, auch wenn dies nicht ausgesprochen wird.
- Es gilt als sehr unhöflich, wenn die Arme vor der Brust verschränkt werden oder die Hände in die Hosentasche oder den Kittel gesteckt werden, während man sich im Gespräch befindet.
- Der normale Handschlag ist bei einer Begrüßung üblich. Dennoch kann es auch vorkommen, dass ein wesentlich jüngerer Patient Ihre Hand küsst und dann an die Stirn hebt. Dies gilt als Zeichen ausgesprochenen Respektes.
- Niesen Sie nicht laut in der Anwesenheit Ihres Patienten oder dessen Angehörigen. Lautes Niesen gilt als Beleidigung.
- Pünktlichkeit wird sehr genau genommen, ebenso wie in Deutschland. Der Freitag ist der islamische Sonntag. Krankengespräche werden dann nur ungern und wenn unbedingt nötig geführt. Dagegen können am Samstag oder Sonntag solche Gespräche problemlos stattfinden.

8.10   Einsatz von Dolmetschern

Die folgenden Überlegungen können helfen bei der Entscheidung, ob ein professioneller Dolmetscher eingesetzt werden sollte:

- Der Patient spricht kein oder nur wenig Deutsch.

- Der Patient wünscht ausdrücklich einen Dolmetscher.
- Der Patient sagt zu allem »Ja« oder nickt immer nur, egal, welche Frage gestellt wird. Dies kann bedeuten, dass der Patient kein Deutsch spricht, kann aber auch eine Respektsbezeugung sein oder es kann zeigen, dass der gesamte Zusammenhang der Fragen für den Patienten unklar ist. Für den Fall, dass beim Patienten zu Hause wenig oder gar kein Deutsch gesprochen wird, sollten Sie als Pflegende unbedingt einen professionellen Dolmetscher zu Rate ziehen. Die Muttersprache ist die Sprache, in der Emotionen ausgedrückt werden können und in der der größte Wortschatz vorherrscht. Wird zu Hause kein Deutsch gesprochen, können Sie als Pflegende fast davon ausgehen, dass wichtige Hintergründe in Deutsch nicht gegeben werden können, da der Patient die Sprache nicht beherrscht und auch Ihre Fragen nicht verstehen kann.
- Ihr Patient lebt erst seit kurzem hier in Deutschland. Dann können Sie davon ausgehen, dass er die Sprache nicht ausreichend beherrscht, um Ihnen Einblick in seine Beschwerden zu geben. Aber: Die Länge des Aufenthaltes sagt nicht notwendigerweise etwas aus über die tatsächlichen Deutschkenntnisse Ihres Patienten. Gerade ältere Patienten und sehr oft auch Frauen aus islamischen Kulturen, sprechen kaum Deutsch, egal wie lange sie tatsächlich hier in Deutschland leben.
- Unter der Stressbelastung des Klinikaufenthaltes, im Alter oder einfach als Begleiterscheinung der Krankheit können Patienten mit Migrationshintergrund oft wieder schlechter Deutsch sprechen als im Alltag. Auch in dieser Situation ist ein professioneller Dolmetscher eine bessere Wahl als Familienangehörige, die oft mit der Situation an sich überfordert sind.

■■ **Tipp für die Pflege**

Testen Sie ruhig das Sprachvermögen Ihres Patienten, indem Sie ein paar gezielte Fragen stellen und anschließend, nachdem der Patient diese schon beantwortet hat, den Patienten bitten, Ihre Fragen noch einmal zur Mitschrift zu wiederholen. Gelingt dem Patienten dies, hat er Sie auch verstanden. Gelingt es nicht, sollten Sie davon ausgehen, dass auch die Antworten des Patienten nur unzureichend sind, da die Fragen nicht wirklich verstanden wurden.

8.11   Strategien

Bei der Kommunikation mit türkischen Patienten ist von einer Strategie des Win-Lose generell abzuraten. Wichtig für die gesamte Kommunikation ist die freundlich-verständige Basis, die sich auch vor Emotionen nicht scheut und die in eine Win-Win Situation führt. Wenn beide am Gespräch Beteiligten zu beider Zufriedenheit auseinandergehen, dann ist dies eine kommunikative Win-Win-Situation. Dabei ist es wichtig, nicht nur in eine Richtung zu kommunizieren und auch mehrere Antworten gelten zu lassen, auch wenn dies zunächst ungewohnt erscheint, da in Deutschland sehr direkt kommuniziert wird und auch in der Regel nur auf eine Antwort gewartet wird. Denken Sie immer daran: Je mehr Zeit Sie dem Prozess der Annäherung lassen, desto erfolgreicher wird Ihre Kommunikation sein. Je sicherer Sie auftreten, desto schneller lassen sich konkrete Ergebnisse in der Kommunikation erzielen. Und je freundlich-anteilnehmender Sie sich verhalten, desto vertrauensvoller wird der Patient Ihnen gegenüber auch reagieren. Verzichten Sie auf alle Druckmittel in der Kommunikation, lassen Sie eine persönliche Kommunikation zu, wenn der Patient sich Ihnen gegenüber öffnet und bleiben Sie auf der sachlich-kompetenten Ebene, ohne ungeduldig zu werden, wenn Ihr Patient sich nicht öffnen kann oder will. Betrachten Sie dies dann niemals als persönlichen Angriff, sonst erfolgt eine immer stärkere Schieflage in der Kommunikation.

Die wichtigsten Merkmale des indirekten Kommunikationsstils, der vor allem türkische Patienten betrifft:

- Die Gesprächsausrichtung ist funktions- bzw. statusorientiert
- Der Gesprächsstil ist diffus und beziehungsorientiert
- Die Beziehungsentwicklung ist äußerst wichtig, nach relativ zeitintensivem Smalltalk kommt man erst auf den Punkt

- Überzeugungsargumente für die Patienten sind: Persönliche Beziehung, Referenzen, Ihr Status
- Das Gesprächsklima ist höflich und freundlich, folgt aber keinem bestimmten Gesprächsleitfaden, sondern wirkt auf Deutsche manchmal eher desorganisiert
- Die Sprache ist indirekt, mehrdeutig, emotional

Dies leitet über in den Bereich der Höflichkeitsetikette, nach der ein Patient türkischer Herkunft nur sehr ungern »Nein« sagt. Das ist uns nun nicht so furchtbar ungewohnt, denn auch hier gab und gibt es eine Reihe von Kommunikationsratgebern, die sich dem Thema »Nein-Sagen-Können« verschrieben haben. Zur Höflichkeit gehört auch eine für uns teilweise übertriebene Bescheidenheit. Dahinter steht der Wunsch, die eigene Person nicht herauszustellen. Das kann sich dann in etwa so anhören, dass Unzulänglichkeiten in Bezug auf die Arbeit, ihre Meinung oder Leistung herausgestellt werden.

8.12   »Nein-Management«

In der Welt der muslimischen Patienten insbesondere der türkischen gibt es kein definitives NEIN. Nein wird als störend, konfrontierend und kontraproduktiv empfunden. Außerdem ist ein »Nein« eine vorschnelle Lösung, wo es mit Kreativität auch eine bessere Alternative gegeben hätte. »Nein« wird auch nicht als Lösung ernst genommen, da es wie gesagt als vorschnell und unausgegoren gilt. Sagen Sie in einem Problem ein klares »Nein«, denkt ihr Patient, Sie hätten die Sache noch nicht konsequent zu Ende gedacht. Er wird unter Umständen mit dem gleichen Problem zu einem späteren Zeitpunkt wieder kommen und denken, dass es dann eine andere Lösung gibt. Und auch ein weiteres »Nein« wird nicht unbedingt dazu dienen, die Sache fallenzulassen bzw. zu erledigen. Noch subtiler wird es, wenn Ihr Patient denkt, Ihr »Nein« würde einfach auf eine persönliche Antipathie zurückgehen. In Geschäftsverhandlungen wird dann oft »von oben« der Verhandlungspartner ausgetauscht und Sie bekommen einen neuen Gesprächspartner als Antwort auf Ihr »Nein«. In der Patienten-Pflegenden-Beziehung kann ein Abbruch der Kommunikationsbereitschaft stattfinden.

Türkische Sprichwörter über die Kommunikation

Denjenigen, der die Wahrheit spricht, verjagt man aus 9 Dörfern.
Original: »*Doğruyu söyleyeni dokuz köyden kovarlar.*«
Sinngemäß: »… die Wahrheit will man nicht immer hören.«

»Die Zunge ist schärfer als das Schwert.«
Original: »*Dil kılıçtan keskindir.*«
Deutsche Entsprechung: »*Mit scharfer Zunge reden.*«

»Ein ansprechendes Wort wird die Schlange aus ihrem Bau locken.«
Original: »*Tatlı söz yılanı deliğinden çıkarır.*«

Deutsche Entsprechung: »*Ein sanftes Wort mäßigt großen Zorn.*«
»Eine Sprache, ein Mensch. Zwei Sprachen, zwei Menschen.«
Original: »*Bir lisan, bir insan. Iki lisan, iki insan.*«
Deutsche sinngemäße Entsprechung: »*Wer eine Sprache beherrscht, der ist nur ein Mensch; wer aber zwei Sprachen beherrscht, gilt als zwei Menschen.*«
Weitere Erklärung: »*Wer in mehreren Sprachen spricht, der weiß nicht mehr, wo er hingehört*«

»Für einen Freund isst man auch ein rohes Hühnchen.«
Original: »*Arkadaş için çiğ tavuk bile yenilir.*«
Deutsche Entsprechung: »*Für einen guten Freund geht man durch das Feuer*«
»Achte nicht auf den, der spricht, achte auf das, was gesprochen wird«
»*Söyleyene bakma, söylenene bak*«
»Verzeih, aber vergiss nicht«»*Affet, ama unutma*«

Welche Formen der Ablehnung werden nun aber gehört und wahrgenommen? Um eine Verneinung zu formulieren, stehen mehrere Möglichkeiten der indirekten Ablehnung zur Verfügung.

■ **Themenwechsel**

Der Themenwechsel der in Deutschland als unhöflich gilt, ist in der Türkei eine diskrete und höfliche Art, das gefährliche Terrain der unstimmigen Kommunikation zu verlassen und sich wieder in eine angenehme und sichere Atmosphäre zu begeben.

■ **Unterbrechen**

Wie beim Themenwechsel stellt das Unterbrechen nach dem Motto »Oh, mir fällt da gerade ein, dass…«, eine elegante Flucht aus der unangenehmen Situation dar. Ihnen wird das Signal gesetzt, dass man im Moment keineswegs bereit ist, sich auf dieses Thema einzulassen, oder dass Sie einen Tabubereich berührt haben und von sich aus besser ein anderes Thema weiterverfolgen sollten.

■ **Bestätigen, ohne das Thema aufzugreifen**

Auch das Zeigen von Verständnis für Ihr Anliegen, ohne das Thema selber aufzugreifen, etwa durch ein stereotypes »Ja, ja« signalisiert deutliche Ablehnung. Oder anders ausgedrückt sagt ein türkischer Patient auf die Frage, ob er etwas verstanden habe nur »Ja, ja« so kann er durchaus »Nein« meinen, in dem Sinne, dass er sich einen zeitlichen Aufschub erhofft. Diese gängige Kommunikationsform ist für uns absolut missverständlich. Es ist daher dringend notwendig, sich den Mechanismus hinter dieser Form der Kommunikation zu vergegenwärtigen und ihn sich einzuprägen.

■ **Lösungsvorschläge**

Was ist zu tun, wenn es nach unserem Verständnis wirklich um ein klares »Ja« oder »Nein« geht? Das wohl Wichtigste ist, eine angenehme, harmonische Gesprächsatmosphäre zu schaffen. Das heißt, möglichst jeden Zeitdruck vermeiden und zu versuchen, eine entspannte Gesprächssituation herbeizuführen und jedes »entweder-oder« zu vermeiden. Unangenehme Dinge sollten als letztes besprochen werden, angenehme, leichte zuerst. Also ordnen Sie die Themen nicht wie gewohnt nach der Bedeutung, sondern danach, wie konfliktträchtig sie möglicherweise sind.

Sehr wichtig ist hier auch die nonverbale Kommunikation. Zeigen Sie, dass Sie zuhören, achten Sie darauf, dass Sie verstanden werden. Wichtig ist es auch Wertschätzung zu signalisieren, etwa wie sehr man sich freut, den oder die Betreffende hier begrüßen zu können.

Bei einer Störung oder Spannung wäre es gut, sich dem türkischen Vorgehen anpassen zu können: mit Geduld und Gelassenheit reagieren, jede Aggression zu vermeiden, sich nicht provozieren zu lassen und in keiner Situation Druck entstehen zu lassen, weder Zeitdruck noch persönlichen Druck.

Das türkische Sprichwort: »Hör hundertmal, denk tausendmal, sprich einmal« (*Yüz dinle, bin düsün, bir konus*) demonstriert sehr gut die indirekte Kommunikation, die für Deutsche sehr ungewohnt ist.

Literatur

Kutschker, M./Schmid, S. (2008): Internationales Management, 6. Auflage, München, S. 709

www.hint-horoz.de/sonstiges/tuerkische-sprichwoerter.html

Religion und Spiritualität

9.1   Der Islam als religiöses und kulturelles Glaubenssystem

Der islamische Glaube ist, obwohl er in vielerlei Hinsicht recht ähnlich wie das Christentum ist, doch in einer Hinsicht völlig anders: Er strukturiert und regelt das gesamte Alltagsleben eines gläubigen Muslimen. Da er auch eine sehr hohe Bedeutung für seine Anhänger hat, bestimmt die Religion viele Lebensbereiche und gibt klare Verhaltensmaßregeln vor. Anders als in der christlich geprägten Gemeinschaft lassen sich in der islamischen Gesellschaft nicht so starke Trennungslinien ziehen zwischen dem Islam als religiöser Lebensgrundlage und volksislamischen Traditionen, die je nach Herkunftsregion stark variieren können. Das medizinische Verständnis der Patienten aus islamischen Ländern wird natürlich stark von der jeweiligen Bildung, die vorherrscht, beeinflusst. Dennoch lässt sich aus der Perspektive der Patienten eine klare Trennung von Vorstellungen aus dem Volksglauben (Volksislam), Volksmedizin, die durch traditionelle Heiler repräsentiert wird, alternativer Medizin und der allopathischen Medizin kaum feststellen. Das heißt konkret, dass es zunächst recht schwer sein kann, eine genaue Anamnese zu erstellen, da die Bereiche aus Volksislam und Magie hier weitestgehend unbekannt sind, die Patienten sich aber durch eine Sprache ausdrücken, die auf diese Vorstellungen hinweisen.

Um zu demonstrieren, was hier gemeint ist, möchte ich ein Beispiel anführen. Zwei Dolmetscherinnen schildern folgende Situation: Eine 32-jährige türkische Patientin, die in nach einem schweren Erregungszustand ist, sagt im Gespräch mit dem behandelnden Psychiater folgenden deutschen Satz: »Ich habe den Kopf gegessen.« Diese auf die türkische Redewendung »*Basimi yedin*« zurückgehende Direktübersetzung, die sich in etwa durch unser »Ich glaube, ich habe den Verstand verloren« oder »Ich bin durchgedreht« übersetzen lässt, führte zu der Vermutung des Therapeuten, dass die Patientin an einer Psychose litte, er fragte daraufhin: »Wessen Kopf haben Sie gegessen?« (Müllejans und Pala 1999, zitiert nach Assion 2004:137).

Auch die immer wieder zitierten Formulierungen um das Organ der Leber »Meine Leber brennt« über die depressive oder traurige Verstimmtheit

von türkischen Patienten, zeigt eine andere Begrifflichkeit – wir würden sagen: »Mir ist das Herz sehr schwer.« Generell kann man sagen, dass sich durch den unterschiedlichen Bedeutungshintergrund keine genauen Übersetzungen in die deutsche Sprache anbieten, was natürlich eine wesentlich sensiblere Anamnese verlangt als bei deutschen Patienten, die die in unserem System gängigen Gesundheitsvorstellungen und die dazugehörige Begrifflichkeit übernommen haben.

Nachfolgend sollen stark verbreitete medizinische Glaubensvorstellungen muslimischer Patienten kurz vorgestellt werden, damit sich die Pflegenden ein klareres Bild von den Hintergründen und der Sprache über die bestimmenden Vorstellungen machen können. Übrigens bestimmen gewisse volksmedizinische Vorstellungen auch das Patientenverhalten in islamischen Ländern. Oder anders ausgedrückt: Bevor man wegen eines bestimmten Leidens zum ausgebildeten Arzt geht, versuchen Patienten medizinische Hilfe zunächst von dem Heiler oder der Heilerin zu erlangen, die für das jeweilige Leiden als Spezialisten gelten. Und dies geschieht in der Regel auch erst dann, wenn das Familienwissen über das Leiden erschöpft ist und die »Medizin zu Hause« nicht erfolgreich war.

Die Entscheidung über den Besuch des jeweiligen Spezialisten wird vom Krankheitsbild, dem Ruf des Heilers oder Arztes und von den zu erwartenden Kosten geprägt. Diese Kriterien finden wir zum Beispiel auch in zentral- und westafrikanischen Gesellschaften, sie sind also nicht nur bei muslimischen Patienten feststellbar.

Die jeweiligen medizinischen Systeme unterliegen wieder den regionalen Traditionen, dem Bildungsniveau und den in der Familie vorherrschenden Vorstellungen. Die demografischen Schwerpunkte des Islams erstrecken sich ja über eine beachtliche Fläche von Regionen Nordostafrikas (Sudan), Westafrikas, bis hin nach Indonesien (wo zahlenmäßig weltweit die meisten Muslime leben), von Zentralasien bis hin in Regionen des südlichen Afrikas (◘ Abb. 9.1).

Der Islam verbreitet sich weltweit mit einem rasanten Tempo und ist nach dem Christentum die zweitgrößte messbare Religionsgemeinschaft. Rund 1,2 bis 1,5 Milliarden islamische Gläubige stehen etwa 2,1 Milliarden Christen gegenüber.

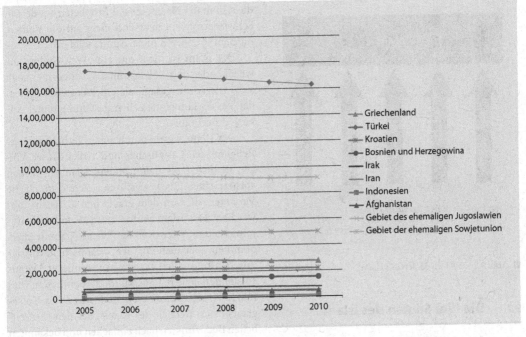

Abb. 9.1   Ausgewählte ausländische Bevölkerungsgruppen in Deutschland

Die drei größten muslimischen Staaten sind, nach ihrem Bevölkerungsanteil gemessen:

1. **Indonesien:** 90 Prozent der rund 200 Millionen Einwohner sind Muslime
2. **Pakistan:** Von den 130 Millionen Einwohnern gehören 96 Prozent dem Islam an
3. **Bangladesch:** Die 120 Millionen Einwohner sind zu 90 Prozent muslimischen Glaubens

Es folgt Indien auf Platz 4 und dann erst kommt als erstes arabisch-islamisches Kernland, wo muttersprachlich auch arabisch, die Sprache des Korans gesprochen wird, Ägypten zusammen mit der Türkei mit jeweils rund 65 Millionen Einwohnern.

■ **Muslime in Deutschland**

Nach den Angaben des REMID (Religionswissenschaftlichen Medien und Informationsdienstes e.V.) von 2010 leben in Deutschland etwa 4 Millionen Muslime aufgeteilt in die Religionsgemeinschaften der **Sunniten, Aleviten, iranische Imamiten und türkische Schiiten, Ahmadiyya** v.a. Flüchtlinge aus Pakistan, **Sufi-Gemeinschaften und Ismailiten**

(genau nachzulesen sind die Zahlen auf der Seite des Religionswissenschaftlichen Medien und Informationsdienstes e.V. remid). Das entspricht vier bis fünf Prozent der Gesamtbevölkerung.

Angesichts dieser regionalen Verbreitung des Islams und der dazugehörigen kulturellen Unterschiede, die auch die medizinischen Vorstellungen und überhaupt die Einstellung zu Gesundheit und Krankheit beeinflussen, ist es natürlich nicht möglich, eine einheitliche Beschreibung von islamischen Vorstellungen über Medizin und Lebensführung vorzunehmen. Daher müssen wir uns im Folgenden auf die gängigsten möglichen Vorstellungen und Praktiken muslimischer Patienten beziehen, um uns einen Überblick verschaffen zu können und uns von der Vorstellung einer platten Vereinheitlichung, die stereotyp anwendbar wäre, abzuwenden.

Trotz aller unterschiedlichen volksmedizinischen Vorstellungen regelt doch die Religion des Islams zunächst sehr viele Normen und Verhalten im Alltag. Daher folgt nun eine Beschreibung des Glaubenssystems Islam.

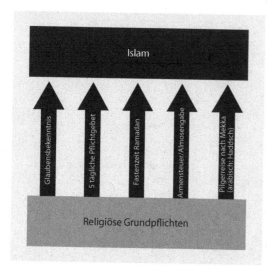

9.2   Die fünf Säulen des Islam

Islamische Länder weltweit werden durch zwei ganz grundsätzliche Faktoren geprägt: die Sunna und den Koran. Unter Sunna versteht man alle Überlieferungen über das Alltagsleben des Propheten Mohammad und der Koran ist das islamische Gebetsbuch. Die Religion des Islam stützt sich auf fünf Pfeiler, die die religiösen Pflichten des Gläubigen ausmachen. Diese fünf Säulen lernt jeder Muslim schon als Kind. Die fünf Säulen sind für jeden Muslim weltweit verpflichtend und sind sozusagen die Grundpfeiler der Religion (❏ Abb. 9.2).

Die fünf Säulen sind:
- Das Glaubensbekenntnis
- Das Pflichtgebet
- Das Fasten
- Die Armensteuer
- Die Haddsch – Pilgerfahrt nach Mekka

Dies ist das für alle verpflichtende Grundgerüst der islamischen Gemeinschaft – egal ob in Indonesien, in Mozambique, in Nigeria, in der Türkei, oder in Deutschland. Diese Regeln des Islams werden von allen Muslimen anerkannt und bilden *idschma*, den islamischen Konsens. Dies gilt zumindest für die sunnitisch orientierten Länder. Die schiitischen Gebiete (vor allem im Iran) werden von der Shia bestimmt, einer islamischen Glaubensrichtung,

die sich in der Nachfolge des Propheten auf dessen Schwiegersohn bezieht und nicht auf die Kalifen, die dem Propheten in der Sunna folgten.

Der Islam ist nicht nur eine Weltreligion, die viele Länder und Völker umfasst, sondern er stellt sich, wie schon gesagt, als ein kulturelles System dar, das die komplette Lebensgestaltung seiner Anhänger beeinflusst.

Der Islam wurde durch seine Verbreitung zur Religion vieler asiatischer und afrikanischer Völker, in denen bis dahin andere Glaubensformen vorherrschten. Es entwickelten sich dort eigene Varianten, die von dem arabischen »Urislam« abweichen. Der Islam wurde zwar als kulturell dominierendes System von den Nicht-Arabern übernommen, aber auch mit nicht-islamischen, vorislamischen kulturellen Traditionen vermischt. Daraus entstanden neue religiös-kulturelle Synthesen. Dies führte zu der besonderen Bedeutung des Volksglaubens im Bereich des Islams, der den menschlichen Bedürfnissen nach einfachen und bekannten Mustern sehr nahe kommt. Anders ausgedrückt: Der Islam nimmt auch vorislamische Traditionen als islamisch auf und setzt über alles den islamischen Glauben. So kann es sein, dass sogar im Koran verbotene Taten, wie Mord (hier gemeint sind die als Folge einer Ehrverletzung begangenen sogenannten Ehrenmorde), als islamische Tradition gesehen werden.

Der Widerspruch zwischen dem Islam als verbindendem Kulturelement, wie er durch bestimmte Strukturen in allen islamischen Ländern die Gesellschaft prägt, und seiner gleichzeitigen religiösen, politischen und kulturellen Vielfalt wirft die Frage nach dessen verbindenden Elementen auf.

Für einen im Sinne der orthodoxen Lehre strenggläubigen Muslimen besteht der Islam sowohl aus dem Koran mit seinen Vorschriften als auch aus der Sunna, die sich aus den Überlieferungen über den Propheten Muhammad herleitet sowie den daraus resultierenden Pflichten für die Gläubigen und schließlich der Scharia, dem islamischen Recht.

Der Islam ist, wie auch das Christentum, universalistisch, d.h., er wurde durch seine Verbreitung zur verbindenden Religion vieler Völker, deren vorislamische Kultur sich sehr voneinander unterschied. Der orthodoxe Islam vermeidet es jedoch, diese Abweichungen zu beachten, zumal sie nach außen auch nur wenig in Erscheinung treten. So kann er sich als eine einheitliche Größe repräsentieren. Diesem universalistischen Anspruch steht gegenwärtig ein Spektrum der unterschiedlichsten politischen, kulturellen und ethnischen Strukturen gegenüber. Äußerlich sichtbar wird dies an dem zurzeit herrschenden heterogenen Bild der Staatsformen islamischer Länder. Monarchien, Demokratien, islamische Republiken und Diktaturen beanspruchen für sich gleichermaßen, die islamische Tradition weiterzuführen.

Die islamische Gemeinschaft, »*umma*«, versteht sich als Kern der monotheistisch vereinigten Menschheit. Eine solche unitäre Glaubensgemeinschaft wurde vor allem durch den Propheten, den Koran und die arabische Sprache, als Sprache der Religion geprägt.

Aber obwohl islamische Neo-Fundamentalisten, die immer wieder im Interesse der Weltöffentlichkeit stehen, den Islam gerne als eine ganzheitliche Religion betonen, als eine Religion, die für alle Zeiten und für alle Völker gelten soll, stellt sich der Islam in den vierzig islamischen Ländern der Erde sehr unterschiedlich dar. In der Realität gab es im Islam schon immer eine kulturelle Vielfalt, die mit steigender Entfernung des Landes zu den arabisch-islamischen Kernländern deutlich zu sehen ist (▶ Islam in der Türkei).

9.3   Islamisches Recht – Scharia

Das islamische Recht ist – entgegen dem Klischee – dem modernen medizinischen System gegenüber aufgeschlossen. Da es die Institution der islamischen Rechtsgelehrten gibt, die als Gutachter fungieren, gibt es nahezu kein Thema, das den Menschen betrifft, das nicht auch noch im Nachhinein, wo der Koran noch keine Hinweise liefern konnte, abgeklärt werden kann.

In den 80er Jahren wurde eine »Akademie für islamisches Recht« gegründet, eine Unterorganisation der islamischen Weltliga, die sich speziell der Erörterung von medizinischen Themen widmet. Hier werden auch die aktuellen Fragen zu Empfängnisverhütung, Organtransplantation, Sterbehilfe, Schwangerschaftsabbruch, Genforschung

und künstlicher Befruchtung von bekannten und allgemein respektierten Rechtsgelehrten aus allen Teilen der islamischen Welt beantwortet. Zu einem speziellen Themenkongress treffen sich diese Mitglieder einmal im Jahr mit muslimischen Fachärzten, die wissenschaftliche Hintergründe und neue Behandlungsmethoden erklären, und veröffentlichen dann weltweit über verschiedene Medien ihre verbindlichen Ergebnisse.

Gemäß dem Konzept des Analogieschlusses, der ähnlich funktioniert wie die Präzedenzfallrechtsprechung auf dem Gebiet der rechtlichen Gesetzgebung, und wenn die Gelehrten sich über einen neuen Beschluss einig sind, wird die Regelung bekanntgegeben. Gelingt es nicht, alle Gelehrten zu einer Meinung zu vereinen, bleibt die Frage offen und es gibt keine Entscheidung zu der Thematik. Die Ergebnisse werden anschließend in der gesamten islamischen Welt publik gemacht.

Für die Patienten bedeutet dies auch eine Rückversicherung über richtiges und falsches Verhalten ihrerseits (Assion, 2005).

9.4   Traditionelle Medizin in islamischen Kulturen

Was für die moderne Medizin gilt, die im Allgemeinen von den islamischen Rechtsgelehrten anerkannt und akzeptiert wird, gilt keinesfalls für die traditionelle Medizin, die oft auf vorislamischen und volksislamischen Glaubenssätzen basiert. Das hat einerseits mit der großen Traditionsnähe der traditionellen Heiler zu tun, aber auch damit, dass die traditionelle Medizin sich in ruralen Gebieten auch deshalb hält, weil oft der Zugang zum modernen medizinischen System fehlt. Aus der Sicht der Patienten ist die Medizin, die sie kennen, auch die Medizin, die sie akzeptieren. Es lässt sich daher nicht immer zuverlässig eine scharfe Trennung zwischen der Volksmedizin, die sich durch Jahrtausende lange Traditionen etabliert hat, und der modernen Medizin ziehen. Für die Patienten zählt das Medizinsystem als das richtige, zu dem sie einen persönlichen Zugang haben. Sie erwarten, dort medizinische Versorgung zu bekommen, wo sie sich hinwenden können und wo sie eine Heilung erwarten. Das trifft ja nicht nur für muslimische

Islam in der Türkei

Unter der Herrschaft Kemal Atatürks (1881–1938) wurde die Sharia in der Türkei als islamische Gesetzgebung abgeschafft und durch klare Gesetze nach europäischem Vorbild ersetzt. Atatürk schuf einen Staat, in dem Religion und Staat strikt getrennt wurden. Das Ziel war eine Abwendung von den arabischen Ländern und eine Hinwendung zu Europa, um ein Teil Europas zu werden. So weit war noch kein arabisches Land gegangen, nur hatten die Länder, die unter europäischer Herrschaft standen, ein duales Rechtssystem eingeführt, einerseits Sharia und andererseits Gesetze nach europäischem Vorbild. Die Autorität der anwesenden Rechtsprecher der Sharia und der Richter, die sie anwendeten, wurde auf persönliche Angelegenheiten beschränkt (Hourani, 2001). An die Stelle der Scharia trat in der Türkei das säkulare Persönlichkeitsrecht.

Damit grenzt sich die Türkei sehr stark von den arabisch-islamischen Ländern ab und bis heute beobachten wir in der türkischen Staatspolitik eine klare Abwendung von den Gesetzen des traditionellen Islam. So gilt in der Türkei aktuell auch ein »Kopftuchverbot« für Frauen im öffentlichen Dienst, was hierzulande gerne als Argument für ein Kopftuchverbot übernommen wird. Trotzdem – die Änderung der Gesetzgebung führte nicht automatisch zu anderen Sitten, Normen und Verhaltensmustern. Neue Gesetze konnten immer dann nicht durchgesetzt werden, wenn sie an tief verwurzelte Vorstellungen und Sitten rührten, die den Mann in seiner dominanten Rolle bestätigten. Ja, auch in der Türkei oder bei vielen traditionell ausgerichteten Migranten aus der Türkei in Deutschland können wir nach wie vor feststellen: Es sind die Frauen oft selber, die die fest in der Gesellschaft verankerten Vorstellungen über die Rolle und das »richtige, ehrenhafte« Verhalten von Frauen auch heute und hier verteidigen. Eine junge Frau soll möglichst früh heiraten, die Familie sollte die Ehe arrangieren oder zumindest nicht ohne Einfluss auf die Partnerwahl der Tochter bleiben, usw.

Patienten zu, das ist hier genauso, wenn wir uns ansehen, dass sich zunehmend mehr Patienten auch auf alternative Medizinformen einlassen.

Die traditionelle Medizin in den verschiedenen islamischen Kulturen unterscheidet sich sehr von Land zu Land. Die kulturellen Einflüsse, die weitestgehend auch unter dem Islam noch vorislamische Elemente haben und so die Traditionen weiterbestimmen, sind so vielfältig wie auch die einzelnen islamischen Länder. So haben sich in den Teilen Nordafrikas und Afrikas ganz andere medizinische Traditionen etabliert als in den arabischen Kernländern oder in Asien. Es gibt traditionelle Heiler, Knochenheiler, religiöse Heiler, heilkundige Frauen und Kräuterkundige. Die Grenzen sind weitestgehend fließend, oft haben die Heiler auch spirituelle Hintergründe. Es gibt heilende Koranlehrer, islamische Religionsvertreter und Heiler, die vornehmlich magisch-religiöse Praktiken ausüben, In der Türkei ist der Hoca oder Hodscha als Heiler angesehen, ein Mann, der in der religiösen Gemeinde hohes Ansehen genießt, alle Dorfbewohner kennt und sich auch mit Krankheitssymptomen auskennt. Zu unterscheiden sind die Heiler, denen magische Kenntnisse zugeschrieben werden, und Heiler, die sich aus streng religiösen Gründen stark von allem Magischen distanzieren, wie strenggläubige oder modern orientierte Religionsvertreter, etwa der Imam, der Vorbeter oder der Mufti, ein geistliches Oberhaupt.

Die religiösen Heiler werden in allen Fällen in Anspruch genommen, wo man einen schwarzmagischen Einfluss als Krankheitsursache vermutet, wie etwa den »bösen Blick«, den Einfluss von Dämonen oder »Verhexungen«. Besonders Letzteres ist in den islamischen Regionen Zentral- und Ostafrikas weit verbreitet.

Da psychische, neurologische und psychosomatische Erkrankungen, wie Epilepsie oder Depression oder Verwirrtheitszustände, als Krankheiten keine Akzeptanz genießen, wird bei der Behandlung dieser Erkrankungen besonders auf die traditionellen und religiösen Heiler zurückgegriffen. Da häufig die Auffassung vertreten wird, dass die Kranken von Geistern besessen oder unter einem bösen Einfluss stehen, sollen die religiösen Heiler hier Abhilfe schaffen.

Die Urbanisierung der islamischen Gesellschaften hat nicht zu einer Abnahme der Bedeutung von volksreligiösen medizinischen Praktiken geführt. Eher hat sich in den Randgebieten der Städte, die in erster Linie von Arbeitsmigranten aus ruralen

Gebieten bewohnt werden, eine Gegenkultur zur städtischen entwickelt, die besonders traditionsbewusst auf alt hergebrachten Überlieferungen aufbaut. So ist interessanterweise auch das Phänomen in Deutschland beobachtbar, dass türkische Migranten, die traditionell orientiert sind, auch verstärkt auf traditionelle Erklärungsmuster und Heilvorstellungen zurückgreifen. Dies gilt insbesondere bei schwereren oder lange andauernden Krankheitsverläufen (Assion, 2005).

9.5 »Knochenbrecher« oder »Knochenheiler«

Die sogenannten »Knochenbrecher« oder »Knochenheiler« beschränken sich auf Erkrankungen des Bewegungsapparates. Mit Massagen, chiropraktischen Techniken und dem Einsatz von Pflanzenextrakten behandelt der Knochenheiler Verrenkungen, Verspannungen, ausgekugelte Gelenke und Knochenbrüche. Die Knochenheiler haben keinen religiösen Hintergrund, sie sind praktische Anwender einer auf den Bewegungsapparat beschränkten Heilkunst. Die Behandlungen werden ohne Betäubung durchgeführt. Die Knochenheiler sind in der Türkei, im arabischen Raum und in Afrika vorzufinden.

9.6 Weise Frauen und traditionelle Hebammen

■ Die Schaicha im Sudan

Schaicha ist die weibliche Form des arabischen Begriffes schaich. Als schaich wird ein alter Mann bezeichnet, der als Führer einer religiösen Gruppe, einer Bruderschaft, eines Dorfes oder einer einflussreichen Familie sehr viel Ansehen genießt. Die weibliche Form schaicha wird analog dazu für eine meist ältere Frau gebraucht. Diese Bezeichnung verdeutlicht den Status und die Autorität eines schaich oder einer schaicha innerhalb seiner oder ihrer Anhängerschaft. Die schaicha kommt normalerweise aus recht bescheidenen Verhältnissen. Oft ist sie Analphabetin, deren Vorfahren Sklaven waren. Auch eine Fremde kann zur schaicha werden. Diesem Umstand wird in der behandelten

Literatur nur wenig Beachtung geschenkt, obwohl die spätere gesellschaftliche Position der schaicha sich grundlegend von der ursprünglichen sozialen Randposition dieser Frauen abhebt. Die schaicha kann durchaus als mächtig bezeichnet werden, und alleine dadurch unterscheidet sie sich grundlegend von anderen Frauen in der Gesellschaft. Nur Frauen, die von einem Zar-Geist besessen sind, haben die Möglichkeit, zu einer schaicha aufzusteigen.

Es ist den betreffenden Frauen bewusst, dass sie über die Position einer schaicha die Möglichkeit haben, ihre soziale Position in der Gesellschaft zu verbessern. Ihr Ansehen bleibt jedoch umstritten. Einerseits verfügt eine schaicha über sehr viel Macht und Autorität, andererseits wird sie von den islamischen religiösen Führern und ihren Anhängern angegriffen. Betrachtet man den materiellen Wohlstand, den eine schaicha erlangen kann, und ihre neue Position in der Gesellschaft, bietet der Zar einer schaicha eine einmalige Aufstiegschance. Die Erzählung eines sudanesischen Bekannten zeugt von der potenziellen Macht einer schaicha in Khartoum, die hier zur Illustration angeführt werden soll: Ein Imam in Khartoum, dem die Zar-Parties einer bestimmten schaicha missfielen, hatte sich öffentlich über die Lautstärke, die Ausgelassenheit und den unislamischen Charakter dieser Zar-Parties beschwert. Er rief die schaicha dazu auf, ihr Treiben einzustellen. Als Antwort erhielt er von ihr eine freundliche Einladung in ihr Haus. Er sollte sich dort persönlich davon überzeugen, dass die Zar-Zeremonie den islamischen Regeln nicht widerspräche. Er folgte ihrer Einladung und wurde in ihrem Haus von mehreren Männern überwältigt und verprügelt. Danach stellte der Imam seine Beschwerden ein, und die schaicha konnte in gewohnter Weise ihre Zar-Feste durchführen.

Der Familienstand einer schaicha entspricht meistens nicht dem sudanesischen Ideal einer verheirateten Frau. Von den acht schaichat (Plural von schaicha), die zu einer Untersuchung in Omdurman herangezogen wurden, waren sechs verwitwet und zwei geschieden. Sie mussten selbst für ihren Lebensunterhalt und den ihrer Kinder sorgen. Der Zar bietet diesen Frauen, die sonst wenige Möglichkeiten in der Gesellschaft haben, ökonomische und gesellschaftliche Chancen. Die schaicha verfügt über ein eigenes Einkommen und genießt viel Ansehen bei ihrer Anhängerschaft.

Die Position der schaicha ist meistens über die mütterliche Verwandtschaft erblich. Sie kann aber auch nach der eigenen Erfahrung der Besessenheit durch eine Vision erlernt werden. Eine Frau kann nach einer langen Assistenzzeit bei einer mit ihr verwandten schaicha selbst in die Position der schaicha aufrücken. Sie erhält dann von der schaicha die Erlaubnis, von nun an Zar-Zeremonien anzuführen. Der schaicha wird ein starker und dominanter, charismatischer Charakter zugesprochen. Das Vertrauen, das die schaicha bei ihren Patientinnen genießt, ist vielleicht auch darauf zurückzuführen, dass sie einerseits als Leidensgenossin gilt, ihr aber andererseits auch die Autorität zugeschrieben wird, die Besessenheit bändigen zu können.

Die schaicha muss in der Lage sein, die Besessenheit durch einen Zar-Geist zu diagnostizieren und dann den richtigen Geist mittels spezieller Zar-Gesänge, Techniken und Rituale ausfindig zu machen. Dann muss sie ihn besänftigen und somit die Leiden des Patienten lindern können. Als Mittlerin zwischen Geist und Mensch verfügt sie über eine starke Autorität. Sie ist eine Vertraute der Geister. Ihre eigene Besessenheit gibt ihr die Erfahrung im Umgang mit den Geistern und das in ihrer Assistenzzeit erworbene Wissen gibt ihr die Möglichkeit, die Besessenheit bei anderen zu diagnostizieren. Durch ihre übermenschlichen Kontaktmöglichkeiten erhält sie einen Status in der Gesellschaft, der ihr sonst als Frau nicht zukommen würde.

Ein weiterer interessanter Aspekt des Zar ist der Anspruch auf die Aufhebung von verwandtschaftlichen und ethnischen Grenzen. Obwohl eine schaicha in ihrer Gefolgschaft sehr viele weibliche Verwandte hat, versteht sie sich als Heilerin an sich, die ethnische und verwandtschaftliche Grenzen überwindet. Sie sucht nach einer großen und multi-ethnischen Gefolgschaft und demonstriert damit ihre ethnische Unparteilichkeit.

Die Reputation der schaicha richtet sich nach den Erfolgen ihrer Behandlungen. Eine populäre schaicha kann ein höheres Einkommen erwarten als eine noch unbekanntere oder nicht so erfolgreiche. Die schaicha bereitet die Zeremonie vor, sie leitet und überwacht ihren Verlauf und stellt die Diagnose. Um die Behandlung durchzuführen, verlangt sie ein Entgelt, das sich wie folgt zusammensetzt: Zunächst muss die besessene Person einen gewissen Grundpreis für die Ausrichtung der Zeremonie und der Behandlung zahlen. Dieser Grundpreis differiert je nach Forderung der schaicha. Samia El Hadi El Nagar berichtet von einer schaicha in Omdurman, die pro Behandlungstag zwischen fünf und sieben sudanesischen Pfund einnahm, eine Summe, die sie für ungewöhnlich hoch erachtet (El Hadi El Nagar 1980: 676). Bei einer größeren Anhängerschaft ist eine schaicha ökonomisch unabhängig und kann selbstständig einen eigenen Haushalt unterhalten. Zusätzlich zu der vereinbarten Grundsumme erhält die schaicha dann noch die für die Zeremonie benötigten Hilfsmittel, wie zum Beispiel Parfums, Weihrauch, Zucker, Henna, Seife, Tee und Süßigkeiten von den Verwandten des Patienten oder der Patientin. Außerdem werden zwei Teller für Geldspenden von den Teilnehmern aufgestellt. Beim Opferfest am Ende der Zeremonie erhält die schaicha das beste Stück Fleisch: die Lende. Die schaicha gibt ein Drittel ihres Einkommens an ihre Assistenten ab sowie einen Teil des Parfums, der Seife und des Zuckers. Sie kauft auch Süßigkeiten, Weihrauch und sonstige Instrumente, die für die Heilzeremonie gebraucht werden.

Wenn eine Frau von einem Zar-Geist besessen ist, muss der Ehemann für die finanziellen Unkosten aufkommen. Da der Preis für eine Zar-Party sehr hoch ist, ist es oft nicht möglich, dass die Familie der Patientin die Kosten alleine übernimmt. Die schaicha verfügt über eine starke Autorität, die von ihren Gefolgsleuten anerkannt wird. Am stärksten ist ihr Einfluss auf die Assistenten und ihre weibliche Verwandtschaft.

Die Assistentinnen und Verwandten bilden neben der Patientin den Kern der jeweiligen Veranstaltung. Dieses feste Zentrum wird Schachtel, arabisch: ilba, genannt. Der Einfluss und die Autorität der schaicha wird nach außen hin schwächer. Personen, die nicht zum festen Kreis gehören, weil sie die Zeremonie nicht regelmäßig besuchen, und Verwandte der Patientin, welche diese nur zu der Zar-Veranstaltung begleiten, unterliegen dem Einfluss der schaicha also in einem weitaus geringeren

Maße. Die Assistentinnen zeigen durch ihren Beinamen »Töchter der Schachtel«, arab. banat al ilba, ihre enge Verbundenheit mit dem Zar und mit der schaicha. Sie sind der schaicha verpflichtet, das heißt, sie kümmern sich um sie, wenn diese erkrankt. Sie besuchen sie häufig und bringen auch Patienten zu ihr. Die schaicha wiederum macht den Familien ihrer engsten Anhängerinnen Geschenke und entlohnt sie manchmal für ihre Besuche. Den Frauen, die der schaicha assistieren, steht ein Teil der Einnahmen zu, die sich aus dem Geld und den Beigaben der Zeremonie zusammensetzen.

9.7 Magische Vorstellungen: Spirituelle Kräfte und übermenschliche Wesen

Der Glaube an spirituelle Kräfte, gute und böse übermenschliche Geister und an magische Hilfsmittel ist eng mit Riten um weibliche Lebensbereiche wie Schwangerschaft, Fruchtbarkeit und Geburt verbunden. Oft vermischen sich in den von den Frauen angewendeten Praktiken Elemente des orthodoxen Islams mit nicht-islamischen Elementen. Ein Bindeglied zwischen orthodoxem Islam und Volksglauben ist der Segen Gottes, arabisch: baraka, der den lebenden oder verstorbenen Heiligen innewohnt und über sie weitergegeben werden kann. Baraka wird durch magische Praktiken (z.B. dem Anfertigen und Tragen von Amuletten und dem Einspeicheln bestimmter Gegenstände oder von Nahrungsmitteln, die dann verzehrt werden), durch Heilige oder Mittler zwischen Allah und den Menschen, die ihre Macht von Allah beziehen, übertragen.

Frauen, die sich in einer Übergangsphase ihres Lebens – zum Beispiel in der Schwangerschaft – befinden, rüsten sich mit einem ganzen Katalog von Maßnahmen gegen eventuelle Gefahren. Wenn die Schwangerschaft durch äußere Zeichen sichtbar wird, besorgt der Ehemann oder die Mutter der Schwangeren ein Amulett. Durch das Amulett ist die Frau gegen den »bösen Blick«, der zum Beispiel im Neid von anderen Frauen seine Ursache haben kann, gefeit.

9.8 Böser Blick

Der »böse Blick« gehört zu den am weitesten verbreiteten magischen Glaubensvorstellungen weltweit. Im gesamten islamischen Raum ist er verbreitet. Unter dem »bösen Blick« werden alle bösen Angriffe auf besonders erfolgreiche, schöne oder besonders gefährdete Menschen (auch auf Kinder) aufgrund von Neid oder Missgunst verstanden. Menschen, auf die der böse Blick gefallen ist, leiden fortan unter Unglück oder Krankheit und werden vom Pech verfolgt. Die Vorstellungen über die Folgen des bösen Blicks sind ähnlich wie die Vorstellungen über die Folgen eines Fluches, die auch in unserer Kultur verbreitet waren.

Der Glaube an die Macht des »bösen Blickes« und an die Kraft magischer Hilfsmittel zu seiner Abwehr ist unter anderem in der Türkei, in Indien, Ägypten und ganz Nordafrika, in Syrien, Iran, Irak, im Sudan und in Südeuropa verbreitet. In all diesen Ländern hat der »böse Blick« eine verwandte Kraft. Auch die Schutzmechanismen gegen den »bösen Blick« ähneln sich überall. Meistens wird die Kraft des »bösen Blickes« mit Unglück im Allgemeinen in Verbindung gebracht.

Es gibt viele Umstände, durch die der »böse Blick« hervorgerufen wird. Frauen in Übergangszeiten, wie zum Beispiel der Schwangerschaft oder der postnatalen Phase, und kleine Kinder, aber auch Menschen, die besonders schön, besonders glücklich und erfolgreich sind, gelten als besonders schutzbedürftig. Für sie ist die Gefahr des »bösen Blickes« besonders groß. Neid oder unaufrichtige Bewunderung, die an sich von jedem Menschen ausgehen können, sind die größten Gefahrenquellen für das potentielle Opfer des »bösen Blickes«. Die Macht des »bösen Blicks«, die von Andersgläubigen oder Heiden ausgeht, gilt als besonders groß.

Der »böse Blick« kann durch die Nennung religiöser Formeln (z.B. »Beim Gebet des Propheten«, arabisch: salat an nabi) vermieden werden. Spricht jemand einer anderen Person seine Bewunderung aus, verhindert die Lobpreisung Allahs oder seines Propheten vor dem Aussprechen des Lobes oder der Bewunderung die mögliche Wirkung des Neides.

Durch bestimmte, von einem Marabou (Nord- und Zentralafrika), einem Fakih oder einem Sheikh (arabisch-islamischer Raum) gefertigte Amulette soll der »böse Blick« abgewendet werden. Von den verschiedenen Amuletten, die den Menschen einen speziellen Schutz bieten, ist das hijab das am häufigsten verwendete. Dieses Amulett wird als ein mit Koranversen beschriebenes Papier beschrieben, das in ein Ledersäckchen eingenäht wird und am Oberarm oder um den Hals getragen wird.

Ein anderes Hilfsmittel gegen die Auswirkungen des »bösen Blickes« ist das Trinken der Tinte, mit der der Weise vorher Koransprüche aufgeschrieben hat. Das beschriebene Schriftstück wird dafür in Wasser gelegt, welches dann mit der darin gelösten Tinte getrunken wird. Auch das Inhalieren von Rauch, der durch das Verbrennen von einem durch den Weisen mit magischen Quadraten beschriebenen Papier entsteht, soll gegen die Kraft des »bösen Blickes« helfen. Bei der Anwendung solcher »magischen« Hilfsmittel fungiert der Weise nicht nur als Mittler zwischen Gott und Mensch, sondern ebenso als Vermittler zwischen dem Menschen und den verschiedenen übermenschlichen Kräften.

9.9   Besessenheitskulte (Zar-Kult, Bori-Kult) in Ostafrika

Der Zar ist eine Zeremonie, die in weiten Teilen Ostafrikas sowie in Gebieten von Nordafrika, den arabischen Golfländern und bis nach Saudi-Arabien verbreitet ist. In der Literatur erscheint der Zar in erster Linie als eine Zeremonie, die dazu dient, verärgerte Geister, die einen Menschen in ihre Gewalt bringen und ihn besessen machen, zu besänftigen. Der Begriff Zar bezeichnet gleichzeitig den Namen des Heilkultes und ist der Sammelbegriff für die Geister, die im Nordsudan bekannt sind (v. Bose 2010)

Der Zar-Kult ist in den arabischen Ländern Saudi-Arabien und Marokko sowie in Teilen der Türkei verbreitet, er tritt dort in Erscheinung, wo sich Migranten aus Nord- und Zentralafrika niedergelassen haben. Das Grundmuster der Zeremonie ist zwar überall weitgehend identisch, aber die Bedeutung und Ausübung des Zar sowie die Form der Veranstaltung weichen regional stark voneinander ab. Im Sudan sind zwei Formen des Zar bekannt: der Zar-Bori und der Zar-Tumbura. Die populärere Form des Zar ist der Zar-Bori. Zar-Bori und Zar-Tumbura – oft einfach nur Zar oder Tumbura (manchmal auch Tambura) genannt – unterscheiden sich sowohl in der Ausübung und den Instrumenten als auch in der Organisation. Der Hauptunterschied dürfte sein, dass der Zar-Bori als weiblich und der Zar-Tumbura dahingegen als männlich orientiert gilt.

Der Zar gilt als ein Besessenheits- oder Heilkult, der besonders von Frauen und von Nachfahren von Sklaven ausgeübt wird. Die Leitung der Veranstaltung wird in erster Linie von einer Frau (schaicha) durchgeführt. Eine Person gilt als besessen, wenn Persönlichkeitsveränderungen an ihr festgestellt werden, die sich zum Beispiel durch das Reden mit verstellter Stimme oder durch eine auffällige Veränderung der Physiognomie und des allgemeinen Verhaltens bemerkbar machen.

Besessenheit steht immer in Verbindung mit dem Glauben an übermenschliche Phänomene, Geister und Kräfte, die Macht über den Willen und das Bewusstsein eines Menschen erlangen können. Der Zar dient dazu, psychologische oder auch organische Probleme des Menschen in einer Solidargemeinschaft zu behandeln. Den Hintergrund bildet der Glaube an die Existenz, die Macht und den Einfluss von Geistern und Dämonen, die jeden Menschen in ihre Gewalt bringen können und spezielle Wünsche an ihr Opfer haben. Bestimmte Geister können spezifische organische Krankheiten und Hysterien sowie Unglück im Allgemeinen für den Betroffenen mit sich bringen. Jedem Geist wird ein eigener Besessenheitseffekt zugeschrieben. Sind die Geister besänftigt, lassen sie ihr Opfer in Ruhe, und dieses kehrt zur Normalität zurück. Es ist aber von nun an immer damit zu rechnen, dass der Geist zurückkommt und neue Forderungen stellt.

Im Mittelpunkt der Zeremonie, in der versucht wird, den richtigen Geist ausfindig zu machen, um ihn dann zu besänftigen, steht die schaicha oder kudja. Die schaicha ist meistens eine ältere Frau. Sie leitet die Veranstaltung, diagnostiziert den speziellen krankmachenden Geist bei dem Besessenen und behandelt den Patienten oder die Patientin. Ihre Aufgabe ist es, die Erfüllung der Wünsche des Geistes herauszufinden und dafür zu sorgen, dass auf diese Wünsche eingegangen wird. In seltenen Fällen wird auch von einem Mann (schaich) in dieser Funktion berichtet. Obwohl der Zar auch teilweise von Männern praktiziert wird – nach dem Bericht von Samia El Hadi El Nagar in erster Linie von Homosexuellen (El Hadi El Nagar 1980: 684) – bleibt er doch eine Institution von und für Frauen (Ibrahim 1979: 170; Kriss u. Kriss-Heinrich 1962: 139).

Der Zar wird in der Literatur als Ventil der Frauen dargestellt, die sich in der islamischen Gesellschaft stark zurückgedrängt fühlen und auch im religiösen Leben nur eine untergeordnete Rolle spielen. Diese These wird von der Tatsache unterstützt, dass der Zar trotz der ständigen Attacken religiöser Führer von den Frauen weiterhin durchgeführt wird. Gerade heute genießt der Zar eine besondere Popularität, obwohl er als schon überstandenes Brauchtum angesehen wurde.

Der Stellenwert des Zar für die Frauen geht weit über den bloßen Behandlungswert von psychischen oder gesundheitlichen Problemen hinaus. Durch den Zar wird der Radius des sozialen Umfeldes nicht nur auf dem Land, sondern auch in der Stadt stark erweitert. Für Frauen, die in die Städte gezogen sind und deshalb ihre festen sozialen Kontakte auf dem Land reduzieren mussten, bietet der Zar die Möglichkeit, an einer neuen Solidargemeinschaft teilzunehmen und in sie integriert zu werden. Sogar bei der Migration in ein anderes Land finden die Anhänger des Zar-Kultes Kontakte. Für die Frauen hat die Teilnahme an einer Zar-Zeremonie auch mehrere materielle Aspekte. Neben den Geschenken für die Geister der Besessenen bietet die regelmäßige Teilnahme an Zar-Festen ihnen erlesene Mahlzeiten.

Literatur

Assion, H.-J. (Hrsg.) (2005): Migration und seelische Gesundheit, Springer Medizin Verlag

Bose von, Alexandra: Lebensmuster muslimischer Frauen im sudanesischen Niltal, Grin Verlag, 2010

El Nagar El Hadi, Samia (1980): Zaar Practioners and their Assistents and Followers in Omdurman. In: Pons, V. (Hg.): 672 - 688.

Hourani, A.: (2001), S. 420ff: Die Geschichte der arabischen Völker, Fischer Verlag, Frankfurt Main

Ibrahim, Hayder (1979): The Shaiqiya. The Cultural and Social Change of a Northern Sudanese Riverain People, Wiesbaden.

Kriss, R., Heinrich, H. (1962): Volksglaube im Bereich des Islam, Bd. 2, Wiesbaden

Müllejans und Pala (1999), zitiert nach Assion: Migration und seelische Gesundheit, S. 137

Geschlechterrollen im Islam

Das Familienleben ist gekennzeichnet durch die Vorrangstellung des Mannes und durch eine klare Rollenzuweisung der beiden Partner. Schon im Koran wird die patriarchalische Struktur der islamischen Familie an verschiedenen Stellen herausgestellt:

>> Und sie sollen (gegen ihre Gatten) verfahren, wie (jene) gegen sie in Güte; doch haben die Männer den Vorrang vor ihnen; und Allah ist mächtig und weise. (Koran 2,228) <<

Diese Auszeichnung der Männer durch den »göttlichen« Willen hat Konsequenzen sowohl für die Pflichten der Männer als auch für die Frauen in ihrer Beziehung zu den Männern. So müssen die Männer den Lebensunterhalt der Familie sichern, die Frauen ihren Männern aber unbedingten Gehorsam leisten (Koran 4,34). Auch im ehelichen Zusammenleben hat der Mann eine uneingeschränkte Vorrangstellung. Er hat einen bedingungslosen Anspruch auf den ehelichen Verkehr, sofern er ihm nicht aufgrund legaler Vorschriften zum Schutze der Frau zeitweilig verboten ist (Khoury 1991: 126f).

Von der Frau wird erwartet, dass sie streng gemäß ihrer Rollenzuweisung lebt und ihre Kinder auch in diesem Sinne erzieht. Ihre Rolle ist in erster Linie die der Ehefrau, der Hausfrau, der Mutter und der Erzieherin der Kinder. Das Leben in der Öffentlichkeit ist für die Frau im Islam nicht vorgesehen. Nur in ihrem Haushalt darf sie sich frei bewegen (Khoury 1991: 127). Wenn Frauen öffentlich sichtbar werden, müssen sie sich so bekleiden, dass sie:

>> ... ihre Scham hüten und dass sie nicht ihre Reize zur Schau tragen... (Koran 24,31). <<

Diese Aspekte führen, wie dargelegt, im Klinikalltag immer wieder zu Situationen, in denen Unsicherheit auf der Seite der Pflegenden und auf der Seite der Patientinnen herrscht. Für manche Patientinnen aus einem islamischen Land ist der Krankenhausaufenthalt der erste Kontakt mit der Kultur in Deutschland. Angst und Unsicherheit sind zu spüren und oft verstecken sich Patientinnen betont hinter den gewohnten kulturellen Kulissen (Kleidung, das Voranstellen des Ehemannes zur

Gesprächsführung). Die erwähnten Gesichtspunkte zur Beziehung von Mann und Frau im Islam dienen als Gerüst des Verhaltens in der Gemeinschaft. Restaurative Strömungen befürworten die unbedingte Einhaltung beziehungsweise die Wiederherstellung dieser Vorstellungen und Traditionen in den einzelnen islamischen Ländern. Gegen diese Festschreibung der Frau agieren die verschiedenen Frauenbewegungen wie hier in Deutschland die ZIF (Zentrum für islamische Frauenforschung und -förderung) oder HUDA (Netzwerk für muslimische Frauen e.V.) und alle Befürworter einer aktiveren Rolle der muslimischen Frau in der Gesellschaft und der Politik.

10.1   Lebensraum der Frau in der islamischen Gesellschaft

Die muslimische Frau in Deutschland steht im Mittelpunkt des wissenschaftlichen und öffentlichen Interesses. Zwar ist die Situation der islamischen Frauen bestimmt von strengen Beschränkungen durch gesellschaftliche Pflichten und Forderungen aber dennoch ist die Frauenkultur in den einzelnen Ländern und Gebieten sehr ausgeprägt und in sich sehr komplex und facettenreich.

Es sind die islamischen Regeln und die daraus resultierenden Werte und Normen, die das alltägliche Leben der einzelnen Gesellschaftsmitglieder festlegen und bestimmen. Für die Frauen bedeutet das, dass ihnen das selbstständige Auftreten in der Öffentlichkeit bis heute weitgehend verwehrt ist. Besonders für die Frauen auf dem stärker traditionell geprägten Land ist die Teilnahme an dem öffentlichen Leben sehr schwierig. Diese öffentliche Unsichtbarkeit der »orientalischen« Frauen, verbunden mit den Vorstellungen über das, »... was hinter den verschlossenen Türen der orientalischen Frauengemächer vor sich gehen mochte ...« (Kohl 1989: 359), entzündete in früheren Jahrhunderten die Phantasien der Europäer.

Der wissenschaftliche Blick hingegen gilt auch heute eher der häuslichen Eingrenzung der Frauen, die aus der sogenannten »westlichen« Sicht nur schwer zu verstehen ist. Der legale Status der Frau und ihre Aufgaben sind durch den Islam, d.h. durch den Koran und die Sunna bestimmt. Der Koran ist für gläubige Muslime die von Gott geoffenbarte Wahrheit, die mehr Gültigkeit hat als jede weltliche Rechtsprechung. Die Sunna ist die Überlieferung dessen, was der Prophet angeblich geäußert hat und wie er sich in bestimmten Lebenslagen verhalten hat. Schriftlich festgelegt wurde die Sunna in Überlieferungen (arab. »Hadith«), die den gläubigen Muslimen eine weitere Orientierungshilfe bieten.

Die Frauen unterliegen im besonderen Maße einem gesellschaftlichen Verhaltenskodex, da bei ihnen die Verantwortung für das Ansehen der gesamten Familie liegt. Sie sind je nach Alter und Personenstand in eine Hierarchie eingestuft. Für die islamische Frau soll ihre eigentliche Aufgabe darin bestehen, dem Ehemann rechtmäßige Erben, das heißt, in erster Linie Söhne zu schenken (Minai 1984: 13). Solange sie im gebärfähigen Alter ist, wird ihr Verhalten streng überwacht, um nicht den geringsten Zweifel an der Vaterschaft des Ehemannes aufkommen zu lassen. Frauen werden schon in ihrer Kindheit gemäß ihrer späteren Rolle als Frau erzogen. Das Ausbrechen aus diesen Rollenvorstellungen in traditionell orientierten Familien scheint auch heute noch ungeheuer schwer.

Erst in den Jahren nach der Menopause genießen die Frauen vergleichbar größere Freiheiten. Sie stehen dann in der Hierarchie der Frauen eines Haushaltes an der Spitze und können über sehr viele Familienangelegenheiten entscheiden. Zu diesen Familienangelegenheiten gehören zum Beispiel die Wahl einer Ehepartnerin für den Sohn oder eines Ehepartners für die Tochter oder etwa im Sudan die Bestimmung über die Art und den Zeitpunkt der Beschneidung der Enkelinnen. Auch ist die Frau dann in der Lage, in der Öffentlichkeit stärker sichtbar zu werden, ohne sich damit zum Stein des Anstoßes zu machen, wie das bei ihr als junger Frau der Fall gewesen wäre.

Einer der wichtigsten Faktoren für die islamische Gesellschaft ist die Großfamilie. Sie spielt besonders für die Frauen auf dem Land und für die städtische Oberschicht eine zentrale Rolle. Die Großfamilie bedeutet gleichzeitig Sicherheit und Freiheitseinschränkung. Es ist nahezu unmöglich, sich aus dem Familienverbund zu lösen oder gegen die herrschenden Regeln zu verstoßen. Dies kann vor allem bei einer beabsichtigten Arbeitssuche zu einem existenziellen Problem für die betroffenen Frauen werden. Auf dem Land leben in der Regel mehrere Generationen in einem Haushalt zusammen, zum Teil wird das auch in der Stadt aufrechterhalten.

10.2 Der legale Status der Frau

Im Islam wird die Frau jeweils als Tochter, Ehefrau und als Mutter definiert (Mikhail 1979: 15). Demzufolge wird der legale Status der Frau besonders durch das Familienrecht bestimmt, das für die muslimische Frau in der scharia verankert ist. Der Kern der scharia ist das Familienrecht, das besonders die Frauen in den zentralen Lebensbereichen Verheiratung, Erbschaft und Scheidung und in ihren Pflichten als Muslimin betrifft.

Die Rechte und Pflichten der islamischen Frau, wie sie in der scharia festgeschrieben sind, unterliegen den verschiedenen Interpretationen der islamischen Rechtsschulen, die von Rechtsgelehrten gegründet wurden. Noch heute haben die unterschiedlichen Schulen in der Rechtsprechung eine große Bedeutung. In den sunnitischen Ländern, sind in erster Linie vier Rechtsschulen von Bedeutung, die sich auf die Hanafi-, Maliki-, Schafi- und die Hanbali-Gesetze berufen. Die scharia ist zum Beispiel für die Eheschließung von Bedeutung. Nach den hanafitischen Gesetzen hat die Frau ab dem Zeitpunkt der Volljährigkeit das Recht, ihren Ehevertrag abzuschließen, ohne die Zustimmung eines Vormundes einzuholen, wie es sonst üblich ist (Khoury 1991: 124).

10.3 Die Bedeutung der Familie

Das Leben des einzelnen Muslims ist stark durch seine Religion geprägt. Es sind die islamischen Regeln und die daraus resultierenden Werte und Normen, die das alltägliche Leben der einzelnen Gesellschaftsmitglieder festlegen und bestimmen. Für die Frauen bedeutet das, dass ihnen das selbstständige Auftreten in der Öffentlichkeit bis heute weitgehend verwehrt ist. Besonders für die Frauen auf dem stärker traditionell geprägten Land ist die Teilnahme an dem öffentlichen Leben sehr schwierig.

Der legale Status der Frau und ihre Aufgaben sind durch den Islam, d.h. durch den Koran und die Sunna bestimmt. Der Koran ist für gläubige Muslime die von Gott geoffenbarte Wahrheit, die mehr Gültigkeit hat als jede weltliche Rechtsprechung. Die Sunna ist die Überlieferung dessen, was der Prophet angeblich geäußert hat, und wie er sich in bestimmten Lebenslagen verhalten hat. Schriftlich festgelegt wurde die Sunna in hadith-Sammlungen, die den gläubigen Muslimen eine weitere Orientierungshilfe bieten. Das islamische Recht Scharia ist zum Beispiel im Nordsudan seit 1983 wieder ein Teil der gesetzlichen Rechtsprechung.

Im Islam wird die Frau jeweils als Tochter, Ehefrau und als Mutter definiert. Demzufolge wird der legale Status der Frau besonders durch das Familienrecht bestimmt, das für die muslimische Frau in der Scharia verankert ist. Der Kern der Scharia ist das Familienrecht, das besonders die Frauen in den zentralen Lebensbereichen Verheiratung, Erbschaft und Scheidung und in ihren Pflichten als Muslimin betrifft.

In der Scharia ist eine Anpassung an die Erfordernisse der Zeit oder überhaupt ein Wandel nicht vorgesehen. Im Gegenteil, jedes Bestreben um Erneuerung muss als ketzerisch angesehen werden, da die Scharia Gottes Willen auf der Erde repräsentiert.

10.4　Die Frau im Zentrum der Familie – Rechte und Pflichten

Die islamische Gesellschaft hat einen strengen Verhaltenskodex, der auf die Gesetze des Korans und die seit Jahrhunderten überdauernden Traditionen der patriarchalischen Gesellschaft zurückgeht. Im Mittelpunkt für den Einzelnen stehen die Ideale der Würde und der Ehre, die untrennbar miteinander verbunden sind. Sie prägen das individuelle und das gesellschaftliche Verhalten. Die Werte und Normen der islamischen Gesellschaft legen die komplexen Beziehungen der Gesellschaftsmitglieder untereinander fest und sind für den Einzelnen ein Leben lang handlungsweisend.

Der Einzelne wird in der Gemeinschaft mit konkreten Aufgaben konfrontiert, die vorgegeben, umfassend und verbindlich sind. Die persönliche Würde oder das Ansehen bei anderen hängt hauptsächlich von dem Verhalten und der Haltung der anderen Gesellschaftsmitglieder gegenüber dem Einzelnen ab. Wer die Aufgaben der Gesellschaft erfüllt, macht sich unverzichtbar und ist mit seinen Angehörigen in der Gemeinschaft angesehen. Ein Verstoß gegen die Regeln bedeutet den Ausschluss aus der Gemeinschaft und den Verlust des persönlichen Status, unter Umständen die Ächtung der gesamten Familie. Die Mitglieder jeder einzelnen Familie – davon ist nicht nur die Kleinfamilie sondern die gesamte Großfamilie betroffen – sind alle untrennbar miteinander verknüpft. Daraus ergibt sich, dass jedes Familienmitglied für die Handlungen der anderen Familienmitglieder mitverantwortlich ist, während die anderen Familienangehörigen für die eigenen Handlungen haftbar gemacht werden können.

Jedes Individuum ist in dieses Aufgabensystem, das aus den internalisierten Werten und Normen resultiert, eingebunden. Der Wille der Gemeinschaft ist für alle verpflichtend. Individualität und die Befriedigung eigener Bedürfnisse unterliegen den verpflichtenden Wertvorstellungen. Erneuerung ist in diesem Sinne nicht erwünscht. Jedes Mitglied der Gemeinschaft muss auf der einen Seite passiv die Zwänge, die sich aus diesen Wertvorstellungen ergeben, ertragen, während es auf der anderen Seite aktiv diese Zwänge ausübt. Seine Stellung in der Gemeinschaft hängt von der Erfüllung seiner Aufgaben und von seiner Bewertung in der Gemeinschaft ab.

Das Verhältnis der Geschlechter wird von den drei Tugenden *karama* (die Würde), *sharaf* (die Ehre der Familie) und *ird* (der Anstand, d.h. die Keuschheit und Ehrhaftigkeit der Frau) bestimmt. Der Frau kommt eine zentrale Stellung in diesem Gefüge zu, denn sie ist letztlich für den Erhalt aller Tugenden verantwortlich, das heißt: Verletzt eine Frau eine Regel, so fügt sie ihrer gesamten Familie, insbesondere ihrer Patrilineage (männliche Verwandtschaftslinie) Schande zu. Verhält sie sich falsch, verlieren auch die Männer ihrer Familie *karama* und *sharaf*, die Würde und das Ansehen in der Gemeinschaft.

Die islamische Frau erfährt ihren Stellenwert nicht nur durch ihr eigenes Verhalten, sondern auch über die herrschende Vorstellung der Gesellschaft darüber, wie eine Frau veranlagt ist, was sie denkt und tut. Eine große Rolle bei der Verbreitung von Grundvorstellungen über das Verhalten des Menschen spielt immer die klassische und die zeitgenössische Literatur. Anhand schriftlicher Quellen, die seit dem 7. Jahrhundert nach Christus existieren, lassen sich auch bis heute gängige Stereotypen über das Wesen und den Wert der Frau rekonstruieren. Diese Quellen sind, von ganz wenigen Ausnahmen abgesehen, so gut wie ausschließlich von Männern verfasst.

Ein Teil der Quellen, wie z.B. der Koran, die hadith-Sammlungen (Überlieferungen vom Propheten Muhammad und seiner Zeitgenossen), Rechtskompendien sowie theologische Abhandlungen enthalten Aussagen über das erwünschte und das vermeintlich »tatsächliche« Verhalten von Frauen. Eine weitere Quellengruppe, die das Thema »Frau« schon in der klassischen Epoche des Islams behandelt, liegt in der adab-Literatur, einer weitverbreiteten Erbauungsliteratur mit erzieherischem Hintergrund. Ein Beispiel hierfür ist das Buch Achbar an nisa (Mitteilungen über die Frauen), von Ibn Qayyim al-Gauziya aus dem 14. Jahrhundert n. Chr. In dieser Literaturgattung werden die Frauen idealtypisch charakterisiert, d.h. wie sie sich nach Meinung der Verfasser verhalten oder sein sollten.

Aber auch in der heutigen Zeit wird über die moralischen Werte, die angebliche Schwäche und die Gefahr, die von der Frau an sich ausgeht, heftig diskutiert. Die Zwangsehen sind ein trauriges und aktuelles Beispiel für diese Grundüberzeugungen, dass Mädchen schon am besten vor dem Eintritt ihrer Menstruation verheiratet werden sollten.

Aber auch in Mythen wird die Frau als eine »Quelle des Bösen« beschrieben, wobei besonderer Wert auf ihre zügellose Sexualität gelegt wird. Auch der Aspekt der Gefahr, die von Frauen ausgeht, wird ausführlich beschrieben. Daraus resultiert das generelle Misstrauen gegenüber dem Verhalten von Frauen, was den strengen Ehrenkodex für Frauen auch bis heute zur Folge hat.

Die folgenden Begriffe »ird«, »karama« und »sharaf« aus dem arabisch-islamischen Sprachgebrauch zeigen sowohl die Verpflichtung als auch die klare Rollenzuschreibung in der sozio-kulturellen Gemeinschaft der Muslime.

10.5 Der Anstand – arabisch *ird* – türkisch *namus*

» Die Jungfräulichkeit ist wie ein Streichholz, hat man es einmal angezündet wird es nutzlos. Arabisches Sprichwort «

Die Würde und die Selbstachtung eines jeden Muslims hängen hauptsächlich von dem guten Verhalten der Frauen in der Familie ab. Tugenden, die den sexuellen Bereich betreffen, spielen dabei eine zentrale Rolle. Die Ehre und Würde zu bewahren, hat im Leben aller gläubigen Muslime eine dominante Bedeutung.

Ird, der Anstand oder die Keuschheit, ist die zentrale Tugend der Frau, die alle Pflichten und Tugenden, welche die Sexualität betreffen, umfasst. *Ird* zu bewahren, ist das moralische Ziel von Mann und Frau, für sich selbst und für die Familie. Die Erfüllung der Verhaltensvorschriften von *ird* ist auch gleichzeitig Bedingung für den Anspruch der Männer auf die Werte von *karama* und *sharaf*. Die Frau muss die entsprechenden Verhaltensregeln uneingeschränkt befolgen und beachten. Die Keuschheit der Frauen ist für die Familienehre aller von unschätzbarer Bedeutung.

Die Grundidee der von Natur aus schwachen Frau hat auch gesellschaftliche Folgen mit sich gebracht, wie zum Beispiel die Kinderheirat in früheren Zeiten oder die heftig umstrittenen Fälle von Zwangsheiraten heutzutage von Mädchen mit Migrationshintergrund, die auch hier in der Bundesrepublik immer wieder ein Thema sind. Auch heute liegt der Anteil der jungen Bräute, die im Alter von fünfzehn bis neunzehn Jahren heiraten, in einigen islamischen Ländern, bei 25 bis 49 Prozent und es existiert kein gesetzliches Mindestalter für Heiraten mit elterlicher Zustimmung. Das lässt die Vermutung zu, dass auch heute noch viele minderjährige Mädchen sozusagen »vorbeugend« verheiratet werden, um die gefährdete Ehre der jungen Mädchen zu schützen.

Die Bewahrung der Sittlichkeit der weiblichen Verwandten obliegt den Männern der Familie. Hierunter wird vor allen Dingen der Schutz der Frauen und Mädchen vor außerehelichem sexuellem Verkehr verstanden.

Außerordentlich wichtige Bezugspersonen für eine Frau sind ihre Brüder. Allerdings ist die Schwester-Bruder-Beziehung äußerst zwiespältig. Die Brüder müssen ihr ganzes Leben lang ihre Schwester schützen, ihre Sittlichkeit bewahren und im Falle einer Scheidung auch versorgen, denn eine geschiedene Frau kehrt zu ihren Brüdern zurück. Begeht eine Frau ein sexuelles Vergehen, wie z. B. Ehebruch, so müssen die Brüder sie bestrafen.

Aus der Sorge um den Schutz der Frauen erwachsen fast alle Konsequenzen, die Frauen zu dem »inneren« und weitgehend unsichtbaren Teil der Gesellschaft werden lassen. Der stets präsente Hintergrundgedanke, »wann immer ein Mann und eine Frau sich treffen, ist der Teufel der Dritte im Bunde«, bestimmt das gesamte Verhalten der Frauen, die immer um ihre Ehre besorgt sein müssen. Die Frauen selber akzeptieren gewöhnlich die Anstandsregeln als von der Religion vorgegebene Verhaltensmuster.

Die Stellung der Frau umschreibt eine junge Türkin in einem 1992 von mir geführten Interview:

>> Der Islam räumt den Frauen volle Freiheit ein, sie können alles tun und lassen, was sie möchten, aber sie müssen Ehrlichkeit und Reinheit (Keuschheit) allen ihren Handlungen zugrunde legen. (Datensammlung der Autorin, 1992) <<

Die Konsequenzen, die noch heute in orthodox islamischen Gesellschaften entstehen, wenn die Ehrbarkeit der Frau durch sie selbst oder durch andere verletzt wird, sind sehr ernst. Dies galt auch für die Türkei, aber die Medizin hat hier eine Neuerung hereingebracht. Ein Mädchen, das seine Jungfräulichkeit verloren hatte, konnte auch in der Türkei früher kaum einen Ehemann finden, was für sie den Ausschluss aus der Gesellschaft bedeutete. Das Gleiche gilt noch heute bei Ehebruch. Der Begriff der »Ehrenmorde« ist hier zu nennen, der zwar wirklich nicht dem Koran zuzuschreiben ist, aber dennoch von besonders traditionellen Muslimen zumindest akzeptiert wird.

Wir haben in dem Kapitel über das Verhältnis der Kulturen über die kulturellen Standards, über die Wichtigkeit der Normen und Regeln gesprochen und darüber, dass diese auch in Zeichen des gesellschaftlichen Wandels eine große Wichtigkeit

behalten. Junge Türkinnen sind im modernen Leben angekommen. Trotzdem wird ihre Welt immer noch von alten Traditionen beherrscht. Die Familienehre ist und bleibt auch noch heute – und dies auch in Deutschland – ganz maßgeblich mit der Jungfräulichkeit verknüpft.

In diesem Zusammenhang möchten wir auf die Hymenrekonstruktion – die Wiederherstellung des Jungfernhäutchens – hinweisen, die sowohl in der Türkei als auch in Deutschland vorgenommen werden kann und wird. Es zeigt sich hier wieder, dass das Konzept der Ehre in der islamischen Gesellschaft verpflichtend ist, auch wenn dies stellenweise nicht mehr konsequent gelebt wird. Die Medizin macht es hier möglich, dass sich die Frauen nach außen hin, gemäß der strengen Regelung der Jungfräulichkeit vor der Ehe verhalten, aber dennoch leben, wie sie es für richtig halten und durchaus nicht als »wirkliche« Jungfrau, um dies einmal so zu benennen, in die Ehe gehen. Laut einer aktuellen Umfrage des Sexualforschungsinstituts CETAD Istanbul legen 70 Prozent der türkischen Bevölkerung in der Türkei Wert auf Jungfräulichkeit. Würde diese Umfrage unter den Muslimen in Deutschland durchgeführt, das Ergebnis wäre sicher ähnlich.

Inzwischen gibt es bundesweit eine ganze Reihe von Ärzten, die einen Eingriff zur Widerherstellung des Jungfernhäutchens anbieten. Sinn und Zweck des Eingriffes ist es, dass das wiederhergestellte Hymen in der Hochzeitsnacht reißt und bluten soll, um dem Mann und der Familie zu zeigen, dass er der erste ist, mit dem die Frau einen sexuellen Kontakt hatte. Stellt sich in der Hochzeitsnacht heraus, dass die Frau »berührt« war, kann es passieren, dass die Familie des Bräutigams die Braut wieder »zurück gibt«, was gemäß unserer kulturellen Prägung in Deutschland nur sehr schwer verständlich ist. Wie viele Frauen sich jährlich zu einem Eingriff entscheiden, darüber gibt es keine genauen Zahlen.

10.6 Die Würde – arabisch *karama* – türkisch *onur*

Auch der Begriff *karama* umfasst, gleich den Begriffen *ird* und *sharaf*, einen ganzen Komplex ideeller Werte. Im Gegensatz zu *ird*, dem Anstand, den man als die zentrale Tugend der Frau betrachten kann, gilt *karama* als die Würde und Ehre des erwachsenen Mannes, die z.B. schon durch Beleidigung angegriffen werden kann. Ein Verlust von *ird* der Frau hat auch Folgen für die Würde des Ehemannes und der Patrilineage, also der männlichen Linie in der Verwandtschaft. Jeder erwachsene Mann verfügt über *karama*; eine Unterscheidung innerhalb der sozialen Klassen existiert nicht.

Obwohl *karama* in erster Linie als eine Tugend der Männer gesehen wird, kann in bestimmten Fällen auch eine Frau über *karama* verfügen. Die Verantwortung für *karama* kann sie jedoch wegen ihrer »angeborenen Schwächlichkeit« nicht übernehmen. Die Verantwortung für ihre Würde und deren Schutz liegt, wie auch der Schutz über die Ehre, *sharaf*, in den Händen ihrer männlichen Verwandten. Es existiert auch die Vorstellung, dass sich eine Frau immer anders als ein Mann verhalten würde, wenn ihre Würde, *karama*, angegriffen würde. Daraus resultiert die Anschauung, dass die Würde der Frau unter der des Mannes steht.

Die Würde muss bewahrt werden, sie darf nicht im Geringsten verletzt werden. Der Mann kann *karama* aber nicht nur durch eigenes Verschulden verlieren. Es gibt auch Gründe, die von der Einschätzung und dem Verhalten anderer abhängen, die zu einem Verlust von *karama* führen können. *Karama* wird also absolut von anderen Gesellschaftsmitgliedern determiniert. Die allgegenwärtige Angst vor der Gefahr, auf irgendeine Weise »ins Gerede« zu kommen, und die Furcht vor der Zerstörung der Harmonie in der Gemeinschaft hat ein starres Festhalten an traditionellen Verhaltensmustern zur Folge. Ein nonkonformistisches Verhalten wird nahezu unmöglich gemacht: Die traditionelle Gesellschaft brachte Muslime hervor, die im wahrsten Sinne des Wortes dem Willen der Gemeinschaft »unterworfen« waren. In einem solchen System wird jeder Versuch von Individualität im Keim erstickt, jede Privatinitiative ist Erneuerung und somit notwendigerweise ein Irrtum.

Die Würde des Mannes ist von dem guten und unfehlbaren Ruf der Frauen in der Patrilineage abhängig. Die absolut intakte Familienehre ist Voraussetzung für den gesellschaftlichen Wert *karama*. Jemand, der das Ansehen der Frau, *ird*, verletzt, beleidigt die Würde der Männer ihrer Familie. Die sexuelle Integrität der Frauen in der Patrilineage eines Mannes ist Voraussetzung für seine Ehre.

Das Ansehen in der Gesellschaft ist nicht nur von ideeller Bedeutung. Es und der mit ihm verbundene Status haben auch Einfluss auf die Heiratspläne. Nur wer angesehen ist und einen guten Status in der Gesellschaft hat, wird sich auch gut verheiraten können. Um zuverlässige Einschätzungen über das Verhalten und den Status der in Frage kommenden Ehepartner erhalten zu können, werden von den Verwandten im Vorfeld umfassende Beobachtungen und Überlegungen zu den Betreffenden gemacht.

10.7 Die Familien-Ehre – arabisch *sharaf* – türkisch *seref*

Sharaf, die Familienehre, ist eine Tugend, die jeder Mensch von Natur aus besitzt, und die es immerfort zu wahren gilt. *Sharaf* liegt begrifflich sehr eng bei *karama*, der Würde des Individuums. Hat man seine Ehre einmal verloren, kann man sie kaum wiedergewinnen. Da die Ehre der Familie sehr von dem individuellen Verhalten aller Familienmitglieder abhängt, ist sie nicht nur eine persönliche Angelegenheit des Einzelnen. Die Verantwortung für die Familienehre liegt bei allen Familienmitgliedern. Die Männer müssen im verstärkten Maße über die Familienehre wachen, da die Frauen als zu schwach gelten, um mit so verantwortungsvollen Aufgaben betraut zu werden.

Im Islam wird die Familie als Kernzelle der Gesellschaft gesehen und dementsprechend verdient sie den Schutz und die Verantwortung des Einzelnen. Als universelles System enthält der Islam ewige Werte, die den Menschen Rechte gewährleisten, ihn aber auch ständig an seine Verpflichtungen gegenüber sich selbst und der Gesellschaft erinnern.

10.8 Der häusliche Innenbereich als Lebenssphäre der Frau

Der Lebensraum der Frauen ist der private Innenbereich, der häusliche und familiäre Bereich, der weitgehend vom komplementären, dem öffentlich-männlichen Außenbereich getrennt ist. In ihrem

»Refugium« ist die Frau zwar vor Gefahren geschützt, das alleinige Auftreten in der Öffentlichkeit ist ihr aber weitgehend, bis zu der Zeit nach der Menopause, verwehrt. Für sie ist die Teilnahme an dem Leben außerhalb des häuslichen Innenbereichs, der gleichzeitig »heiligen« wie »verbotenen« Sphäre der Frauen, sehr schwierig. Dies schließt weitgehend auch die Teilnahme an religiösen Aktivitäten außerhalb des Hauses ein und führt so zu einer Eingrenzung des religiösen Lebens innerhalb der häuslichen Sphäre. Die Übersetzung des arabischen Begriffs »hosch harim« bedeutet »Frauenhof«, aber auch »unverletzlicher Ort«, wobei der Bedeutungsgehalt des Wortes harim Frauen (Ehefrauen) bedeutet, aber ebenso die Eigenschaften des »Heiligen« und des »Verbotenen« aufweist. Der Ausdruck harim weist somit nicht nur auf den Raum der Frauen, in dem sie leben und den sie gestalten, sondern auch auf die »sakrosankte« Stellung der Frau innerhalb dieses Lebensraumes.

Die Frau und ihr Lebensraum muss von allen Männern respektiert und von ihren männlichen Verwandten beschützt werden. Fremden Männern ist der Zutritt zu dem hosch harim verboten, Zutritt haben nur die näheren männlichen Verwandten. Der hosch harim ist einerseits ein von der Öffentlichkeit abgeschlossener Raum, andererseits kann er aber auch als Raum definiert werden, in dem sich weibliche Gegenkultur, abgegrenzt von der Öffentlichkeit, entfalten kann. Eine Trennung der Geschlechter findet auch im religiösen Bereich statt.

10.9 Die Ehe

Eine Heirat ist im Islam das erstrebte Ziel von Mann und Frau. Durch die Eheschließung erfahren beide Partner eine Aufwertung ihres Status, der mit viel Prestige verbunden ist:

>> Ehe und Familie nehmen im Islam eine hohe Stellung ein, denn sie erfüllen für die Ehepartner und für die Gesellschaft einen vielfach positiven Zweck. Die Ehe ermöglicht die Zeugung von Nachkommenschaft, sie entspricht damit dem Willen Gottes, dem Wunsch des Propheten Muhammad und dem natürlichen Bedürfnis des Menschen. (Khoury 1991: 123) <<

Die gesellschaftliche Relevanz der Heirat ist eines der zentralen Themen in der islamischen Gesellschaft seit ihrem Bestehen. Schon in der klassischen Epoche des Islams wurde das Thema »Ehe« ausführlich von arabischen Gelehrten erörtert.

Für die Frau bedeutet die Ehe die Erfüllung ihres Frauseins, für den Mann, dass ihm nun Reife und Verantwortung zugeschrieben werden. Die Bedeutung der Braut wird in der Fokussierung auf die Hochzeit mit ihren vielfältigen Vorbereitungen deutlich.

Die Ehe im Islam ist, anders als im Christentum, kein Sakrament, sondern ein Vertrag, der sich auf die gegenseitige Zustimmung beider Partner gründet (Mikhail 1979: 18). Sie gilt im Sinne der islamischen Idealgesellschaft als das Musterbild einer Lebensgemeinschaft von zwei Partnern. Liebe und Zuneigung zwischen Mann und Frau zählen auch im Koran zu den Zeichen Gottes in seiner Schöpfung (Koran 30,21). Aber die Ehe ist nicht nur ein Vorschlag zur idealen Lebensführung, sondern auch Pflicht für jeden Muslimen:

>> Die Ehe ist also im Islam Pflicht für jeden, der sich vor Unzucht und Sünde bewahren muss und im Übrigen in der Lage ist, die Pflichten eines Ehepartners zu erfüllen. (Khoury 1991: 124) <<

Für die Frau ist die Ehe nicht nur persönliche Erfüllung, sondern auch gesellschaftliche Pflicht, um die soziale Reproduktion zu gewährleisten. Infertilität käme einer Schande für die Frau gleich, da Kinderlosigkeit meistens der Frau zugeschrieben wird. Die weibliche Fruchtbarkeit bestimmt das soziale Ansehen der Frauen:

>> Der schlimmste Fluch, den man ... über ihre Frauen aussprechen kann, lautet: Möge dein Schoß versiegen! (Minai 1984: 166) <<

Den vollen Status der Ehefrau erlangt die Frau erst nach der Geburt eines Kindes, besonders eines Sohnes. Die Geburt eines Sohnes stärkt die Position der Frau in der Familie ihres Mannes, denn der Sohn führt die agnatische Linie weiter. Er ist sozusagen das Bindeglied zwischen ihr und der Familie ihres Mannes, die sie nun ganz als Familienmitglied akzeptiert. Bis zur Geburt ihres ersten Kindes entspricht ihr Ansehen eher dem einer Braut.

Ungültig und verboten ist die Eheschließung mit nahen Verwandten, zu denen nach dem Koran folgende Personen zählen: die Mütter, die Töchter, die Tanten von der väterlichen und der mütterlichen Seite, die Töchter des Bruders und die Töchter der Schwestern (damit sind jeweils die Nichten und nicht die Cousinen gemeint), die Nährmütter und die Milchschwestern sowie die Mütter der eigenen Ehefrauen und die Stieftöchter, die Ehefrauen der eigenen Söhne und die Schwestern der Ehefrauen (Koran: 4,22–23).

Ferner darf ein gläubiger Muslim keine Atheistin und keine Partnerin, die einem polytheistischen Glauben anhängt, heiraten (Khoury 1991: 124). Die Heirat mit einer Jüdin oder einer Christin ist erlaubt, obwohl sie von den islamischen Rechtsgelehrten nicht befürwortet wird. Eine gleiche Regelung für Frauen taucht im Koran nicht auf, aber die Tradition verbietet einer Frau die Heirat mit einem Juden oder Christen wegen der Gefährdung des Glaubens der muslimischen Frau, da dem Mann ein prägender Einfluss auf die Frau zugesprochen wird (Khoury 1991: 125).

10.10 Die Frau nach der Menopause – Mittlerin zwischen privater und öffentlicher Sphäre

- **Rolle der älteren Frau als Patientin, als Großmutter und als Schwiegermutter**

Ein Höchstmaß an Respekt, gesellschaftlichem Ansehen und Autorität, verbunden mit mehr Rechten und einer größeren Freiheit, erhält eine Frau nach dem Klimakterium. Nach der Menopause hat sie in der Regel ihre gesellschaftliche Pflicht, Kinder zu bekommen und aufzuziehen, erfüllt und ist nun in ein Stadium der sexuellen Neutralität gekommen. Sie wird nun nicht mehr nach den Werten der Sexualität und ihrer Reproduktionsfähigkeit beurteilt, sondern nach ihrer – gesellschaftlich legitimierten – sozialen Entfaltung. Innerhalb des Haushaltes steht sie als Großmutter an der Spitze der weiblichen Hierarchie, was zweifelsfrei eine Machtstellung innerhalb der Familie bedeutet.

Der Status der Frau gleicht sich nun dem Mann an, sie rückt »Seins-qualitativ« in seine Nähe. Von nun an kann sie weitgehend die Privilegien der Männer für sich in Anspruch nehmen. Sie kann in der Öffentlichkeit sichtbar werden, auf dem Markt handeln, Reisen ohne Begleitung antreten, rauchen und in der Öffentlichkeit essen und trinken, kurz: Sie kann von nun an ihren sozialen Beziehungen ungehindert nachkommen und sich frei bewegen. Der Makel der eventuellen »Ehrlosigkeit« haftet ja von jetzt an nicht mehr an ihr und sie bringt ihre Ehre und die ihrer Familie nicht mehr in Gefahr.

Der Eintritt der Menopause befreit die Frauen von ihrer »Unreinheit«, die Menstruation und Geburt mit sich bringen. Die Frau, die sich in der Zeit zwischen Menarche und Menopause befindet, ist deshalb streng von allen religiösen Orten oder Ritualen in der Öffentlichkeit fernzuhalten. Da die haddsch (Pilgerfahrt nach Mekka) eine der wichtigsten muslimischen Pflichten ist, kann die Frau erst nach der Menopause die haddsch antreten.

In der Lebensphase nach dem Klimakterium erhalten die Frauen einen »quasi-männlichen« Status (Müller 1989: 213). Eine diesbezügliche Interpretation liefert Klaus E. Müller, der in dem Verlust von spezifisch weiblichen Merkmalen und in den »Vermännlichungsphänomenen« nach der Menopause mögliche Gründe für diesen neuen Status sieht:

» … das alles bedeutet eben, in den Dimensionen der herrschenden androzentrischen Optik gesehen, dass sie der wesentlichsten ihrer spezifisch weiblichen Merkmale verlustig gingen und sich mithin mehr und mehr der Zuständigkeit der Männer annäherten. Unter Umständen kamen auch die gewissen ›Vermännlichungsphänomene‹ hinzu (Absenken der Stimmlage, Ansätze zu Barthaar u.a.), wie sie bei alternden Frauen infolge der organischen Umwandlungsprozesse (bzw. der Verschiebung in der Hormonproduktion) gelegentlich zu beobachten sind. (Müller 1989: 213) «

- - **Tipps für die Pflege**

Dieser Aspekt des Rollenwandels für die Frau nach der Menopause ist auch im Klinikalltag von zentraler Bedeutung. Eine ältere Frau hat quasi-männ-

liche Funktion. Da sie auch nicht gegengeschlecht-
lich ist und damit auch keine Schamgrenzen überschritten werden müssen, wie das zum Teil auch
beim Ehemann der Fall ist, ist es sehr sinnvoll, eine
ältere Frau der Familie in den Beratungsprozess mit
einzubeziehen.

Literatur

Khoury, Adel Th. (1991): Was ist los in der Islamischen Welt?
     Freiburg i. Br.
Kohl, Karl-Heinz (1989): Cherchez la Femme d`Orient. In:
     Sievernich, G. und Budde, H. (Hg): 356-368.
Mikhail, Mona N. (1979) Images of Arab Women. Washington
     D.C.
Minai, Naila (1984): Schwestern unterm Halbmond. Mus-
     limische Frauen zwischen Tradition und Anpassung.
     Stuttgart.
Müller KLaus E. (1989): Die bessere und die schlechtere Hälf-
     te: Ethnologie des Geschlechterkonflikts, Frankfurt/M.,
     New York.

Pflegealltag kultursensibel gestalten

11.1 Best Practice und Lösungsansätze für eine kultursensible Pflege – Fallbeispiele

Für die Vertiefung der bisher angeführten kulturellen Unterschiede legen wir im Folgenden einige Fallbeispiele dar und erläutern ihren tieferen Zusammenhang im mediatorischen Sinn. Die Fallbeispiele wurden in verschiedenen Kliniken gesammelt und von Pflegefachkräften aus verschiedenen Klinikabteilungen aufgeschrieben. Vorab lässt sich sagen, dass es in erster Linie die folgenden Punkte sind, die zu Unverständnis bei den Pflegenden führen:

1. Zu viel Besuch von den Familienangehörigen, der oft unangemeldet auftaucht und das Patientenzimmer auch für andere anwesende Patienten störend »belagert«.
2. Die für deutsche Pflegekräfte nicht nachvollziehbare Weigerung von muslimischen Männern, sich von weiblichen Pflegekräften bei der Körperpflege behilflich sein zu lassen.
3. Das Gefühl, als weibliche Fachkraft von männlichen muslimischen Patienten nicht anerkannt zu werden, da diese oft nur von Männern behandelt werden möchten oder sich auch nicht an pflegerische Anordnungen halten, wenn sie von weiblichen Pflegekräften geäußert werden.

Im Folgenden werden einige besonders eindrucksvolle Fallbeispiele nach thematischen Hintergründen erzählt und erläutert.

11.1.1 Vorurteile und Rollenverständnis

Kardiologische Station: Herzinfarktpatient
Eine Gesundheits- und Krankenpflegerin (34 Jahre alt) auf der kardiologischen Station berichtet: »Während meiner Tätigkeit als Krankenschwester auf einer kardiologischen Station hatte ich einen türkischen Patienten, der einen Myokardinfarkt hatte. Nach dem kardiologischen Rehabilitationsprogramm ging es ihm besser. Trotz wiederholten Hinweisen, dass er sich schonen solle und nicht

rauchen dürfe, rauchte er ständig und entfernte er sich dauernd aus der Station und wir wussten nie, wo er war. Bei meinem Erstrundgang während des Nachtdienstes habe ich das Patientenzimmer betreten und ihn am Fenster stehen sehen. Er rauchte wieder. Ich bat ihn, damit aufzuhören, weil er durch seinen Rauch auch den Feueralarm auslösen könne. Er antwortete, dass ich ihm nichts zu sagen hätte und er würde dies immer wieder tun. Ich gab ihm dann noch die gewünschte Nachtmedikation. Bevor ich das Zimmer verließ, hat sich der Patient die Nase geputzt. Er wollte das Taschentuch auf den Tisch legen aber es fiel zu Boden. Da sagte er zu mir: »Du Schwester, heb auf…« Ich habe ihm den Gefallen nicht mehr getan und habe von da an immer eine ältere Kollegin zu ihm geschickt. Ich habe das Zimmer nicht mehr betreten, habe aber den zuständigen Arzt informiert. Meine Kollegin hatte dann keine Probleme mehr mit diesem Patienten. Ich weiß aber bis heute noch nicht, was er gegen mich hatte!«

Was hier von der betreffenden Pflegekraft geschildert wird, zeigt einen sich immer stärker zuspitzenden Konflikt auf beiden Seiten, sowohl bei dem Patienten als auch bei der Pflegenden. Die noch recht junge Pflegekraft versucht, die Pflegestandards durchzusetzen, während der Patient indirekt seinen Unwillen ausdrückt, von einer jungen Frau gepflegt zu werden. Dies erklärt auch sein immer wiederkehrendes Boykottieren ihrer Anweisungen, indem er raucht und sich von der Station entfernt. Er drückt seinen »Ungehorsam« sogar wörtlich aus und letztlich gipfelt sein Verhalten in seiner Handlung mit dem benutzten Taschentuch. Was hier deutlich wird, ist, dass keine konstruktive Kommunikation mehr möglich ist. Das Verhalten des Mannes drückt von Anfang an den Wunsch aus, nicht von der betreffenden Pflegekraft gepflegt zu werden. Es kommen auch Vorurteile und ein Rollenverständnis zum Tragen, das die betreffende Pflegende als »zu jung und unerfahren« darstellen soll. In diesem Falle ist es von der Pflegenden nicht hilfreich gewesen, auf Regeln zu pochen, da der Mann indirekt sehr deutlich gezeigt hat, dass er sich von ihr keine Regeln nennen lässt. Richtig war es, sich zurückzuziehen, den Arzt zu informieren und den betreffenden Patienten an die ältere Kollegin zu verweisen, die fortan keine Probleme mehr mit ihm hatte.

11.1.2 Unterschiedliche kulturelle Standards

Innere Medizin: Patient mit Schlaganfall
Eine Pflegekraft der internistischen Station berichtet: »Ein älterer türkischer Mann hatte einen Schlaganfall und kam auf die Intensivstation. Täglich wollten 50 bis 60 Familienangehörige – auch Kinder – zu Besuch kommen. Als ich versuchte, den Besucherstrom über eine Liste zu regeln, die die Anzahl der Besucher begrenzte und außerdem per Namen anzeigte, wer ihn schon besucht hatte, wurde mir vorgeworfen, dass ich »herzlos« sei. Das hat mich sehr verletzt, denn als Pflegekraft kann man doch nicht als »herzlos« bezeichnet werden. Wir kümmern uns doch um unsere Patienten!«

Hier an diesem Fallbeispiel wird sehr deutlich, wozu die gegenseitig unbekannten kulturellen Standards führen können. Wo der Patient erwartet, dass er von seiner Familie gepflegt und besucht wird, werden die deutschen Standards der Besucherregelung im Krankenhaus als »kalt« und »herzlos« empfunden und die Pflegekraft, die die Regeln weitergibt wird als eine »herzlose« Person empfunden. Es ist verständlich, dass die Pflegende darauf sehr getroffen reagiert, denn sie empfindet ja ihre Haltung als professionell Pflegende als nachvollziehbar. Und bei deutschen Patienten hört sie ja diese Vorwürfe auch nicht. Es wäre zu wünschen, dass bei den ersten Gesprächen ein gegenseitig akzeptierter Kompromiss gefunden wird, der einerseits den Patientenwünschen entgegenkommt (viel Besuch von der Familie) und andererseits den Regelstandards in der Klinik (geregelte Besuchszeiten). In Gesprächen kann zum Beispiel erklärt werden, wie wichtig für die Patienten auch die Ruhe ist und die Größe der Besuchergruppen kann begrenzt werden auf mehrere kleinere Gruppen.

11.1.3 Akzeptanz von fremden Ritualen

Sterbefall: Innere Medizin
Stationsleitung, Innere Medizin: »Ein 83-jähriger türkischer Patient verstirbt im Krankenhaus. Seine Angehörigen wurden über seinen Tod informiert. Die Angehörigen werden in das Zimmer begleitet von mir. Sie haben ganz viele Koffer, Taschen und sogar Kisten dabei. Die Ehefrau stürmt auf das Bett zu, reißt die Decke von dem Verstorbenen, weint und schreit ganz fürchterlich. Zusammen wollen die Verwandten den Toten auf einen auf dem Boden ausgebreiteten Teppich legen. Dies konnte von mir und meinen Kolleginnen erst mal verhindert werden. Das Bett wurde dann entsprechend dem Teppich ausgerichtet und den Angehörigen war es dann möglich, ihre »Zeremonie« auszuführen. Der Patient wurde gereinigt, gesalbt, eingekleidet. Er bekam verschiedene Utensilien angelegt und wurde in eine Decke eingeschlagen.«

Das hier geschilderte Beispiel erklärt sich von selbst. Hier kommen fremde und zunächst unverständliche religiöse Rituale und Verhalten zum Tragen, die für ein derartiges Befremden bei der Stationsleitung sorgen, dass sie eingreift. Es ist gut, dass ein Kompromiss gefunden wurde, indem das Bett dann für die weiterführenden Rituale genutzt wurde. Insgesamt ist es immer anzuraten, den Kontakt zu einem örtlichen Imam hergestellt zu haben, auf dessen Mitarbeit und Erklärung man zählen kann. Auch der Kontakt zu Netzwerken, die Aufklärungsarbeit leisten können im Sterbefall, ist sehr nützlich.

11.1.4 Unsicherheit in der Kommunikation, Verletzung von Schamgrenzen

Internistische Station: Beschneidung, Patientin aus dem Sudan
Pflegekraft, internistische Station: »Eine ca. 80-jährige Patientin aus dem Sudan kam mit verschiedenen Symptomen zu uns in die Innere. Sie sprach sehr schlecht Deutsch und lebte alleine. Sie hatte hohes Fieber, eine Exsikkose, war allgemein sehr

schwach und brauchte Hilfe, um aufzustehen und um auf die Toilette zu kommen. Um eine Diagnose stellen zu können, wollten wir eine Urinprobe mit dem Katheter von ihr nehmen. Die Frau wurde aber aggressiv, schlug uns und weinte. Wir hielten sie dann zusammen fest und fanden heraus, dass sie beschnitten war. Wahrscheinlich hatte sie deswegen ein sehr hohes Schamgefühl.«

Hier kommen zwei Themen eines interkulturellen Konfliktes zusammen: Die Unsicherheit in der Kommunikation und die Verletzung von Schamgrenzen. Es ist sicher ersichtlich, dass das Festhalten von mehreren Pflegern einem schon fast gewaltsamen Akt gleichkam in den Augen der Patientin. Hier wäre es äußerst wichtig gewesen, erst einmal die Unsicherheiten in der Kommunikation zu beseitigen, indem eine professionelle Dolmetscherin hinzugezogen worden wäre. Ansonsten wäre in diesem Falle sinnvoll, dass die Pflegenden anbieten, eine Verwandte mit einzubeziehen, und auf jeden Fall wäre es wichtig, dass keine männliche Person anwesend ist. In diesem Fall wäre es auch von großer Bedeutung, dass die Untersuchungen von einer Ärztin durchgeführt werden.

11.1.5 Flexibilität im Klinikalltag, kulturelle Standards: Sachorientierung versus Personenorientierung

Chirurgische Station: Tod eines jungen Patienten

Ein Gesundheits- und Krankenpfleger der chirurgischen Station berichtet: »Ein türkischer junger Patient starb plötzlich und überraschend. Die ganze Familie und sehr viele Freunde kamen sehr schnell. Es waren im Handumdrehen fast 40 Personen anwesend. Alle haben laut geschrien und geweint und an dem Verstorbenen »herumgezerrt«. Viele Angehörige, darunter auch die Mutter, mussten wegen des Schocks ärztlich versorgt werden, so dass am Ende fast der normale Stationsbetrieb nicht mehr gewährleistet war. Auch kleine Kinder liefen weinend herum. Um die Kinder hat sich keiner mehr gekümmert. Wir wussten alle nicht, wie wir mit dieser Situation umgehen sollten.«

Es ist sicher schwer, im Klinikalltag mit den Traueräußerungen aus anderen Kulturen zurechtzukommen. Es ist für Deutsche sehr ungewöhnlich, wenn die Trauer lautstark gezeigt wird, da dies bei uns so nicht üblich ist. Während in Deutschland die Trauerarbeit möglichst dezent vor sich geht, ist es in der Türkei üblich die Trauer laut zu äußern und sich seinem Schmerz hinzugeben. Bewährt hat sich hier das Modell eines Abschiedsraumes, der die Angehörigen mit ihrer Trauerarbeit respektiert und wo versucht wird, den auch teils befremdlichen Riten entgegenzukommen.

11.1.6 Rolle der Familie, Wir-Gesellschaft

Gynäkologie: Behandlungsabbruch

Eine Pflegende der gynäkologischen Station berichtet: »Eine türkische Patientin wurde vom behandelnden Arzt über die angeratenen weiteren gynäkologischen Behandlungsmöglichkeiten ihrer Beschwerden informiert. Sie wurde gefragt, ob sie alles verstanden habe und ob sie mit der Behandlung einverstanden sei. Sie bejahte dies. Einige Tage später haben wir während der pflegerischen Routine bemerkt, dass die Patientin sich nicht an die vereinbarten Behandlungsschritte hält, obwohl sie gesagt hatte, dass sie sich an die weiteren Behandlungsvorschriften halten würde. Diese Patientin ist doch nicht kooperativ gewesen und hat uns angelogen. Wir haben dann gefragt, warum sie die Behandlung abgebrochen habe und sie erklärte uns, sie habe noch einmal mit ihrer Familie gesprochen und diese hielt die Behandlung für unnötig. Wieso hat sich die Patientin denn nicht an die Abmachung, der sie selber zugestimmt hat, gehalten? Sie hat doch eine Verantwortung für ihre Gesundheit und ihre Familie hat doch gar keine Ahnung von den medizinischen Folgen. Ich verstehe nicht, wie man das verantworten kann! Wieso zählt denn bei denen die Familie immer mehr als der medizinische Rat?«

Hier wird ein Fall geschildert, der die übergeordnete Rolle der Familie in der »Wir-Gesellschaft« zeigt. Sobald die Familie die Behandlung für »unnötig« hielt, hat die Patientin die Behandlung abgebrochen. Hier wäre zu raten gewesen, rechtzeitig einen guten Kontakt zu einer wichtigen Ansprechperson in der Familie zu suchen. Dieser oder diese Angehörige sollte/n in der Familie eine wichtige Bedeutung haben – in der Regel wird dies ein älteres Familienmitglied sein. Sicher wäre es auch hilfreich gewesen, einen religiösen Führer mit in die Aufklärung über die Wichtigkeit der verordneten Behandlung einzubeziehen. Es ist Pflicht für gläubige Muslime, sich voll und ganz ihrer Gesunderhaltung und dem Genesungsprozess zu beugen.

11.1.7 Kulturelle Standards, Religion

Onkologie: Patientenaufklärung - Kommunikation von Tabuthemen

Eine Pflegerin der onkologischen Station berichtet, was sie einmal auf ihrer Station erlebte: »Ein Stationsarzt der onkologischen Station hatte einen türkischen jungen Patienten. Bei diesem wurde ein bösartiger Krebs festgestellt. Nach mehreren erfolglosen Chemotherapie-Zyklen verschlechterte sich der Gesundheitszustand des Patienten ständig und sein Tod war vorauszusehen. Eine ausreichende Kommunikation mit dem Pflegepersonal und den Ärzten war nicht gewährleistet, da die gesamte Familie des Patienten und er selber nur sehr schlecht deutsch sprachen. Gedolmetscht wurde von den Verwandten, da kein professioneller Dolmetscher zur Verfügung stand. Die Eltern fragten nun dauernd nach dem Gesundheitszustand des Sohnes. Sie fragten nach Möglichkeiten und erfuhren von der Auswegslosigkeit der Situation und dem bevorstehenden Tod des unheilbar kranken Patienten. Der erkrankte Sohn war während des Gespräches anwesend, zeigte aber keinerlei Regung. Es war uns auch nicht klar, ob er verstanden hatte oder nicht.

Die behandelnden Ärzte erfuhren später auf ihre Nachfragen hin, dass der Patient von seinen Verwandten nicht über seinen wahrscheinlich baldigen Tod informiert wurde, das heißt, der Verwandte, der dolmetschte, hatte diese Information für sich behalten und nicht an den betroffenen Patienten übermittelt. Die Ärzte und die Pflegenden, die diese Situation mitbekamen, sahen in dieser Situation einen klaren Verstoß gegen das persönliche Recht auf Wahrheit des Patienten. Mit Hilfe

eines richtigen Dolmetschers, der dann eingesetzt wurde, fragten die Ärzte dann den Patienten, ob er alleine ohne die Anwesenheit seiner Verwandten eine Information über den Status seiner Krankheit haben möchte – und er bejahte dieses. Daraufhin teilte der professionelle Übersetzer dem Patienten mit, dass er wohl in Kürze sterben würde. Nach ein paar Tagen verstarb der Patient dann auch, wie vorauszusehen war. Dann ging es aber los: Die Eltern des Patienten klagten alle deutschen Pflegenden und Ärzte an, am Tod ihres Sohnes schuld zu sein, da sie ihm, als er alleine war, gesagt hätten, dass er sterben würde und dies seinen Tod dann auch ausgelöst habe. Sie sagten, dass die Ärzte durch ihre Information über den baldigen Tod zur Verschlechterung des Krankheitszustandes bei ihrem Sohn beigetragen und somit auch den schnellen Tod ihres Kindes hervorgerufen hätten.«

Dieser Fall belegt eindeutig, wie unterschiedlich die kulturellen Standards hier wirken. Während auf der deutschen Seite das Recht auf Wahrheit ein medizinethisches Prinzip darstellt, ist auf der Seite der türkischen Patienten das Gefühl vorherrschend, dass die Ärzte und Pflegenden sich entgegen den islamischen Richtlinien verhalten hätten. Den Tod schon im Vorfeld zu erwähnen, bedeutet einen massiven Einschnitt in die religiösen Gefühle. Laut Islam gibt es nur einen, der über Leben und Tod entscheidet und das ist Allah. Die Erwähnung des bevorstehenden Todes durch Menschen, ist absolut unüblich und kommt fast einem Fluch gleich. Die Kommunikation hätte nach dem türkischen Verständnis niemals so direkt sein dürfen, ja sie trägt sogar im Verständnis der Betroffenen in diesem Falle dazu bei, dass der Tod des Patienten eingetroffen ist. Dabei wird die Krankheitsursache gar nicht mehr weiter beleuchtet – lediglich die Information über den möglichen Tod wird schon als Vergehen durch die Angehörigen angesehen.

▪▪ Tipp für die Praxis

Wenn Sie als Pflegende oder als behandelnder Arzt in eine, aus ethischen Gründen bedenkliche Situation geraten, wie zum Beispiel die Übermittlung der Nachricht über den in Kürze eintreffenden wahrscheinlichen Todesfall, so ist ein extrem behutsames Vorgehen, wie auch bei deutschen Patienten, extrem wichtig. Was im interkulturellen Zusammenhang jedoch noch dazukommt, ist die Tabuisierung bestimmter Bereiche. Folgende Praxistipps sollen helfen, hier einen moderaten und kultursensiblen Weg einzuschlagen:

- Ziehen Sie auf jeden Fall nur einen professionellen Dolmetscher in Betracht. Die Familie ist in jeder Hinsicht überfordert mit der Aufgabe und der Überbringer der schlimmen Nachricht könnte auch Folgen zu befürchten haben, wenn er eine derartig schlimme Situation, wie das Eintreffen des Todes, direkt ausspricht.
- Erwägen Sie die Zusammenarbeit mit einem Imam der Gemeinde, wenn die Familie sich als gläubig bezeichnet. Reden Sie dann im Vorfeld mit dem Imam bevor Sie die Information an den Patienten oder seine Familie weitergeben.

11.1.8 Nahrungsmittelvorschriften, religiöse Vorschriften

Urologie: Unreine tierische Bestandteile eines Medikamentes

Ein Gesundheits- und Krankenpfleger der urologischen Station: »Einem unfreiwillig kinderlosen türkischen Patienten, der sich selber als gläubig bezeichnet, wird zu Therapiezwecken ein Präparat verabreicht, welches Bestandteile von tierischen Produkten (Schweinepankreas) enthält. Der Patient ist entsetzt, schimpft auf die Behandlung und bricht die Therapie ab, als er feststellt, dass Bestandteile von Schweinepankreas in dem Medikament enthalten sind. Immer wieder schimpft er los und sagt, dass er kein Kind zeugen wolle, dass mit der Hilfe von Schweinebestandteilen gezeugt wurde. Er hat die Behandlung dann auch abgebrochen.«

Hier wird sehr deutlich, welche tiefliegende religiöse Abneigung gegen jegliche, auf Schwein basierenden Nahrungsmittel oder Medikamente bestehen. Der Ekel, den der Patient empfindet, als er erfährt, dass das verordnete Präparat Bestandteile vom Schwein enthält, geht so weit, dass er die Infertilitätsbehandlung lieber abbricht, als weiter Gefahr zu laufen, durch die Medikation mit Schweinen in Berührung zu kommen. Es wird sicher an diesem Beispiel klar, wie tief die Ängste vor der unfreiwilligen,

durch eine Behandlung verordneten Einnahme von Produkten, die aus dem Schwein gewonnen werden, von muslimischen Patienten gehen. Im Prinzip zeigt sich durch den Behandlungsabbruch deutlich, wie sehr sich der Patient »betrogen« und falsch behandelt fühlt, weil er feststellen musste, dass seine Wünsche bezüglich dem Verzicht auf Schweineprodukte, nicht respektiert wurden. Er verzichtet sogar lieber auf eine Behandlung seiner Infertilität, als dass er Gefahr laufen möchte, noch einmal medizinische Produkte, die Schweinebestandteile enthalten, verabreicht zu bekommen. Insgesamt fand hier auch ein klarer Vertrauensverlust statt, denn wir können davon ausgehen, dass der Patient sich betrogen und belogen gefühlt hat.

11.1.9 Andere Körperlichkeit, laute Schmerzäußerungen

Chirurgische Station: Bandscheibenvorfall

Eine Pflegeschülerin berichtet: »Ein türkischer Patient wurde wegen eines Bandscheibenvorfalls in die Klinik eingewiesen. Wir beobachten auf der Station, dass der Patient seine Schmerzen immer dann lautstark und für die anderen Mitpatienten sehr störend äußert, wenn seine Familienangehörigen zu Besuch kommen. Kaum sind diese jedoch nach Hause gegangen, kann er sich recht gut mit seinen Schmerzen arrangieren und er wird wieder still. Ich habe mich sehr geärgert über den Patienten, der vor seinen Angehörigen immer so ein »lautes Theater« macht.«

Der Patient darf nach islamischen Vorstellungen aber auch nach traditionellen Sitten seine Schmerzen der Familie offen mitteilen. Dies wird nicht als »Gejammer« betrachtet. Durch diese Schmerzäußerungen erhält jeder Patient auch die Zuwendung, die ihm als Krankem zusteht. Die Besuche der kranken Angehörigen im Krankenhaus sind sehr wichtig für Muslime. Sie sind für die Besucher eine soziale und religiöse Pflicht. Der Familie des Kranken wird sowohl im diagnostischen Bereich als auch im Heilungsprozess eine besondere Rolle zugeschrieben. Deshalb ist die Zahl der Besucher oft sehr hoch und die Besuchszeit immer von langer Dauer. Wird dies zum Problem für die Mitpatienten, sollte sich das Pflegepersonal höflich, aber bestimmt um die Einhaltung der Besuchsregeln bemühen und klare Regelungen aufstellen, die allgemein verpflichtend sind.

11.1.10 Scham und Ehre, Trennung von Geschlechtern

Kinderstation: Zimmerbelegung
Eine Kinderkrankenschwester auf der Kinderstation berichtet: »Wegen einer fortgeschrittenen Blutvergiftung durch eine infizierte Wunde wurde ein siebenjähriger türkischer Junge mit hohem Fieber in die Kinderstation aufgenommen. Nach der ersten Versorgung der Wunde sollte der Junge einige Tage stationär aufgenommen werden, um die Sepsis durch eine intravenöse Antibiotikaverabreichung weiter zu behandeln. Der Vater wollte – wie dies bei uns üblich ist – als Begleitperson seines Kindes aufgenommen werden. Der Junge sollte in ein Doppelzimmer gelegt werden, in dem schon ein anderes Kind mit seiner Mutter lag. Der Vater des Jungen bat uns dann um ein Einzelzimmer, da er nicht mit einer fremden Frau im gleichen Zimmer schlafen könne. Wir mussten das ablehnen, da wir komplett belegt waren und für diese Extrawünsche keinen Raum hatten. Der Vater versuchte uns dann zu erklären, dass es für ihn absolut unmöglich sei, das Zimmer mit einer anderen Frau zu teilen, und er versuchte, uns weiter zu überreden, indem er immer mehr Druck aufbaute. Es endete dann damit, dass er schimpfend die Kinderstation verließ.«

Hier wird ein Beispiel berichtet, in dem ein Vater sein krankes Kind begleiten möchte und auch nachts bei ihm sein möchte. Da aber die Mutter eines anderen Kindes auch in dem Raum anwesend ist, kann er aus Gründen der Scham und der Ehre nicht mit seinem Kind in dem Zimmer liegen und reagiert zunehmend gereizter auf diese Situation. Es ist sicher verständlich, dass es nicht jedem Menschen leicht fällt, mit Fremden in einem Zimmer zu schlafen. Aber mit andersgeschlechtlichen Fremden in einem Zimmer zu liegen, das ist ein Tabubereich in der muslimischen Gesellschaft. Hier wäre unbedingt eine Raumverlegung anzuraten, die es dem Vater ermöglicht, bei seinem Kind zu schlafen.

Es ist hier üblicher, dass Mütter ihre Kinder in das Krankenhaus begleiten und bei ihnen schlafen. Für türkische Patienten ist es üblicher, dass der Vater dies übernimmt. Dies hat mit der Rolle des Vaters zu tun, der die Familie nach außen hin repräsentiert und sein Kind schützen möchte.

11.1.11 Besuchsverhalten, religiöse Riten

Kinderstation: Besucher
Eine Kinderkrankenschwester berichtet: »In die Kinderabteilung kommt ein türkischer Junge wegen einer Fimose in Begleitung seiner Eltern zur Beschneidung. Schon direkt nach der Operation erscheinen ca. 20 Verwandte, die alle sehr festlich gekleidet sind. Das Patientenzimmer quillt über vor Menschen, die mit Geschenken aufwarten. Wir versuchen, den Besucherandrang zu stoppen, da ja auch noch andere kleine Patienten im Zimmer sind und ihre Ruhe brauchen. Schließlich gibt es ja auch noch geregelte Besuchszeiten, aber an die scheint sich niemand von der Familie halten zu wollen. Unsere Stationsleitung hat dann versucht, einen Kompromiss zu finden, nachdem die Besucher zum Teil auch ärgerlich auf uns reagiert haben. Auf Anraten der Stationsleitung wird eine türkische Kollegin um Hilfe gebeten. Sie hat uns dann erklärt, wie wichtig die Beschneidung in der Türkei sei. Sie sagte, dass es kein größeres Fest gäbe für einen Jungen und seine Familie als seine Beschneidung. So hatten wir das nicht gesehen, denn für uns hat nur die medizinische Indikation gezählt. Dann haben wir zusammen versucht, eine Lösung zu finden. Glücklicherweise war noch ein Einzelzimmer frei, so dass der Junge dahin verlegt werden konnte. Jetzt hat der zahlreiche Besuch weiter stattfinden können und hat niemanden mehr gestört. Die Eltern haben sich dann sehr herzlich bei uns bedankt und uns noch Süßigkeiten mitgebracht. Auch der Wunsch von uns, dass nicht mehr ganz so viele Besucher gleichzeitig zu dem Jungen kommen sollten, wurde von da an respektiert.«

Kinder und Jugendliche aus Migrantenfamilien wachsen in mehreren Lebenswelten auf, die auch als Hybridkultur bezeichnet werden. Sie wachsen gemäß den Regeln ihrer Herkunftsländer auf, aber auch in deutschen Kindergärten, Schulen, Jugend-vereinigungen, usw. Heranwachsende sind oft auf sich alleine gestellt bzw. sie geraten manchmal in Konflikt mit ihren Familien und ihrer deutschen Umwelt. Die Kinder und Jugendlichen sind oft darauf angewiesen, passende und geeignete Strategien im Umgang mit diesen Widersprüchen zu erlernen, wenn sie sich autonom und selbstbestimmt entwickeln wollen, wie dies in Deutschland gefördert wird. Die gesellschaftliche Integration der Kinder und Jugendlichen mit Migrationshintergrund kann dann erfolgreich gelingen, wenn eine Integration in beiden Lebenswelten möglich ist. Dass Jugendliche diese Integration in beide Kulturen schaffen, zeigen viele beeindruckende Beispiele der zweiten und dritten Generation von Jugendlichen mit Migrationshintergrund. Vor diesem Hintergrund ist es auch verständlich, dass sich die Jugendlichen nicht gerne als »Jugendliche mit Migrationshintergrund« stigmatisieren lassen wollen. Es können besonders in der Pflege von muslimischen Kindern und Jugendlichen viele Konflikt- oder Spannungsfelder entstehen, die es Pflegenden erschwert, den Anforderungen der Pflege professionell nachzukommen.

Was für die muslimischen Patienten allgemein gilt, gilt für die Pflege der Kinder noch mehr: Für eine erfolgreiche Pflege muss man das Vertrauen – in diesem Falle der Eltern – gewinnen.

> **>** Es geht primär darum, mit den Eltern zusammenzuarbeiten, ein Gespür für die andere Lebenswelt zu entwickeln und die vorhandenen Ressourcen und Strategien der Familien mit in den Pflegeablauf mit einzubeziehen.

Dieses Vorgehen, das oft als störend empfunden wird, kann durchaus auch positive Begleiterscheinungen haben, denn Eltern, die in den Pflegeprozess mit eingebunden werden, können auch wichtige Aufgaben übernehmen. Dieses Vorgehen kann auch als vertrauensbildende Maßnahme gesehen werden.

Kulturschock und seine psychosozialen Auswirkungen bei Patienten mit Migrationshintergrund

》 In die Fremde gehen heißt Kummer haben…
Türkisches Sprichwort 《

Ein im Zusammenhang mit dem Klinikalltag ganz wesentlicher Punkt, der so detailliert unseres Wissens nach aber noch nicht beleuchtet wurde, ist das Auftreten von Kulturschock-Syndromen, wie Zittern, Schweißausbrüche, Herzrasen, Introvertiertheit, bei den Patienten mit Migrationshintergrund, die sich neu in einer Klinik befinden. In den Kulturwissenschaften gehen wir fest davon aus, dass das Phänomen des Kulturschocks jeden Menschen betrifft, der auf eine neue Kultur stößt – allerdings sind Stärke der Auswirkungen und persönliches Empfinden natürlich individuell verschieden.

Der Kulturschock, so wie er in den angewandten Kulturwissenschaften erklärt wird, verläuft phasenförmig und umfasst mehrere durchlebte Gefühlsphasen, die jeden Menschen, unabhängig von seiner Herkunftskultur betreffen.

12.1 Die Gefühls-Phasen des Kulturschocks

- **Grundlegende Überlegungen zum Thema »Kulturschock« bei Migrantinnen**

Laut der Ottawa-Charta der WHO gelten Migranten als »verletzliche Gruppe«, denen eine besondere Priorität in Public Health-Strategien einzuräumen ist (Salman, 2007). Woher kommt diese besondere »Verletzlichkeit«, wie können wir als Pflegende damit umgehen und wie können wir mit Empathie auf die jeweiligen Situationen im interkulturellen Kommunikationskontext eingehen? Innerhalb dieser ohnehin als vulnerabel eingestuften Gruppe nehmen die Frauen eine traurige Vormachtstellung ein, denn Untersuchungen zeigen, dass Frauen im Migrationsprozess ein noch schwerwiegenderes Erkrankungsrisiko zeigen als Männer, vor allem im psychischen und im psychosomatischen Bereich. Die migrantensensible Gesundheitsforschung steckt noch in den Anfängen, daher gibt es über die Bevölkerungsgruppe der Migrantinnen noch nicht sehr viel aussagekräftiges Datenmaterial. Die Lebenswelten von Migranten und die gesundheit-

liche Lage sind dabei wesentlich auch immer durch die Kategorie Geschlecht bestimmt.

Die sich aus den Vorbedingungen ergebende zentrale erste Frage lautet demnach: »Brauchen Patienten mit Migrationshintergrund eine andere Pflege?«

Migranten sind, wie wir schon erfahren haben, oft nicht ausreichend über das deutsche Gesundheitssystem und seine Angebote informiert. Durch etliche Rückzugstrategien oder eine insgesamt schlechtere Integration in die Aufnahmekultur, bleiben die Frauen – insbesondere von traditionell orientierten Gesellschaften – außen vor und sind nicht ausreichend über unser Gesundheitssystem informiert. Aufgrund sprachlicher und kultureller Barrieren nehmen sie Gesundheitsangebote weniger in Anspruch, mit der Folge, dass es zu Fehl- oder Unterversorgung kommen kann. Wissenschaftliche Untersuchungen zur Gesundheit, zur Sicherheit und zur allgemeinen Lebenssituation von Frauen in Deutschland zeigen, dass ein hoher Prozentsatz von Migrantinnen ihren allgemeinen Gesundheitszustand als eher negativ beurteilt (Bundesweiter Arbeitskreis Migration und öffentliche Gesundheit, 2010).

Auch einzelne körperliche Beschwerden, wie Schmerzen, Magen-Darm-Störungen oder gynäkologische Probleme, wurden häufiger genannt als von einheimischen Frauen. Psychische Gesundheitsprobleme, wie Essstörungen, Selbstwertprobleme, Erschöpfungszustände und Lebensmüdigkeit, sind ebenfalls überrepräsentiert. Gleichzeitig ist der Kenntnisstand von Migrantinnen über Versorgungsangebote relativ gering, mit abfallender Tendenz in den höheren Altersgruppen, bei niedrigerer und bei kürzerer Aufenthaltsdauer in Deutschland. Außerdem wurde ein signifikanter Zusammenhang zwischen Gewalterfahrungen in der Biografie und dem Gesundheitsstatus der befragten Frauen festgestellt.

Vor dem besonderen Hintergrund der Situation des eher als schlechter zu bezeichnenden Gesundheitsstatus von Migranten, erfährt das von Kulturwissenschaftlern ausgiebig empirisch untersuchte und wiederholt belegte Phänomen des Kulturschocks eine besondere Beachtung. Im Gesundheitszusammenhang ist die Rede in diesem Zusammenhang auch von »kulturspezifischen Krisen«,

»multiplen Akkulturationsstress« oder einfach von »Stadien des Migrationsprozesses«. Diese Begriffe erklären an sich ganz ähnliche Faktoren. Sie erklären, wenngleich auch mit unterschiedlicher Begrifflichkeit, dass Menschen immer dann, wenn sie ihre gewohnte Kultur verlassen, für eine gewisse Zeit hilf- und orientierungslos werden.

Im Zusammenhang mit der aktuellen Forschungslage aus der Psychotherapie wird den hochsensiblen Stadien des Migrationsprozesses ein besonderer Stellenwert in der Individualentwicklung beigemessen. Es wird eine Analogie zwischen den Entwicklungsleistungen der Migranten bei der Integration in die Aufnahmekultur und den Entwicklungsleistungen, die Adoleszenten einbringen müssen um sich in die Gesellschaft zu integrieren hergestellt (Machleidt und Heinz, 2008).

In dem Moment, wo der einzelne Mensch nicht mehr auf seine gewohnte Problemlösung zurückgreifen kann – in diesem Falle unsere gewohnte medizinische Versorgung – und etwas für ihn völlig Unverständliches angeboten bekommt, setzen drei sehr lähmendes Gefühle ein: Hilflosigkeit, Ohnmacht und Angst.

Zahlreiche Untersuchungen und Erfahrungsberichte belegen dies: Das Verhalten von Patienten mit Migrationshintergrund ist sehr oft von genau diesen Gefühlen geprägt! Woher kommt dies, wo doch nachweislich die Gesundheitsversorgung hier in Deutschland im weltweiten Vergleich sehr gut abschneidet? Hier erfährt das Wissen um den Faktor *Kulturschock* zu wenig Beachtung, weil er einfach nicht wahrgenommen wird. Es ist einfacher, immer wieder bestätigt zu bekommen, dass Patienten mit Migrationshintergrund eben »als schwierig« gelten, als sich mit der besonderen Lage eines Patienten auseinanderzusetzen, der zusätzlich zu den Ängsten um seine Gesundheit noch kulturelle Überfremdungsängste erleidet.

12.2 Migrationsspezifische Stressoren und psychosomatische Auswirkungen bei Patientinnen mit Migrationshintergrund

Der Kulturschock verläuft phasenförmig und umfasst mehrere durchlebte Gefühlsphasen, die jeden Menschen, unabhängig von seiner Herkunftskultur betreffen (Abb. 12.1).

Anfänglich typisch für das fremdkulturelle Erleben ist die Euphorie. Man begegnet der fremden Kultur zunächst mit Neugier, Spannung, Freude. Man empfindet das Neue als bereichernd und interessant. Die eigene Kultur wird nicht in Frage gestellt. Dies betrifft wohlgemerkt den Verlauf bei Personen, die aus persönlichen Gründen ihr Land verlassen, z.B. bei Expatriates (Menschen, die im Ausland arbeiten und leben und sich bewusst für diesen Schritt entschieden haben). In diesem Zusammenhang ist auch das Phasenmodell des Migrationsprozesses wichtig, der ganz andere Grundbedingungen aufweist, etwa bei Kriegsflüchtlingen, Asylbewerbern und Migranten, die aus wirtschaftlichen Gründen ihr Land verlassen.

Bei diesen Gruppen ist schon von Beginn der Verlauf eines Kulturschocks anders, da die Phase der »Euphorie« wohl kaum der Realität entsprechen dürfte. Nach einer Eingewöhnungsphase von mehreren Wochen folgt dann das Bewusstwerden der Fremdheit der neuen Kultur. Man springt immer öfter in kulturelle »Fettnäpfchen«, fühlt sich verunsichert, weiß plötzlich nicht mehr ganz sicher, wie man sich nun verhalten soll. Es folgt also die »Entfremdung« und es entstehen erste Kontaktschwierigkeiten. Oft geben sich die Betroffenen selber die Schuld an den auftretenden Missverständnissen. Man beginnt, sich wieder nach Hause zurückzusehnen und es kommt zu erstem Heimweh. Die eigene Kultur wird verherrlicht, da der Betroffene anerkennt, welche Sicherheit er in seinem kulturellen System hatte. Kommt es nach dieser Phase zu einer Eskalation der Konflikte, wird es ernst. Nun wird der oder die Betroffene entscheiden, ob heimgekehrt wird oder nicht und ob der Aufenthalt in der fremden Kultur abgebrochen wird.

Dies gelingt aber natürlich nur, wenn auch abgebrochen werden kann! Im Falle von Flucht, Migration oder Asyl ist dies nicht mehr möglich! Das Problem verschärft sich besonders dann, wenn keine Rückkehrmöglichkeit mehr besteht. Jetzt fühlt sich der Mensch in der fremden Kultur stark verunsichert bis hilflos und die eigene Kultur wird mehr und mehr verherrlicht. Am schwierigsten im Verlauf des Kulturschocks ist diese Eskalations- oder Dekompensationsphase. Wird sie nicht konstruktiv

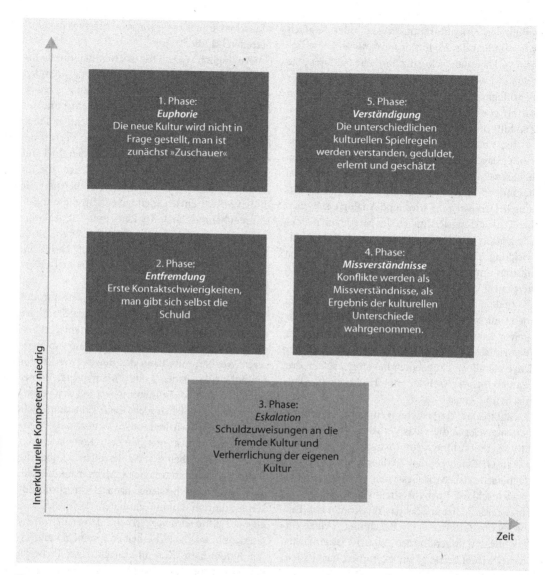

Interkulturelle Kompetenz niedrig

Zeit

1. Phase:
Euphorie
Die neue Kultur wird nicht in Frage gestellt, man ist zunächst »Zuschauer«

5. Phase:
Verständigung
Die unterschiedlichen kulturellen Spielregeln werden verstanden, geduldet, erlernt und geschätzt

2. Phase:
Entfremdung
Erste Kontaktschwierigkeiten, man gibt sich selbst die Schuld

4. Phase:
Missverständnisse
Konflikte werden als Missverständnisse, als Ergebnis der kulturellen Unterschiede wahrgenommen.

3. Phase:
Eskalation
Schuldzuweisungen an die fremde Kultur und Verherrlichung der eigenen Kultur

🔲 **Abb. 12.1**   Phasenverlauf des Kulturschocks

bearbeitet oder kann der Mensch nicht mehr mit den kulturellen Unterschieden zurechtkommen, wählt er entweder den Rückzug (Rückreise in das Heimatland) von der neuen Kultur oder die absoluten Verweigerung, sich weiter mit der neuen Kultur zu befassen. Beides ist fatal für die weitere Anpassungs- und Integrationsfähigkeit. Wird der Aufenthalt in der neuen Kultur abgebrochen, so kehrt der Mensch mit bleibenden und unreflektierten Negativeindrücken aus der neuen Kultur wieder nach Hause zurück und fühlt sich in allen Ressentiments

und Vorurteilen bestärkt. Menschen, die in dieser Phase zurückkehren in ihre Heimatkultur (wenn sie dies können), können ihre Vorurteile nicht mehr konstruktiv bearbeiten und überprüfen, ja, es gibt Fälle, in denen der Auslandsaufenthalt rassistische Tendenzen auslöst, wenn er nicht mehr bearbeitet wird. Menschen, die nicht mehr in ihre Heimatkultur zurück können und auf das Leben in dem neuen Land angewiesen sind und in dieser Eskalationsphase steckenbleiben, ziehen sich nahezu völlig in ihre gewohnte Kultur zurück und schotten sich mit allen Überfremdungsängsten von der neuen und dadurch immer unbekannt bleibenden neuen Kultur ab.

Im Zusammenhang mit Migration sprechen wir hier von der Phase der *Dekompensation*. Sie bezeichnet das auch für Migranten typische Eintreten des Kulturschocks, der mit körperlichen und psychischen Krisen und Konflikten einhergeht. In dieser Phase wird abgewogen, was von der Herkunftsgesellschaft beibehalten wird und was von der Aufnahmegesellschaft angenommen oder absolut abgelehnt wird! Es ist von enormer Wichtigkeit, sich über diese Phase im Migrationsverlauf klar zu sein und diese zu beachten. Wenn in dieser Phase der oder die Patient/in eine integrationsförderliche Haltung durch die Aufnahmegesellschaft erfährt, besteht Aussicht auf Erfolg im Integrationsbemühen. Mehr noch: Diese Phase legt den Grundstein zu dem weiteren Verhalten – wird es von Rückzug und Marginalisierung geprägt oder von einer Überwindung der Dekompensationsphase, einhergehend mit einer verstärkten Integrationswilligkeit in die neue Kultur.

Viele Migranten, die sich schwertun mit der Anpassung an die neue Kultur, bleiben in dieser dritten Phase hängen. Was bedeutet das? Es erklärt die konsequente Verweigerungshaltung und die Rückzugstendenzen derjenigen Migranten, die sich nur noch mit ihrer Herkunftskultur identifizieren und die nicht mehr bereit sind, auf die neue Kultur konstruktiv zuzugehen. Es erklärt alle Folgen der Überfremdungsängste, die typisch für dieses Stadium des Kulturschocks sind. Es erklärt, warum auch die Kommunikation zwischen Vertretern der neuen Kultur scheitert, indem sie weiträumig vermieden wird. Kurz: Es erklärt sehr viele Verhaltensformen, die typisch sind für Menschen, die sich angeblich nicht an die neue Kultur hier in Deutschland anpassen wollen. Dabei wäre der richtige Ausdruck für dieses Verhalten hier »nicht können«. Migranten, die sich stark zurückziehen und nur auf ihre Herkunftskultur beziehen, dazu aufzufordern, sich doch endlich anzupassen, scheint in diesem Zusammenhang ähnlich sinnvoll wie die Aufforderung an einen an Depression Erkrankten, er solle doch endlich mal wieder alles positiv sehen!

Ein Kulturschock muss nicht notwendigerweise alle fünf Phasen durchlaufen: Bei einem kürzeren Aufenthalt kann man in Phase 1 oder Phase 2 steckenbleiben. Auch ein Verharren in Phase 3 ist möglich: Interkulturelle Konflikte können in der Krise steckenbleiben und keinen Weg zur Verständigung finden. Andererseits können interkulturelle Begegnungen auch so konfliktfrei verlaufen, dass eine U-Kurve kaum festzustellen ist: Menschen mit einem hohen Maß an interkultureller Vorerfahrung und einer einheimischen Kontaktperson können den Kontakt zu einer neuen Kultur ohne Anzeichen eines Kulturschocks erleben.

Wir beobachten besonders im Klinikalltag all jene aus der Theorie des Kulturschocks bekannten Phänomene bei Patienten mit Migrationshintergrund, die sich in Deutschland nicht gut integrieren können und/oder wollen. Der Rückzug aus der deutschen Kultur erfolgt beinahe vollständig – von der Verweigerung der deutschen Sprache angefangen bis hin zur Verweigerung von deutschen Kontakten für die Kinder. Die Diskussion zu diesen Themen ist hinreichend bekannt. Auch das vermehrte Tragen von kulturtypischer Kleidung kann als identitätsstiftendes Symbol gesehen werden. Vergessen wir nicht, dass eskalierende Konflikte beiderseitige kulturelle Missverständnisse beinhalten. Unterschiedliche kulturelle Spielregeln werden getroffen, die nicht immer kompatibel sind. Dies zeigt sich insgesamt auch in der Suche nach einem guten Weg für die Integrationsbemühungen Deutschlands.

Gelingt es, ein Verständnis für kulturelle Belange bei beiden Partnern zu erzielen, dann kann der Konflikt auch aufgelöst werden. Dazu ist aber sehr viel einfühlsames Aufeinander-zugehen von beiden Seiten von Nöten. Kulturelle Kompetenz wird dann erreicht, wenn die kulturellen Spielregeln verstanden und nicht mehr als Bedrohung erlebt werden. Und das ist im täglichen Arbeitsablauf in allen stationären Einrichtungen, die alle unter einem enormen Arbeitsaufwand, Dokumentationsdruck und Zeitmangel stehen, sehr schwierig.

Wenn sich die Migranten als Wandler zwischen den Kulturen in beiden Kulturen regelsicher bewegen können, dann lässt auch der Druck nach und es stellt sich ein Gefühl von Sicherheit ein. Angst verschwindet. Vertrauen wird aufgebaut. Um die grundlegenden Unterschiede von Kulturen zu begreifen und um über die Feinheiten der Kommunikationsunterschiede Bescheid zu wissen, ist nicht nur viel Einfühlungsvermögen nötig, sondern vor allem auch Wissen um die derzeitig in den jeweiligen Kulturen geltenden vorherrschenden Wertestrukturen! Dies wird oft übersehen und stattdessen wird in der Praxis nach Rezepten gesucht, die allzu schnell über grundlegende Werteunterschiede hinweghelfen sollen.

In diesem Zusammenhang sei hier ernsthaft gewarnt vor Fortbildungen, die nicht von Experten sondern von »Interkulturellen Trainern« veranstaltet werden, die oft noch nicht einmal Auslandserfahrung haben, geschweige denn über das wissenschaftlich notwendige Expertenwissen verfügen.

12.3 Psychosomatische Folgen des Kulturschocks bei Patienten in stationären Einrichtungen

Betrachten wir einmal die typischen Gefühlszustände, die im Zusammenhang mit Kulturschock beschrieben werden, so wird schnell klar, dass besonders traditionell orientierte Muslime mit wenig Kontakt zu Deutschen, oft ganz akut unter Kulturschock-Syndromen leiden, wenn sie in einer auf Schnelligkeit und Effizienz ausgerichteten deutschen stationären Einrichtung eingewiesen werden, sei es eine Klinik, ein Seniorenheim oder eine stationäre Therapieeinrichtung. Die Sorge um die Gesundheit ist universal verbindlich, bei jedem Patienten, dies gilt ja auch für deutsche Patienten. Aber der Nachdruck in Deutschland wird auf die punktgenaue Diagnose, die Effizienz und die Reibungslosigkeit des allgemeinen Arbeitsablaufes gelegt, während in der Türkei und etlichen anderen süd- und osteuropäischen sowie asiatischen Kulturen der Mensch ganzheitlich betrachtet wird, was auch die wesentlich ungenauere Symptomschilderung der Patienten erklärt. Ein Patient, der sich »ganz krank« fühlt, drückt damit aus, dass es ihm, wie wir sagen, »wirklich schlecht« geht. Das Achten auf eine bestimmte organische Beschwerde oder die Möglichkeit, sich genau auszudrücken über

körperliche Vorgänge, ist eben nicht ohne Weiteres gegeben bei Patienten, die ein ganz anderes Krankheitskonzept haben.

In diesem Zusammenhang sei noch einmal an die andere Erwartungshaltung von muslimischen Patienten erinnert, die den ganzen Menschen in den Mittelpunkt der professionellen und der familiären Pflege stellt.

> **Typische Symptome eines Kulturschocks**
> - Exzessive Sorge um die eigene Gesundheit
> - Gefühle von Hilflosigkeit und Zurückweisung durch andere
> - Irritationen
> - Angst, betrogen oder verletzt zu werden
> - Starkes Verlangen nach Hause und nach den Freunden zu Hause
> - Psychosomatische körperliche Stressreaktionen (Schweißausbrüche, Herzklopfen etc.)
> - Ängstlichkeit und Frustrationen
> - Apathie
> - Unwillen, sich in der fremden Sprache auszudrücken
> - Einsamkeit
> - Defensive und unklare Kommunikation, »Ich bin ganz krank...«

Betrachten wir diese Symptome, so wird schnell klar, dass die meisten Probleme im Klinikalltag im Kontakt mit Patienten mit Migrationshintergrund hier wurzeln und sich in dieser Symptomatik ausdrücken. Aus meiner Datensammlung zum Kontakt der Pflegenden mit Patienten mit Migrationshintergrund ergibt sich, dass die folgenden drei Hauptverhalten, die von den Pflegenden als »schwierig« empfunden werden, sehr häufig genannt werden:

 - Unwillen, sich in deutscher Sprache auszudrücken
- Das Einnehmen einer aggressiven und feindlichen Haltung gegenüber oft weiblichen Pflegenden
- »Unklare« Kommunikation (»Ich bin ganz krank...«)

Literatur

Machleidt, W., Heinz, A. (2001): Psychotherapie bei Menschen
    mit Migrationshintergrund. In: Herpertz, S.C., Sluzki,
    C.: Psychologische Phasen der Migration und ihrer
    Auswirkungen. In: Hegemann, Th., Salman, R (Hrsg.):
    Transkulturelle Psychiatrie. Konzepte für die Arbeit mit
    Menschen aus anderen Kulturen. Bonn: Psychiatrie-Ver-
    lag.
Salman (2007): in Domenig, D. : Professionelle Transkulturelle
    Pflege, S. 88

Konflikte als Lernfeld der interkulturellen Begegnung

13.1 Interkulturelle Konflikte erkennen und lösen

Konflikte, die im Pflegealltag mit muslimischen oder anderen fremdkulturellen Patienten auftreten, können und sollten als Lernfeld genutzt werden, weil sie aufmerksam machen auf wichtige Unterschiede im Pflegeverständnis und auf die derzeit neu zu bewältigenden kulturübergreifenden Anforderungen im Pflegealltag. Konflikte müssen immer einer sorgfältigen und kompetenten Klärung unterzogen werden, damit diese nicht vorschnell als Kulturkonflikte gedeutet und »stigmatisiert« werden. Aus dem Klinikalltag kennen wir z.B. generalisierte institutionelle Konfliktlösungen: das Einrichten eines »Spezialzimmers für Muslime«, die Erweiterung von Besuchszeiten bei gleichzeitiger Einschränkung der Besucherzahlen, die Verabreichung schweinefleischloser Kost u.Ä. Hier werden durch die Betriebs- oder Pflegedienstleitung gutgemeinte Lösungen angeboten, die so nicht mit den einzelnen Patienten gesucht und ausgehandelt wurden, was natürlich auch angesichts des Pflegealltags nahezu unmöglich ist. Aber: Interkulturelle Konfliktlösung basiert immer auf einem wertschätzenden Erkunden der Motive, Sichtweisen und Gefühle aller Beteiligten, nicht auf einer vorschnellen »praktikablen Lösung«, nur damit der gewohnte Alltag schnellstmöglich weitergehen kann. Eine einvernehmliche Lösung des Konfliktes beim Nichteinhalten von gängigen Regeln und Normen im Pflegealltag kann erst dann gefunden werden, wenn im Rahmen des individuellen Pflegeprozesses erfahren wird, warum etwa im Verständnis der Angehörigen nicht nur der Patient krank ist, sondern die ganze Familie und weshalb es dann auch den Angehörigen so wichtig ist, möglichst oft und mit vielen Menschen den Patienten zu besuchen.

Dort, wo herrschende institutionelle Regeln und Normen im Klinikalltag von den Patienten oder ihren Angehörigen missachtet werden, müssen Integrationsfachkräfte als Kulturvermittler und Schlüsselfiguren von Migrantengruppen am Aushandeln von neuen und bahnbrechenden Verfahrensweisen im Klinikalltag hinzugezogen und beteiligt werden. Die Regeln des Pflegealltags sind so zu vermitteln, dass sie auch von allen Beteiligten verstanden und umgesetzt werden können. Das Pflegepersonal benötigt hierzu auch eine qualifizierende Unterstützung, die ihm die Kommunikation der Regeln und fachlichen Standpunkte gegenüber den Patienten und deren Angehörigen überhaupt erst ermöglicht.

13.2 Konfliktpotenzial im Pflegealltag

Anhand des bislang vorgestellten Themenkomplexes zum Umgang mit muslimischen Patienten zeigte sich, dass viele Konflikte zwischen Pflegenden und Patienten auf direkte und indirekte Kommunikationsformen, auf verbale und nonverbale Kommunikationsschwierigkeiten, auf kulturell bedingte unterschiedliche Erwartungen, auf religiöse, bzw. traditionelle Unterschiede, sowie auf die Ausrichtung einer sachorientierten Ich-Kultur mit einer hohen Eigenverantwortung oder die Ausrichtung einer auf Personen ausgerichteten Wir-Kultur zurückgeführt werden können. Missverständnisse und ungenaue Kommunikationsmuster sind die Hauptursache für Konflikte im Arbeitsalltag. Anhand der eingebrachten Fallbeispiele (▶ Kap. 14) können auch verschiedene Verläufe von Konflikten (Kommunikations- und Anerkennungskonflikten) nachvollzogen werden. In vielen Fällen eskalierte eine Auseinandersetzung aufgrund der Ethnisierung oder Stereotypisierung des Konflikts (»typisch muslimische Patienten«/»deutsche Pflegende sind gefühlskalte Ungläubige«). Wichtig dabei sind das systematische Vorgehen bei der Diagnose des Konflikts zwischen Ihnen als Pflegendem und dem Patienten oder der Patientin und das aus dem Hintergrundwissen über kulturelle Unterschiede erwachsende Erkennen von immanenten Lösungsansätzen zur Konfliktlösung.

Es gibt – ähnlich wie in der medizinischen Versorgung – drei Phasen der Konfliktbearbeitung oder -behandlung:

- Diagnose
- Prognose
- Therapie

Diagnose bedeutet im Konfliktzusammenhang: interkulturelle Kommunikationskonflikte erkennen und durchleuchten. Prognose heißt im übertragenen Sinn: die Deutung und Auswertung der jeweiligen Konfliktsituation. Die Therapie des Konfliktes zielt ab auf eine aktive Behandlung von Konflikten und die Erarbeitung von Lösungsvorschlägen und Handlungsalternativen, die beide Konfliktparteien gleichermaßen gelten lässt und sich frei von Schuldzuweisungen und Stereotypisierungen um eine Lösung bemüht.

Vor dem Hintergrund der dargelegten Kulturschock-Problematik wird wieder klar, wie wichtig eine interkulturell kompetente Kommunikation besonders im Umfeld der medizinischen Versorgung auf allen stationären Einrichtungen, insbesondere aber im Klinikalltag ist. Angesichts des Pflegenotstandes, eines auf Zeitmangel und Mangel an ausreichenden finanziellen Mitteln ausgerichteten Arbeitsstils, wird aber diesem Aspekt im Arbeitsalltag nahezu keine Bedeutung beigemessen. Mit dem Hilfeschrei nach einer besseren verbalen Verständigung notfalls auch mit professionellen Dolmetschern ist in dieser Hinsicht noch nicht viel gewonnen. Es muss wesentlich mehr Aufmerksamkeit auf die unterschiedlichen Kommunikationsformen, die in Kulturen vorherrschen, gelenkt werden. Mit der Ansicht: »Wenn ich den Patienten endlich wörtlich verstehen kann, kann ich ihm auch helfen…«, ist alleine noch nicht viel gewonnen. Für die Pflegenden und Ärzte ist es wichtig zu wissen, dass die in Deutschland gängige sehr direkte und sachliche Kommunikation in fast allen Ländern, aus denen wir Migranten in Deutschland haben, »falsch« verstanden wird, weil die Kommunikationsform in Deutschland eine direkte Umsetzung der zentralen kulturellen Standards von Sach-, Zeit- und Regelorientierung darstellt, die unter muslimischen Patienten als extrem unhöflich und verletzend gilt.

Dabei müssen wir wirklich nicht sehr weit schauen, um kulturelle Kommunikationsunterschiede festzustellen. Schon im Nachbarland Frankreich ist die Kommunikation wesentlich indirekter, sie bezieht mehr Höflichkeitsfloskeln oder »Softener« in das Gespräch mit ein und harten oder sachlichen Formulierungen wird wesentlich mehr ausgewichen als in Deutschland. Je weiter südlich und östlich wir gehen, desto indirekter wird die Kommunikation (als »Königskultur« der indirekten Kommunikation gelten die Kulturen von Fernost). Auch in der Türkei ist ein Hauptziel der Kommunikation im Allgemeinen, ein harmonisches Verhältnis mit dem Gesprächspartner aufzubauen und sich an die dort in erster Linie vorherrschenden Regeln von Höflichkeit, Scham und Hierarchie zu halten. Als Beispiel der indirekten nonverbalen Kommunikation sei hier erwähnt, dass Jugendliche und Frauen aus der Türkei dem Blick nicht standhalten, sondern extra ausweichen, was auf Deutsche *unsicher* und *verweigernd* wirkt. Das Ausweichen des Blickes ist aber ein Zeichen von Höflichkeit und Respekt in der Türkei. Das gleiche Verhalten wird also vollkommen gegensätzlich wahrgenommen in seiner Bedeutung! Es entstehen also schon alleine aus den unterschiedlichen Kommunikationsmustern heraus etliche Konflikte, die zum Teil unbewusst, zum Teil aber durchaus auch bewusst zu einer Verschlechterung der Situation in der Klinik beitragen.

»Du hast was gegen schwarze Menschen!«

Eine Pflegende (Stationsleiterin) berichtet: »Ich arbeite mit einer afrikanischen Kollegin. Sie riecht sehr unangenehm nach Schweiß. Nachdem ich das Problem etwa eine Woche lang nicht zur Sprache brachte, beschwerten sich auch die anderen Kolleginnen. Ich hatte etwas Bedenken, der Kollegin zu sagen, dass sie zu sehr nach Schweiß rieche, weil ich sie nicht beleidigen wollte. Ich habe mit ihr dann unter vier Augen über das Problem geredet. Die Reaktion von der Kollegin war vernichtend. Sie wurde sehr wütend und beschimpfte mich als »Rassistin«! Dabei hat das doch gar nichts damit zu tun. Sie sagte: »Du kritisierst mich, weil ich schwarz bin. Ihr in Deutschland seid alle Rassisten und ihr habt etwas gegen Schwarze!«

Zur Konfliktdiagnose des ausgewählten Beispiels dient ein Fragenraster, das Pflegende auch in einer Gruppenbesprechung zusammen erarbeiten können:

1. Um welchen Konflikt handelt es sich hier in erster Linie?
2. Wer ist beteiligt und welche Komponenten wirken in diesem Konflikt mit?
3. Was ist der Gegenstand, das Thema des Konfliktes?
4. Was sind die relevanten Fakten?
5. Welchen Konfliktverlauf gab es auch schon im Vorfeld?

6. Welche Rollenverknüpfungen gibt es bei den Beteiligten?
7. Welche Gefühle spielen möglicherweise auf den jeweiligen Seiten eine Rolle? Dies bitte ganz genau und ehrlich aufschreiben, da es der Konfliktlösung sehr hilft.
8. Was sind die Motive der am Konflikt Beteiligten?
9. Welche Werthaltungen spielen bei den Beteiligten eine Rolle?
10. Was sind die jeweiligen Positionen und Interessen?
11. Welche Grundeinstellungen zum Konflikt und welche Konfliktlösungsmuster gibt es bei den Parteien?
12. Welche Ressourcen werden im Konflikt deutlich, die sich für die Lösung nutzen lassen?

- **Fazit: Die Stereotypisierung der Probleme schafft immer Konflikte**

Primär handelt es sich um einen Anerkennungskonflikt. Bei der betroffenen Afrikanerin besteht das Gefühl, als Farbige nicht gleichwertig und gleichberechtigt behandelt zu werden. Nicht nur die beiden Primärparteien (Stationsleiterin und Pflegende) sind am Konflikt beteiligt, sondern auch das weitere Umfeld. Konfliktgegenstand ist zunächst der unerträgliche Körpergeruch, der im Klinikumfeld sehr störend wirkt. Dies sieht die Pflegende nicht, sondern sie zielt sofort auf den Vorwurf der Benachteiligung ab, indem sie von Rassismus spricht. Die Vorgeschichte der beiden Parteien ist wenig bekannt, die Gruppe der Pflegenden spekuliert über Feindbilder, die einen Anlass für den Widerstand der afrikanischen Kollegin bedeuten könnten.

Stationsleiterin und Pflegende stehen in rein beruflichen Beziehungen. Seitens der Stationsleiterin steht die Befürchtung im Vordergrund, dass die Patienten sich von dem Körpergeruch der Pflegerin gestört fühlen und dies auch übertragen. Die Stationsleiterin hat auch Angst vor Zurechtweisung von weiteren Vorgesetzten, denn der Vorwurf der Schlampigkeit oder der Vorwurf unhygienischer Verhältnisse fällt direkt wieder auf die Stationsleitung zurück.

Die afrikanische Pflegerin empfindet die Haltung der Stationsleiterin als Zeichen von Ablehnung ihrer Person, aber auch noch mehr als Erniedrigung. Ihre Bedürfnisse sind Anerkennung und Gleichbehandlung. Auf beiden Konfliktpartei-Seiten kommen unterschiedliche Werthaltungen zum Ausdruck. Die Stationsleiterin sieht folgende Probleme: Ordnung und korrekte Arbeit auf der Station sind gefährdet; die Pflegender fühlt sich in ihren Primärtugenden: Gerechtigkeit und Gleichheit empfindlich verletzt. Es wird klar deutlich, dass die Stereotypisierung dieses Konfliktes zu einer Verschärfung der ohnehin schon problembeladenen Situation beiträgt. Als Lösung schlägt die Gruppe der Pflegenden vor, ähnliche Fälle publik zu machen, auf der Schichtbesprechung und auf der Betriebsratsebene zu diskutieren. Weiterhin könnten die informellen Kontakte (durch Feste, gemeinsame Unternehmungen etc.) ausgebaut werden, um eine bessere Grundlage für die Zusammenarbeit und einen gemeinsamen Verständnishorizont zu schaffen.

Wenn es gelingt, die Sensibilisierung für diese Unterschiede alleine auf der Kommunikationsebene zu bewirken, ist schon ein großer Schritt in Richtung wirklicher Konfliktbewältigung und Verbesserung des Arbeitsalltages getan. Leider ist aber die Nachfrage nach kulturkompetenter Beratung und Fortbildung in vielen deutschen Kliniken noch recht rudimentär und Angebote werden immer wieder mit der Argumentation abgetan: »Wir haben viele Pfleger und Pflegerinnen mit Migrationshintergrund…«, als ob alleine die Tatsache der Herkunft aus einer anderen Kultur eine Garantie für eine kultursensible Haltung sein könne! In der Regel sieht es immer noch so aus, dass sich gegenseitige Vorurteile und Stereotypen zwischen Pflegenden und Patienten mit Migrationshintergrund im direkten Kontakt steigern. Dies wiederum hat dann direkte Folgen für den Krankheitsverlauf und öffnet der Kulturschock-Problematik bei den Patienten und den interkulturellen Konflikten bei den Pflegenden Tür und Tor!

13.3 Sozialkollektiver Gemeinschaftsbegriff oder individualistischer Gemeinschaftsbegriff – Das Erkennen der eigenen Rolle im Konflikt

Der immer wieder zitierte Konflikt zwischen Vertretern einer Ich-Kultur (Pflegende) und Vertretern der Wir-Kultur (muslimische Patienten) kommt in nahezu allen Befragungen zu den Hauptkonflikten mit muslimischen Patienten zum Tragen. Einer der beiden Konfliktverursacher (der Patient) erhält Unterstützung von seinen Freunden und Verwandten (Solidarpartei). Der einzelne Pflegende fühlt sich von einem »Rudel« Fremder angegriffen. Eine weitere Person (oft ein weiterer Pflegender) wird als Vermittler in die Auseinandersetzung hinein geholt (Drittpartei). Sie versucht die beiden Streitenden zu separieren und versucht eine 1:1 Konfliktaustragung zu erreichen. Dies kann aber angesichts der kulturellen Unterschiede so nicht gelingen, da das Muster der 1:1 Konfliktaustragung in der Wir-Kultur keinen Bestand hat und der Konflikt noch eskalieren kann. Um den Konflikt kultursensibel zu lösen, sind die kommunikativen Grundkompetenzen im interkulturellen Kontext gefragt, die das Erkennen von Konfliktsymptomen und Bedürfnissen ermöglichen. Zum anderen dienen sie dazu, den Einzelnen dazu befähigen, sich offen auszudrücken. In der zweiten Phase konstruktiver Konfliktbearbeitung steht die Deutung und Auswertung konfliktbehafteter Situationen im Vordergrund.

- **Empathische Aufnahmefähigkeit**

Sobald zwei Menschen in Kontakt treten, reagieren sie aufeinander. Es kommt zu einem Hin und Her von Äußerung und Antwort, von Aktion und Reaktion – es entsteht eine Beziehungsdynamik, die bei einem negativen Verlauf der Begegnung in einen Konflikt mündet. Wenn zwei Personen ihre Beziehung als unproduktiv und schwierig empfinden, aber aus eigenen Kräften keinen Ausweg aus ihren Schwierigkeiten miteinander finden, ist ein kompetenter Umgang mit Konfliktlösemustern anzuraten. Die negative Dynamik muss erkannt werden, Hintergründe gilt es zu verstehen, und die »gordischen

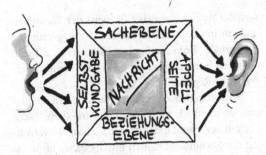

■ **Abb. 13.1** Vier Seiten einer Nachricht (aus Tewes R. 2010, »Wie bitte?«. Springer Verlag Berlin Heidelberg)

Knoten« des Konfliktes müssen erfasst werden, um eben diese Knoten wieder zu lösen.

Aus den Kommunikationswissenschaften kennen wir ein bekanntes Modell, das schon auf den Erkenntnissen des Aristoteles basiert, von dem bekannten Kommunikationswissenschaftler Friedemann Schulz von Thun wiederaufgenommen und weiterentwickelt wurde, das Modell »Die vier Seiten einer Nachricht« (■ Abb. 13.1). Es ist ein weit verbreitetes Modell mit hoher Praxisrelevanz. Nach Schulz von Thun sind bei der zwischenmenschlichen Kommunikation drei Dinge beobachtbar:

1. Klarheit ist eine vier-dimensionale Angelegenheit
2. In ein und derselben Nachricht sind viele Botschaften gleichzeitig enthalten
3. Die vier Aspekte sind gleichrangig

Dieses bekannte Kommunikationsmodell mit den vier Seiten einer Nachricht kann man auch an den Anfang der kultursensiblen Konfliktlösung stellen: Beobachtete Äußerungen, z.T. auch Stereotype werden nach den vier Seiten einer Botschaft hin analysiert

Wichtig ist in diesem Zusammenhang die Erkenntnis:

» Wenn ich als Mensch etwas von mir gebe, bin ich auf vierfache Weise wirksam. Jede meiner Äußerungen enthält, ob ich will oder nicht, vier Botschaften gleichzeitig. (Schulz v. Thun) «

Nach diesem Modell ist jeder Vorgang verbaler zwischenmenschlicher Kommunikation von vier Seiten her zu betrachten (bei der Betrachtung nonverbaler Äußerungen entfällt meist der Sachinhalt und im interkulturellen Kontext kann gerade die nonverbale Kommunikation nur sehr schlecht übersetzt werden, da es für diese kaum kulturübergreifende Regeln gibt).

Sach-Aspekt: »Wie kann ich Sachverhalte klar und verständlich mitteilen und wird diese Sachlichkeit auch verstanden?« Der Sachaspekt vermittelt nur Sachinformationen und ist daher oft missverständlich. (»Es ist Fakt/Tatsache, dass... Aus medizinischer Sicht sollten Sie...«)

Beziehungs-Aspekt: »Wie behandle ich meinen Mitmenschen durch die Art meiner Kommunikation?« Aus dieser Nachricht geht hervor, wie der Sender zum Empfänger steht, was er von ihm hält. (»Ich bin hier verantwortliche Pflegefachkraft, Sie sind der Patient...«)

Selbstoffenbarungs-Aspekt: »Was teile ich in der Kommunikation von mir selbst mit?« In jeder Nachricht stecken auch Botschaften über die Motive, Empfindungen, Werte des Senders, wobei damit sowohl die gewollte Selbstdarstellung als auch die unfreiwillige Selbstenthüllung einzuschließen ist. (»Ich fühle mich verantwortlich, also bestehe ich auf der Umsetzung meiner Anordnungen.«)

Appell-Aspekt: »Was will ich mit meiner Mitteilung erreichen?« Fast alle Nachrichten haben die Funktion, den Empfänger zu etwas zu veranlassen. (»Ich will, dass... Sie sollen...«)

Aus dem Kommunikationsmodell entstehen auch die Gefühle der Beteiligten, die in der Grafik der Beziehungen des Wertequadrates sichtbar werden, das auf viele Kommunikationskonflikte anwendbar ist. Immer dann, wenn gegensätzliche Haltungen zu Verzerrungen auf beiden Seiten führen, entsteht ein Konfliktpotential.

Dieselben Fragen können und sollen in der Betrachtung zwischenmenschlicher Kommunikation formuliert werden. Als Empfänger sollte man die vier Aspekte hinsichtlich ihrer Übereinstimmung betrachten und analysieren. Meistens ist der Sach-Aspekt dann gar nicht mehr so wichtig und der eigentliche Inhalt »verbirgt« sich im Appell. Dies geschieht in der Regel auf der unbewussten Ebene, da außer dem Sachinhalt alle Kommunikationsaspekte einen emotionalen Bezug haben.

Das Modell eignet sich nicht nur sehr gut für die Analyse konkreter Gespräche, sondern auch zur Aufdeckung von Kommunikationsstörungen oder zur Entdeckung eines interkulturellen Problemfeldes, wie zum Beispiel dem der Tabuthemen. Durch die vorgegebene Struktur des Kommunikationsmodells, lassen sich jedoch Kommunikationsereignisse relativ gut analysieren und erlauben so einen »Blick hinter die Kulissen« (◘ Abb. 13.2 und ◘ Abb. 13.3).

Hier liegt der Fokus in der genauen Beobachtung der Situation. Daran anschließend können die Ich-Botschaften benutzt werden:
a. Was beobachte ich?
b. Was fühle ich?
c. Was brauche ich?
d. Worum bitte ich?

● **Beispiel 1: »Warum haben muslimische Patienten immer so viel Besuch?«**

Botschaft: »Immer tauchen so viele Besucher auf, das ist nicht mehr auszuhalten, man kommt kaum an den Patienten heran. Und alle wollen informiert werden!« (Pflegende über das Besuchsverhalten türkischer Patienten).

- Auf der **Sachebene** bedeutet diese Aussage: *Es gibt zu viele Menschen im Krankenzimmer, das stört den Arbeitsablauf und andere Patienten.*
- Als **Selbstkundgabe** beinhaltet diese Äußerung folgende Gefühle: Wut: *Wir sind unterbesetzt; ich bin alleine, es gibt zu wenig Personal. Ich bin überfordert, wenn so viele Menschen im Raum sind und Anteil nehmen wollen.* Hilflosigkeit: *Ich weiß nicht, wie ich auf so viele Menschen reagieren soll.*
- Zugleich ist mit dieser Botschaft ein **Appell** verbunden: Klarere Regeln für Besucher mit Migrationshintergrund, die auch akzeptiert werden sollten, Wunsch nach Anpassung an die deutschen Gewohnheiten.
- Schließlich drückt diese Seite auch eine Bitte auf der **Beziehungsebene** aus: Wunsch nach Akzeptanz des deutschen Pflegealltags und Anerkennung der hervorragenden Leistung der Pflegenden.

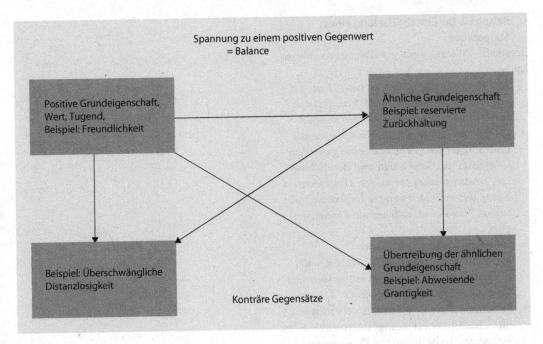

◨ **Abb. 13.2** Wertequadrat

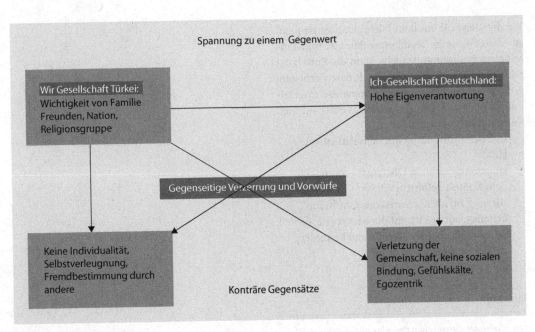

◨ **Abb. 13.3** Wertequadrat in Bezug auf kulturelle Prägungen

■ **Beispiel 2: Die Entschlüsselung eines Stereotypes**

Botschaft: »Warum sind die Deutschen alle so kalt?«

▬ **Sachebene:** *Deutsche nehmen von sich aus keinen Kontakt auf, sie halten sich fern, deutsche Familien sind viel kleiner, sie haben weniger Kinder oder sie mögen keine Kinder; viele alte Leute sind im Altersheim oder leben ganz allein – das zeugt von Gefühlskälte und Respektlosigkeit; Deutsche haben ein anderes Distanzverhalten, das wesentlich weniger körperliche Nähe zulässt. Man kann Deutschen nicht näherkommen.*

▬ **Selbstkundgabe:** Angst, Trauer

▬ **Appell:** Ich-Botschaften: *»Ich möchte Kontakt zu Deutschen«, »Wie kann ich mit meinen deutschen Nachbarn Kontakt knüpfen?«*

▬ **Beziehungsseite:** Es wird nach Sicherheit gesucht, nach einer Erklärung/ Interpretation des Verhaltens, die Beziehung zu Deutschen wird thematisiert, Integration in die Gesellschaft wird gewünscht.

Werden Beispiele aus dem Pflegealltag konsequent auf diese Weise in Teambesprechungen und Einzelbeobachtungen untersucht, kann die Entschlüsselung der Botschaften, die im Inneren arbeiten, gelingen und es kann sich eine empathischere Haltung durchsetzen. Das Ziel sollte das einer »idealen Kommunikation« sein, die:

▬ in Übereinstimmung mit dem Patienten verläuft,

▬ situationsgerecht, in Übereinstimmung mit dem Kontext geführt wird,

▬ stimmig auf allen 4 Seiten des Kommunikationsquadrates ist: auf der Sachebene, der Selbstkundgabe, des Appells und besonders auf der Beziehungsebene.

Literatur

http://www.schulz-von-thun.de/index.php?article_id=71
http://www.schulz-von-thun.de/index.php?article_id=72

Die biografisch orientierte Pflegeplanung mit Migrantenpatienten – Ein neuer Weg zu mehr interkulturellem Verständnis

14.1   Best-Practice Modelle

Vor dem Hintergrund der bisher erfahrenen Faktoren, die eine erfolgreiche interkulturelle Kommunikation bedingen, beantwortet sich die eingangs gestellte Frage: »Brauchen MigrantInnen eine andere Pflege?«, fast von alleine. Die Antwort auf diese Frage muss ganz klar »ja« lauten! Patienten und besonders Patientinnen mit Migrationshintergrund brauchen eine andere Pflege als die einheimischen Patienten, die mit unserem System von klein auf vertraut sind (und auch hier gibt es besondere Gruppen, die eine erhöhte Aufmerksamkeit in der Pflege benötigen). Das stellt natürlich besondere Anforderungen an unser gesamtes Gesundheitssystem, es erfordert die bedingungslose interkulturelle Öffnung und die konsequente Weiterentwicklung eines innovativen Weges, der konsequent auf seine Nachhaltigkeit hin überprüft werden sollte.

Eckpfeiler dieser Weiterentwicklung im Sinne von Best Practice sind:

- Professionelle kultursensible Pflege als fester Bestandteil in der Aus- und Weiterbildung der Pflegeberufe
- Einbeziehen der migrantenspezifischen Netzwerke
- Vermehrte Einstellung von Ärzten und Pflegern mit Migrationshintergrund
- Einrichtung fester Integrationsstellen in den einzelnen Kliniken, so wie sie vom Arbeitskreis für Migration und Gesundheit gefordert wird
- Gezieltes Qualitätsmanagement und regelmäßige Evaluierungsmaßnahmen
- Partizipation - Es sollte ein hoher Grad an Beteiligungsmöglichkeiten für die Patientengruppe bestehen

Sind sich Ärzte und Pflegende der besonderen Lage ihrer Patientinnen unter der Belastung »Kulturschock« bewusst und versuchen sie, sich auch darauf einzustellen, dann gelingt eine kultursensible Pflege ad-hoc wesentlich besser. Die Kommunikation wird von beiden Seiten als offener und nicht mehr belastend erlebt. Kliniken sind Institutionen, die gerade bei Patientinnen mit anderem kulturellen Hintergrund mehr Angst und Unsicherheit auslösen als bei deutschen Patienten. Das hat oft mit der Ausgangssituation in den Herkunftsländern zu tun, wo Kliniken eindeutig nicht dem deutschen Standard entsprechen, es hat aber auch mit kulturell bedingten Vorstellungen über Krankheit zu tun. Eine kultursensible Pflege bedeutet für die Patienten: Das Krankenhaus wird seinen »Schrecken« verlieren. Den Patienten wird die Angst genommen – dies alleine ist ein unvergleichlicher Fortschritt im Integrationsbemühen! Durch zielgerichtete Fort- und Weiterbildung der Pflegenden, in denen Information über die andere Kultur und andere Kommunikationsformen sensibel vermittelt werden, kann sich die Erwartungshaltung von Pflegenden konsequent ins Positive wandeln.

Für die Patienten heißt das: Angst kann langsam durch Vertrauen ersetzt werden!

Die Klinik gilt als Lebensschnittpunkt. Gelingt es hier, den Patienten die Ängste zu nehmen und in Vertrauen umzuwandeln, wird dies weitere positive Veränderungen nach sich ziehen: Ausgehend von der Institution Klinik kann sich dieses neue Vertrauen dann auch nach und nach auf die Aufnahmegesellschaft ausweiten.

■ Kultursensible Pflegeanamnese

Im Rahmen eines jeden Pflegeprozesses wird zunächst die Pflegeanamnese durchgeführt, wobei neben krankheitsbezogenen und medizinischen Fragen auch pflegezentrierte Informationen zu soziokulturellen und lebensgeschichtlichen Einflüssen zum Tragen kommen sollten. Indem das Gesundheits- und Krankheitsverständnis von Patienten ertastet und erfragt wird, macht man als Pflegender einen Schritt in Richtung der Verwirklichung des Konzepts der Mitbeteiligung von Personen gesellschaftlicher Randgruppen, wie Migranten und Migrantinnen leider immer noch oft genug bezeichnet werden. Diese Mitbeteiligung beinhaltet das Wahrnehmen und Ernstnehmen des Selbstbewusstseins eines Menschen durch die Wertschätzung seiner jeweiligen Fähigkeiten und individuellen Ressourcen. Eine kultursensible Pflegeanamnese sollte schon im Vorfeld der Anamnese die folgenden Fragen beinhalten:

- Versteht der Patient den Sinn und Zweck meiner Fragen?
- Verstehe ich genug über die Herkunftskultur des Patienten?

- Wie weit reicht mein Wissen über die Lebensumstände meines Patienten?
- Wer kann mir noch Aufschluss geben über die Lebenswelt meines Patienten?
- Wo liegen meine eigenen Grenzen in der Gestaltung der Beziehung Patient-Pflegender?
- Kann ich eine gute transkulturelle Pflegeanamnese in der mir zur Verfügung stehenden Zeit überhaupt durchführen?
- Welche zusätzlichen Personen (z.B. Angehörige) soll ich in das Pflegeanamnesegespräch einbeziehen und wie gehe ich dabei vor?
- Wie kann ich verhindern, dass sich Vorurteile und stereotype Bilder zwischen die Patienten und mich schieben?
- Genügt es, wenn eine zusätzlich anwesende Person das Gespräch übersetzt oder muss ich einen Dolmetscher organisieren?
- Welche Themenbereiche muss ich dringend ansprechen, welche muss ich umschreiben, weil sie mit Tabus behaftet sind, welche Fragen kann ich zu einem späteren Zeitpunkt klären?
- Welche Informationen muss ich dem Patienten geben, damit er sich sicher fühlt?

Die kultursensible Interviewtechnik ist deshalb so wichtig, weil sie Aufschluss geben kann über die kulturbedingten Vorstellungen von Krankheit und Gesundheit, über die familiären Hintergrundbedingungen und das individuelle Lebensumfeld. Wir finden auch heraus, welche Glaubensvorstellungen vorherrschen, wie traditionell ein bestimmter Patient orientiert ist und wie er sich in seiner Gesellschaft positioniert. Diese Art der intensiveren Beschäftigung mit dem Patienten kostet allerdings viel Zeit, viel Empathie und viel Ruhe, um immer wieder nachzuspüren, ob man die kommunikativ verschiedenen Ebenen berücksichtigt hat. Hin und wieder erscheinen auch bestimmte Aussagen nicht nachvollziehbar zu sein. Wo wir eine biologische Krankheitsursache feststellen, kann ein Patient aus einer anderen Kultur eine Strafe oder eine Prüfung sehen und sein gesamtes Verhalten daraufhin abstimmen. Aber bevor wir ein Problem analysieren können, müssen wir versuchen, es aus der Perspektive des Patienten zu betrachten – nur dann haben wir eine Chance auf Kooperation und Vertrauen

– und zwar nicht nur des Patienten sondern auch der gesamten Familie.

Die Erklärung des Patienten über seine Erkrankung ist seine tiefliegende Überzeugung zu seiner Erkrankung. Wir können anhand dieser Erklärung viel erfahren über die Ursachen, den Schweregrad, die Heilungsprognose, die gewünschte Behandlungsform und auch über die tieferliegende Bedeutung der Erkrankung in dem unmittelbaren Lebensumfeld des Patienten oder der Patientin.

Kultur ist und bleibt ein mächtiges unbewusstes Prägungsmuster, das zusammen mit den sozialen Faktoren wie Bildung und Erziehung, gesellschaftlicher Position usw. sehr tiefgreifende Einflüsse auf das Verhalten und die Vorstellungen des Patienten hat. Das Ziel ist, eine möglichst große Übereinstimmung zu finden mit dem Patienten, damit die Erkrankung auch gemeinsam überwunden werden kann. Es hilft nichts, unsere wissenschaftlichen Erklärungen »überzustülpen« und zu erwarten, dass der Patient sie auch einhält, wenn sein Glaubenssystem und seine spirituelle Sichtweise schon von vorneherein eine ganz andere Erklärung für die Erkrankung geliefert haben. Das Ziel der patientenorientierten Anamnese sollte auch immer sein, einen Überblick über die Strategien zu erhalten, die der betreffenden Erkrankung oder dem betreffenden Zustand in der Herkunftskultur entgegen gebracht werden.

Welche Strategien können Sie als Pflegende einschlagen, um sich einen solchen Überblick über Ihren Patienten zu verschaffen? Die Fragen sollten niemals als abzuhakende Checkliste gebraucht werden, sondern als Gesprächsleitfaden, der Ihnen dazu verhilft, sich einen Überblick zu verschaffen.

- **Beispiel für mögliche Fragen**
- Wie wird die Erkrankung in Ihrer Heimat genannt?
- Was kann die Erkrankung verursacht haben?
- Wovor haben Sie am meisten Angst, wenn Sie an Ihre Krankheit denken?
- Was macht Ihnen Sorgen?
- Wie beeinflusst dieser Zustand Ihr Leben zuhause?
- Können Sie nach dem Ausbruch der Krankheit oder Ihres Zustandes irgendetwas nicht mehr so tun wie vorher?

- Wie wird diese Erkrankung in Ihrer Heimat behandelt und welche Form der Behandlung wünschen Sie sich?
- Wie sind Menschen mit dieser Erkrankung in Ihrer Heimat geheilt worden?
- Welche Ideen haben Sie selber zu Ihrer Erkrankung und zu ihrer Heilung?

Der Schlüssel für eine individuelle, kultursensible Pflege liegt in der konsequenten Bereitschaft zur Entwicklung einer kultursensiblen Pflegehaltung, die auch anderskulturelle Einflüsse berücksichtigt. Eine wichtige Rolle spielt dabei die intensive Beobachtung der Patienten und ihres Umfeldes und das aufmerksame Sammeln und Besprechen pflegerelevanter Informationen über die Patienten, um eine individuelle kultursensible Pflege zu gewährleisten. Die in den Beobachtungen und Befragungen festgestellten kulturspezifischen Merkmale dürfen allerdings im Pflegealltag nicht zu einer verkürzten Schlussfolgerung der Pflegeanamnese verleiten und letztendlich damit zu einer Stereotypisierung oder Stigmatisierung der Pflegebedürftigen führen.

Es muss Ihnen als Pflegefachkraft klar sein, dass die Erstellung einer kultursensiblen Pflegeanamnese ganz besondere Anforderungen an die Bereitschaft zu Empathie und kultursensibler Komptenzerweiterung stellt. Mit kulturellem Wissen alleine kann ebenso wenig eine umfassende Pflegeanamnese gewährleistet werden, wie mit rein medizinischem Wissen, das die kulturellen Unterschiede und die individuellen Patientenbedürfnisse außen vor lässt. Kulturelles Wissen kann nur eingesetzt werden zum Verstehen des Kontextes einer Pflegesituation. Länder- und völkerspezifisches Fachwissen im Sinne von abfragbaren Rastern über bestimmte Kulturen kann nur als Hintergrundwissen im Pflegeprozess seine Anwendung finden und für eine erste Orientierung beim Erschließen kulturell begründeter Vorstellungen, Gewohnheiten, Verhaltensweisen und Bedürfnisse sorgen.

Die hier gewünschte kultur *sensible* Haltung der Pflegefachkräfte jedoch zeichnet sich durch Flexibilität und Empathie aus und ist definiert durch die Suche nach einer umfassenden Verständnis- und Begegnungsmöglichkeit, die erst eine individuelle Pflege für den Patienten mit Migrationshintergrund und seine speziellen Bedürfnisse ermöglicht. Die nötigen pflegerelevanten Informationen, die zu dieser kultursensiblen Pflege führen, setzen die konsequente Suche nach Verständnis und Begegnung mit den Patienten und ihren Angehörigen voraus, aber auch sehr viel wichtiges Hintergrundwissen über den Lebensalltag der Patienten, seine Herkunftskultur, seiner Lebenswelterfahrungen und Bewältigungsstile, sowohl in seinem Herkunftsland als auch hier in Deutschland. Auch hier können relevante Unterschiede eine Rolle spielen, das ist aus dem Praxisalltag hinreichend bekannt.

▪ Individualität berücksichtigen

Kultursensible und patientenorientierte Pflege bedeutet anders ausgedrückt: Die Tatsache, dass eine türkische Patientin in Ostanatolien geboren ist, hier aber lebt, muss nicht unweigerlich dazu führen, dass sie sich hier wie eine stereotyp betrachtete »türkische Patientin« verhalten muss. Vielmehr muss der individuelle Lebenszusammenhang, den sie sich hier angeeignet hat, beobachtet und festgehalten werden.

Im Hintergrund der jeweiligen Beobachtungen sollten immer die Fragen mitlaufen: Wie geht *dieser Patient X, diese Patientin Y* mit den Gegebenheiten und Anforderungen in dieser Einrichtung um? Welchen *rein äußerlichen* Eindruck macht er/sie auf uns bezüglich seiner kulturellen Zugehörigkeit? Kann ich daraus etwas Kulturspezifisches ablesen oder stigmatisiere ich nur vorschnell? Zeigt der Patient beispielsweise durch das Tragen bestimmter Kleidung die Zugehörigkeit zu einer religiösen Gemeinschaft? Welchen Stellenwert hat die Zugehörigkeit zu einer kulturellen oder religiösen Gruppe für diesen Patienten und seine Angehörigen? Welche individuellen Strategien hat er entwickelt im täglichen Leben im Umgang mit Selbstbestimmung und Anpassung? Ändert sich vielleicht sein oder ihr Verhalten während des Aufenthaltes in der Klinik oder bleibt es konstant?

Die Erweiterung der Pflegeanamnese auf diese und weitere Fragen der Selbstdefinition des Patienten schützt Pflegende vor vorschnell diskriminierendem oder als diskriminierend wahrgenommenem Verhalten und vor kulturellen Zuschreibungen und stereotypen Generalisierungen, denen wir alle allzu schnell gehorchen. Die selektive Wahrnehmung eines jeden Menschen, der immer das sehen will, was schon bekannt ist und nicht noch ein zweites Mal genauer hinsieht, ist hier ein kulturübergreifendes Phänomen.

In der Pflegeanamnese sind die Pflegenden angewiesen auf die Entschlüsselung der Sprache, der Bilder und Beschreibungen von Beschwerden, wie sie von den Patienten oder ihren Angehörigen mitgeteilt werden. Diese Entschlüsselung von fremden und zum Teil auch befremdlichen Bildern geht aber wie erwähnt, zuweilen weit über die rein sprachlichen Verständigungsprobleme hinaus. Genau hier ist wieder der kultursensible Ansatz gefordert, der eine vorschnelle Beurteilung und Festschreibung verbietet und von Wertschätzung für den »fremden« Patienten gekennzeichnet ist, eine professionelle Haltung, die weder verordnet noch einfach vorausgesetzt werden kann und darf.

In diesem Zusammenhang verweisen wir wieder auf den ICN-Kodex, der auch von der Seite der Pflegeinstitutionen fordert, die Rahmenbedingungen für eine ethische und kultursensible Haltung der Pflegenden sicherzustellen, sei es durch die Bereitstellung von Zeitressourcen, durch sorgfältig gewählte Fort- und Weiterbildung, durch interkulturelle Teamarbeit oder eine prozessbegleitende Qualifizierung, z.B. durch Supervision oder Mediation durch spezielle Fachkräfte. Hierbei muss klar sein, dass der Faktor »Zeit« im Pflegealltag neubemessen werden muss! Die Priorität muss mehr denn je von einer dokumentationslastigen auf eine zeit- und personenorientierte, intensive transkulturelle Pflegebeziehung verschoben werden.

Der Aufbau einer konstruktiven Pflegebeziehung gelingt oft besser über eine vermittelnde Unterstützung Dritter, die in den Pflegeprozess mit eingebunden werden. Sie können auch helfen, schneller einen Zugang zum Patienten zu bekommen. Kontaktpersonen, die sowohl von den Pflegefachkräften, als auch von den Patienten akzeptiert werden, können helfen, eventuell bestehende Kontaktbarrieren bei den Patienten zu überwinden. Solche Vertrauenspersonen können entweder direkt aus dem sozialen Umfeld der Pflegebedürftigen, wie der Familie oder dem Freundeskreis, entstammen oder sie können durch den konsequenten Aufbau von migrantenspezifischen Netzwerken gewonnen werden. Die enge Kooperation mit Migrationssozialdiensten und Vereinen oder Organisationen von Migranten, die in jeder Stadt und Gemeinde existieren bietet einen guten Ansatz zu einer wertschätzenden Pflege, die die individuellen Bedürfnisse des Patienten respektiert, auch wenn sie auf den ersten Blick nicht unbedingt mit unserer Mehrheitskultur vereinbar sind.

14.2 Die Aufnahme fremdkultureller Patienten

Krankheit und Gesundheit hat nach islamischem Verständnis immer einen speziellen Hintergrund. Trotzdem sind Muslime laut Koran verantwortlich für die eigene Gesundheit. Wenn man krank ist, wird dies als körperliche Ursache gesehen – Emotionen, Stress und andere psychische Ursachen sind nur schwer zu verstehen und zu akzeptieren. Speziell bei bildungsfernen Patienten fehlt diese Einsicht in biologische Basisvorgänge. Zum Beispiel ist eine spezielle Diät als Therapie nicht zu verstehen. Der Glaube an übernatürliche Krankheitsursachen spielt eine wichtige Rolle, speziell bei der ersten Generation der türkischen Migranten. Körperliche Beschwerden werden sehr lautstark geäußert, aber es ist ein Weg, auf die Schwere des Krankheitsempfindens aufmerksam zu machen. Dies gilt besonders dann, wenn die deutsche Sprache Schwierigkeiten macht. Indirekt werden Beschwerden erklärt, wie zum Beispiel: »Ich habe Bauchschmerzen«, wenn es um Unfruchtbarkeit geht. Körperliche Untersuchungen zeigen die Wichtigkeit der Erkrankung für die Patienten und die Familie. So kommt Laborergebnissen und Röntgenbildern eine hohe Wichtigkeit zu, und eine Medikation wird sehr häufig von den Patienten erwartet.

Erfahrungen zeigen: Der Krankheitsverlauf wird negativ beeinflusst, wenn die pflegerische Begleitung qualitativ nicht erfolgreich ist. Dann nimmt auch die Mitarbeit der Patienten ab, die für den Genesungsprozess wichtig ist. In diesem Zusammenhang ist die erste Phase des Patienten-Pflegenden-Kontaktes sehr wichtig. Gelingt es, eine gute und persönliche Beziehung zum Patienten aufzubauen, dann wird Missverständnissen auch vorgebeugt oder sie fallen nicht so sehr in das Gewicht, weil sie leicht ausgeräumt werden können.

Besonders sorgsam zu behandeln sind: Kinder, Frauen und ältere Patienten, Asylanten und Flüchtlinge.

■ Asylanten und Flüchtlinge

Bei Flüchtlingen kommen die komplexen Hintergrundumstände noch erschwerend zur Pflege hinzu. So sind zum Beispiel viele Flüchtlinge traumatisiert durch Gefängnisaufenthalte, Flucht, Folterungen.

■ Anamnesegespräch

Das Anamnesegespräch ist der erste Kontakt und eine sehr wichtige Phase im Pflegeprozess. Es ist wichtig genügend Zeit hierfür vorzusehen.

Es gibt vier wichtige Stufen im Gespräch:
- Information über den Patienten und seinen familiären Hintergrund erlangen
- Informationen an den Patienten und seine Familie bereitstellen
- Verbindliche Abmachungen treffen
- Informationen schriftlich im Pflegedossier festlegen

Den fremdkulturellen Hintergrund immer als wichtigen Faktor berücksichtigen.

■ Fragen zur pflegerischen Versorgung
- Gibt es bestimmte Vorbehalte gegen das Rasieren von Haaren am Körper (Kopf-oder Schamhaar)?
- Gibt es Probleme bei der Pflege von andersgeschlechtlichen Pflegenden und Ärzten?
- Haben bestimmte Kleidungsstücke eine besondere Bedeutung?
- Ist Krankenhausbekleidung in den Augen der Patienten sittenwidrig (OP-Kleidung ist an der Rückseite geöffnet)?
- Wollen Sie sich selber versorgen oder waschen? Wenn nicht, wie kann dies das Pflegepersonal am besten tun?
- Wollen Sie Angehörige mit in die Versorgung miteinbeziehen?
- Wenn ja, wie möchten Sie das tun?
- Können Angehörige und Pflegende zusammen pflegen? Bei dem Aufnahmegespräch von Patientinnen reden oft der Ehemann, der Bruder oder der Vater für die Patientin.

- Welche Medikamente nehmen Sie?
- Wer hat sie verschrieben?
- Von wem haben Sie diese Medikamente erhalten?
- Haben Sie diese Medikamente dabei?

❯ Bei Patienten mit dunklerer Haut ist die Beobachtung von Krankheitssymptomen, die durch Hautveränderung sichtbar werden, nicht einfach. So kann sich dunkle Haut gelblich färben (bei leichtdunklen Hauttönen) oder aschgrau (bei dunkelbrauner oder schwarzer Haut), wo hellhäutige Patienten als »blass« empfunden werden.

Solche Farbänderungen kann man am ehesten an den Stellen wahrnehmen, wo am wenigsten Pigmente in der Haut sind.

■ Wasser und Seife

Patienten mit dunklerer Hautfarbe benutzen oft Öl oder Creme nach der Dusche oder dem Bad, um die Haut geschmeidig und glänzend zu erhalten. Türkische Frauen benutzen bei der täglichen Hygiene viel Wasser nicht immer Seife. Das kann mit unseren Hygienevorstellungen kollidieren. Nach dem Toilettengang möchten sich muslimische Patienten mit Wasser waschen, daher sollte nicht nur Papier auf der Toilette sein, sondern auch ein Krug oder ein Behälter mit Wasser.

Ein Nichtmuslim kann einen muslimischen Patienten niemals rein machen. Das bedeutet eigentlich, dass die Pflegenden Waschungen nicht übernehmen können, oder der Patient muss sich danach noch einmal waschen.

■ Medikation

Medikamente werden nach dem Verständnis der Patienten nur vom Arzt oder Spezialisten verschrieben. Daneben existieren spezielle Hausmittel oder Therapien aus der traditionellen Medizin, die gerne eingesetzt werden. In der Praxis würdigen wir diese Methoden oft nicht, sie sollten aber berücksichtigt werden, da sie zum individuellen Heilerfolg beitragen können.

■ **Verbale Kommunikation**

Es gibt Patienten, die nur ihre Herkunftssprache sprechen, es gibt Patienten, die auch eine andere bekannte Sprache sprechen, wie Englisch, Französisch oder auch Russisch. Und dann gibt es Patienten, die keiner gemeinsamen Sprache mächtig sind. Oft wird die Sprache nur bruchstückhaft gesprochen, wie »ich krank…«, »ich viel Schmerz…«. Es gibt auch bei gut Deutsch sprechenden Patienten das Phänomen, dass über Probleme oder Emotionen nicht geredet werden kann und es gibt viel mehr Tabuthemen bei muslimischen Patienten als bei deutschen. Als Pflegender sollte man sich über den Umfang der Sprachkenntnisse einen Überblick verschaffen. Wenn das Sprachvermögen sehr eingeschränkt ist, muss ein Dolmetscher eingesetzt werden.

Muslimische Patienten stellen den Familiennamen immer an den Anfang, dann kommt der Vorname – nicht umgekehrt. Dies ist für die korrekte Ansprache sehr wichtig.

Reden Sie deutlich und langsam, aber übertreiben Sie nicht mit der Lautstärke. Benutzen Sie keine »Ausländersprache«, sondern kurze Sätze und vermitteln Sie den Inhalt stückweise. Wiederholen Sie das Gesagte mit anderen Worten und versuchen Sie herauszubekommen, ob Sie auch verstanden wurden. Fotos, Flyer, Piktogramme unterstützen. Geben Sie auch Gelegenheit für Fragen und wenn Sie merken, dass sich ein Patient schwertut, ermutigen Sie ihn dazu zu reden. Stellen Sie die »W-Fragen« (wie, wo, wann, warum und wer).

Seien Sie sich bewusst, dass es in Stresssituationen zu einer eingeschränkten Kommunikation kommt. Suchen Sie dann Hilfe bei einem Dolmetscher oder einem Kollegen.

■ **Fragen**

– Wie will der Patient genannt werden? Versuchen Sie den Namen richtig auszusprechen. Schreiben Sie ihn auch richtig auf.
– Was ist Ihre Nationalität?
– Wann sind Sie nach Deutschland gekommen?
– Haben Sie familiäre Verpflichtungen im Herkunftsland?
– Familie/Kernfamilie: Wer aus ihrer Familie ist der Ansprechpartner und wie ist er zu erreichen?

– Wer von der Familie kann als informeller Dolmetscher auftreten? (Fester Ansprechpartner)
– Viele Patienten haben sich viel Mühe gegeben, um eine Aufenthaltserlaubnis zu erhalten. Doch Vorsicht: Nicht immer entsprechen die Angaben der Wahrheit, es wird hier viel geschummelt, indem sich älter oder jünger gemacht wird.
– Wie alt sind Sie? Welche Geburtsdaten stehen auf Ihrem Pass?

■ **Religion**

Es gibt auch weniger bekannte religiöse Regeln. Jede Religion hat ihre eigenen Regeln zu den wichtigsten Lebensumständen.

■ **Fragen**

– Sind Sie praktizierender Muslim?
– Wenn ja, wollen Sie Ihre Religion hier ausüben?
– Welche rituellen Handlungen sind dann für Sie wichtig? (Manche Patienten möchten einen Gebetsteppich haben, Hinweis auf Gebetsräume geben)
– Möchten Sie für das Gebet speziell gewaschen werden und führt diese Waschung ein Familienmitglied aus? Wenn Bedarf ist, kann auch ein Imam hier kontaktiert und zu dem Gespräch hinzugezogen werden. Die Kontakte sollten in der Einrichtung bekannt sein.
– Haben Sie religiöse Gegenstände dabei, die für Sie wichtig sind?

■ **Entlassungsgespräch**

Für die weitere Pflege ist es wichtig, sich ein ausführliches Bild über die häusliche Situation zu machen. Nur dann kann die Behandlung auch auf den Patienten abgestimmt werden. Was bedeutet das für das Entlassungsgespräch? Das Entlassungsgespräch sollte schon länger vor der eigentlichen Entlassung geführt werden. Es ist ratsam, wenn ein naher Familienangehöriger, der als Vertrauensperson dient, mit hinzugezogen wird. Auf jeden Fall muss gefragt werden, wie der Aufenthalt in der stationären Einrichtung subjektiv empfunden wurde. Wichtig ist es auch, die Verhaltensmaßregeln für die weitere Gesundung und die Medikation explizit zu erklären. Fragen Sie auch, ob der Patient Probleme erwartet, wenn er alleine in seinen Lebensalltag zurückkommt, und versuchen Sie gemeinsam eine Lösung für diese geäußerten Probleme zu finden.

- **Besuchsverhalten**

Da das große Besucheraufkommen der Familie ein Problem bedeuten kann, sollten mit den Kontaktpersonen Regeln vereinbart werden. Kompromisse bedeuten in diesem Zusammenhang, häufigere Besuche in kleineren Gruppen zuzulassen oder die Besuche auf die wichtigsten Angehörigen zu beschränken. Wenn eine wertschätzende Kommunikation angestrebt wird und nicht einfach kommentarlos die Klinikregeln weitergegeben werden, hat dies im Allgemeinen auch Erfolg. Für solche Gespräche eignen sich ältere Pflegekräfte besser, da ihnen eine höhere Autorität beigemessen wird und die Vorschriften von Älteren eher respektiert werden.

14.3 Beispiel eines Standardpflegeplans für muslimische Patienten

Ein Beispiel eines Standardpflegeplans für muslimische Patienten zeigt ▣ Tab. 14.1.

14.4 Beispiele für eine kultursensible Pflege aus verschiedenen stationären Einrichtungen

Seniorenpflege: In der von einem ambulanten Dienst der Diakonie gGmbH Köln betreuten Demenz-Wohngemeinschaft *Nascha Kwarthira* leben acht russischstämmige Bewohner. *Nascha Kwarthira* bedeutet »unsere Wohnung« und entstand aus der engen Kooperation mit dem russischen Kultur- und Integrationszentrum *Phönix* und den Angehörigen der WG-Mitglieder. Nach dem ersten Erfolg sind nun weitere WGs für andere Migrantengruppen geplant. Das Projekt erhielt den Innovationspreis 2008 der Zeitschrift »Häusliche Pflege«.

Krohwinkel-Modell AEDL (Aktivitäten und existentielle Erfahrungen des Lebens): Dieses Modell dient dazu, die Bedürfnisse und den Pflegebedarf von Klienten in verschiedenen Lebensbereichen zu erkennen und zu erfüllen. Die AEDL können ebenfalls genutzt werden, um die spezifischen Besonderheiten in der Pflege von Menschen mit anderem kulturellen Hintergrund zu erfassen.

Das multiethnische Pflegemodell »pBIA« (die täglichen physischen und psychischen Bedürfnisse des Individuums unter Berücksichtigung der Andersartigkeit) nach Canan Mavis-Richter: Dieses Modell tritt für eine verbesserte kultursensible Pflege ein. Die Bezeichnung pBIA steht für »Die täglichen physischen und psychischen Bedürfnisse des Individuums unter Berücksichtigung der Andersartigkeit«. Im Vordergrund dieses Modelles stehen das Selbstbestimmungsbedürfnis des Klienten gleichberechtigt neben der Akzeptanz seiner Andersartigkeit und die Ausrichtung an seinen individuellen Bedürfnissen statt an seiner Pflegebedürftigkeit. Damit soll das mögliche Gefühl von Abhängigkeit vermieden werden und die Pflegeleistungen sollen als selbstverständlich erlebt werden können. Das Konzept greift die Netzwerkidee auf, um den Bedürfnissen des kulturfremden Klienten gerecht zu werden. Von Beginn der Behandlung an sollen alle relevanten medizinischen Fachrichtungen und Dienstleister einbezogen werden.

14.5 Zusammenfassung

Was können Sie nun als besondere Anregung in Ihren Pflegealltag mitnehmen? Wir haben hier eine Liste der wichtigsten Tipps und Gedanken zusammengefasst, die Sie jederzeit noch einmal schnell nachlesen können. Vielleicht möchten Sie sich diese Stichpunkte ja kopieren und irgendwo sichtbar aufhängen. Das ständige Erinnern von wichtigen Hinweisen kann dann auch in schwierigen Situationen vielleicht Entlastung bringen. Wenn wir dazu beitragen konnten, Ihren Pflegealltag ein wenig zu entlasten und Ihnen konkrete Hilfestellungen zur Pflege Ihrer muslimischen Patienten zum Anwenden mitgeben konnten, dann ist unser Ziel schon teilweise erreicht. Wenn wir obendrein noch helfen konnten, dass sich auch die muslimischen Patienten und Patientinnen künftig etwas geborgener in unseren stationären Einrichtungen fühlen können – dann ist unser Ziel mit diesem Handbuch vollständig erreicht.

Tab. 14.1 Standardpflegeplans für muslimische Patienten

Pflegeproblem/Ressourcen	Pflegeziele	Evaluation	Pflegemaßnahmen
Patient ist nicht vertraut mit dem Aufnahmeprocedere	Patient kann das Ziel der Aufnahme in eigene Worte fassen Der Pflegende muss überprüfen können, ob alles verstanden wurde	Aufnahmetag	Informieren Sie den Patient/Angehörigen über: Ziele der Aufnahme Zu erwartende Untersuchungen/Behandlung (wenn nötig Arzt einschalten) Kontrollieren Sie ob Patient Information verstanden hat Nutzen Sie Broschüren in jeweiliger Sprache oder Piktogramme Schalten Sie einen Dolmetscher ein
Aufnahmegespräch gibt Probleme	Aufnahmegespräch läuft ohne Probleme	Aufnahmetag	Kontrollieren Sie ob folgende Themenbereiche behandelt sind/keine Probleme verursachen können: Personenbezogene Daten Körperpflege und Kleidung Medikation Sprache Religion Ernährung/ Diät
Patient hat Angst wegen der Aufnahme	Patient kann Angst in Worte fassen ist weniger ängstlich	Aufnahmetag Regelmäßig überprüfen	Versuchen Sie heraus zu finden, wovor der Patient Angst hat und nehmen Sie ihn ernst mit seiner Angst
Es gibt ein Verständigungs-/Sprachproblem	Sprachbarriere gibt keine Probleme mehr	Täglich	Lassen Sie die Angehörigen einfache Sachen übersetzen Lassen Sie den Ansprechpartner übersetzen Lassen Sie Pflegekraft/Arzt, Kollegen übersetzen Schalten Sie einen Dolmetscher ein Kommunizieren Sie in einer anderen bekannten Sprache z.B. Englisch oder Französisch **Tipps** Benutzen Sie keine Fachsprache - benutzen Sie kurze Sätze Keine schwierigen Ausdrücke verwenden Nutzen Sie eventuell Bildmaterial oder Video Unterteilen Sie das, was erzählt werden muss, in Einzelthemen Überprüfen Sie regelmäßig, ob der Patient alles verstanden hat durch Zwischenfragen Schreiben Sie wichtige Informationen auf Papier auf Papier

◘ **Tab. 14.1** Fortsetzung

Pflegeproblem/Ressourcen	Pflegeziele	Evaluation	Pflegemaßnahmen
Patient hat Probleme mit dem Angebot der Speisen	Patient muss ausreichend essen	Täglich	Angebot Speisepläne (z.B. für muslimische Patienten) Angebot für die Angehörigen, Essen mitzubringen Rücksichtnahme bei ritueller Waschung vor dem Essen Geben Sie Zeit für rituelle Waschung Zeigen Sie Respekt für fremde Nahrungsgewohnheiten/Vorschriften Beachten Sie, dass Muslime mit der rechtem Hand essen müssen, die linke Hand gilt als unrein
Besucher halten sich nicht an Besucherregelung	Besucher akzeptieren Kompromisse	Täglich	Mit Ansprechpartner gesondert Vereinbarungen treffen bezüglich der Besucherzeiten Erklären Sie, warum Besuchszeiten wichtig sind Besprechen Sie stationsbezogene Gewohnheiten Treffen Sie Vereinbarungen über Besuche in kleine Gruppen
Unterschiede in Kultur/Religion geben Probleme	Unterschiede in Kultur/Religion werden von Patient und Pflegendem bewusst akzeptiert	Täglich	Möglichkeiten zum Beten anbieten Respekt zeigen für fremde Religion und Kultur Gegenseitig Rücksicht nehmen auf die unterschiedlichen Normen und Werte Rücksicht nehmen auf rituellen Waschungen Vereinbarungen treffen, was möglich/nicht möglich ist in Zusammenhang mit Kultur/Lebensregeln
Fremdkultureller Patient ist nicht vorbereitet auf die Entlassung	Patient ist vertraut mit Entlassungsprozedere Patient kann Veränderungen des Lebens in Worte fassen Patient hat alle Informationen über Erst- und Folgetermine	1 bis 2 Tage vor Entlassung	**Tipps:** Ausreichend Zeit einplanen Gegebenenfalls Dolmetscher/Ansprechpartner einsetzen Information geben über Entlassungsdatum/Entlassungszeit Termine schriftlich fixieren Information über Medikation Entlassungsbrief/ Unterlagen Info über Verhaltensregeln Evtl. Hausarzt informieren Evtl. Bericht an Pflegeheim Sonstige soziale Instanzen benachrichtigen

4

Auf einen Blick und zum Nachlesen noch einmal die wichtigsten Tipps

- Jeder Patient und jeder Angehörige hat seine ganz persönliche Kultur, egal aus welchem Land er stammt und welcher Konfession er oder sie angehört.
- Es ist mir bewusst, dass jeder Patient ein Individuum ist und ich jedem daher auch individuell begegnen muss. Jeder Mensch hat das Recht auf eine individuelle Pflege.
- Der Austausch und der Kontakt mit Menschen aus anderen Kulturen ist für mich eine Bereicherung. Dieser Kontakt kann meinen Horizont erweitern und meine eigenen Lebenserfahrungen ergänzen.
- Wir müssen auch unsere Ethik und unsere Kultur immer wieder hinterfragen um kultursensibel pflegen zu können.
- Bei einem Konflikt muss ich mir immer auch die folgenden Frage stellen: Wie heißt das Problem konkret? Was ist mein eigener Anteil daran? Messe ich nur mit meinen Wertvorstellungen?
- Bei der Begegnung mit muslimischen Patienten geht es immer um eine zwischenmenschliche Beziehung. Auch ich bringe meine Biografie mit. Unsere Beziehung sollte eine Balance von gegenseitigem Geben und Nehmen zum Ziel haben.
- Kultursensible Pflege bedeutet, jedem Menschen in wertschätzender Haltung und mit Empathie und zurückhaltender Neugier zu begegnen und sich unvoreingenommen zu freuen, ihn kennenlernen zu können.
- Manchmal hilft ein Perspektivwechsel, um ein Problem neu und unbefangen betrachten zu können. Hier ist auch das offene Gespräch mit den Kollegen sehr wichtig.
- Falls der Berufsalltag zu belastend wird, ist eine Supervision anzuraten, die es unter professioneller Anleitung erlaubt, Problemen konstruktiv auf die Spur zu kommen.
- Der Einsatz eines Integrationsbeauftragten in stationären Einrichtungen ist zu befürworten.
- Für die Arbeit mit Patienten aus anderen Kulturen ist es wichtig, dass ich stets offen bleibe und mich frei mache von Vorurteilen und Stereotypen.
- Ich erweitere mein Wissen über andere Kulturen, indem ich offen bin für Fort- und Weiterbildungen durch Referenten, die diese Thematik vorstellen und mir einen tieferen Überblick über andere Lebenswelten geben können.
- Ich zeige Respekt vor der hohen Schamgrenze meiner muslimischen Patienten.
- Ich informiere meine Patienten über ihre Rechte und Pflichten.
- Falls es aus medizinischer Sicht keine Einschränkungen gibt, erlaube ich den Familienangehörigen, eigene Nahrungsmittel mitbringen zu können.
- Ich respektiere das Ausüben der Religion.
- Ich versuche, meinen Patienten genügend Zeit zu widmen, um über Untersuchungen, Verfahren und Behandlungsmethoden aufzuklären.
- Ich achte darauf, dass Untersuchungen bei muslimischen Patientinnen wenn möglich immer in Anwesenheit von einer Ärztin durchgeführt werden.
- Ich bin über die örtlichen muslimischen Netzwerke informiert und habe eine Kontaktliste von Ansprechpartnern, wie zum Beispiel den Kontaktdaten der Imame.
- Ich biete den Angehörigen die Möglichkeit, die Pflege eines Verstorbenen so durchführen zu können, wie es Sitte und Ritus der Glaubensgemeinschaft vorsehen.

Abschließend ist zu sagen, dass die Pflege eines jeden Patienten viel Verständnis voraussetzt. Diese Bereitschaft zu einem Grundverständnis muss bei Patienten aus anderen Kulturen noch ausgeprägter sein. Die Pflege der Patienten soll trotz Berufsstress nicht mechanisch, unpersönlich und funktionell orientiert sein. Verstehen heißt »verstehen wollen« und erst dann »verstehen können«. Das »verstehen wollen« beinhaltet die Bereitschaft, jederzeit empathisch auf den Patienten zuzugehen. Linderung bzw. Heilung, die das Ziel einer jeden Pflegehandlung sind, können nur dann erzielt werden, wenn man eine Möglichkeit findet, die Einstellungen, die dem Leben und den Wünschen der Patienten zu Grunde liegen, in den Pflegehandlungen zu erkennen und dann auch zu berücksichtigen.

Literatur

www.kultursensiblepflege.de/pflegekonzepte.html

Nachwort

Da wir viel über den Umgang mit muslimischen PatientInnen erfahren haben, viel über ihre Werte und ihre Herkunftskultur möchte ich am Schluss noch einen ganz anderen Rückblick machen – einen Rückblick in die Geschichte der westlichen Medizin, die ohne die islamischen Erkenntnisse der früheren Jahrhunderte heute noch nicht so weit wäre…

Vor allem die medizinische Forschung erhielt in früheren Jahrhunderten starke Impulse durch den Islam. So heißt es in einem Hadith (Überlieferung des Propheten Muhammad):

»Allah hat keine Krankheit herabkommen lassen, ohne dass Er für sie zugleich ein Heilmittel herabkommen ließ.«

Auf der Grundlage dieser Worte wussten die Muslime, dass es für jede Krankheit auch Heilung gab, die man nur zu finden brauchte. Infolgedessen erlebte die Medizin unter dem Islam einen unbeschreiblichen Auftrieb. Neben der hohen Medizinerzahl, vor allem zur Zeit der Abbasiden, hatte die medizinische Versorgung einen Standard, welcher mit heutigen Verhältnissen vergleichbar wäre – die technischen Mittel ausgenommen. Bereits während des Kalifats von Harun ar- Rasid (786–809) gab es mobile Kliniken und zahlreiche Krankenhäuser, die der Staat errichten ließ. Mittelpunkt der medizinischen Forschung war Bagdad mit seinen ca. 860 Krankenhäusern, deren Lage nach rein hygienischen Aspekten ausgewählt wurde. Sie waren in unterschiedliche Stationen unterteilt und besaßen u.a. eine chirurgische Abteilung.

Die Entdeckungen auf dem Gebiet der Medizin lieferten der westlichen Medizinforschung die gesamten Grundlagen, mehr noch, ohne die islamische Medizin sind die Standards der heutigen westlichen Medizin gar nicht denkbar. Der Mediziner ar-Razi, Leiter eines Bagdader Krankenhauses, forschte neben seiner chirurgischen Arbeit auf dem Gebiet der Masern und Pocken. Seine Schrift galt bis ins 18. Jahrhundert als eine der hervorragendsten Arbeiten in diesem Bereich.

Wesentliche Erkenntnisse auf dem Gebiet der Augenheilkunde macht Ali Ibn Isa um 1000 n. Chr. Ibn Sina verfasste bereits im 11. Jahrhundert ein umfassendes medizinisches Lehrbuch, das ins Lateinische übersetzt und hier unter dem Namen Canon Medicinea bekannt ist. Wer meint, den Namen dieses Wissenschaftlers noch nie gehört zu haben, dem sollte er unter **Avicenna** bekannt sein. Viele Namen von Werken und Wissenschaftlern, die dem Westen Wissen lieferten, wurden so verändert, dass sie die wahre Herkunft nicht mehr verrieten. Die angeführten Beispiele sind nicht einmal ein Bruchteil dessen, was die islamische Medizin tatsächlich vorzuweisen hatte.

Dieser kleine Ausflug in die Geschichte der Medizin soll vor allem eines zeigen: Der Kontakt, den Islam und westliche Welt miteinander hatten, konnte schon immer gewinnbringend eingesetzt werden. Gerade in der Medizin war er in früheren Jahrhunderten bahnbrechend.

Im Sinne der interkulturellen Kompetenz halten wir es für wichtig, dass wir uns auch das Vergangene bewusst machen, damit wir uns heute im Hier und Jetzt informierter und verständnisvoller zeigen und gegenseitig neu erfahren können.

Anhänge

Anhang 1 – Überblick über kultursensible Pflegetipps für Angehörige der größten Religionsgruppen in Deutschland

Islam

- **1.1 Pflegetipps**
- Islamische Tradition unterscheidet zwischen »Reinem« und »Unreinem«.
- Alles, was den Körper verlässt, wird als unrein bezeichnet und bedeutet für den gläubigen Muslim, dass er sich immer wieder reinigen muss, da nur äußere Sauberkeit zur inneren Reinheit führt.
- Körperpflege ist nicht nur von hygienischer, sondern auch von ritueller Bedeutung.
- Reinigung des Körpers soll unter fließendem Wasser erfolgen, denn nur das fließende Wasser besitzt eine reinigende Wirkung → Dusche statt Vollbad bevorzugt (Bettlägerigen sollten zumindest Hände und Intimbereich mit fließendem Wasser gewaschen werden).
- Die meisten Muslime verwenden dabei keinen Waschhandschuh, da dieser als unhygienisch empfunden wird.
- Es gibt zwei Arten von Waschungen: die große und die kleine:
  - a. Große Waschung wird nach dem Geschlechtsverkehr, der Menstruation und vierzig Tage nach der Geburt durchgeführt.
  - b. Kleine Waschung: Gesicht, Hände, Arme und Füße unter fließendem Wasser; die morgendliche Waschung nach dem Aufstehen ist für den muslimischen Patienten ebenfalls wichtig; wichtig bei Inkontinenz: nicht ausreichend, den Urogenitaltrakt nur mit Zellstoff und Feuchttüchern zu reinigen, sondern Reinigung unter fließendem Wasser, da sich muslimische Patienten nach Kontakt mit Exkrementen unrein fühlen.
- Körperpflege ist durch genaue Vorschriften geregelt → nach Möglichkeit Muslime sich selbst waschen lassen.
- Auf gleichgeschlechtliche Pflegekraft achten.

- Mann: Intimbereich erstreckt sich vom Nabel bis zum Knie; dieser Bereich sollte unbedingt vor fremden Blicken geschützt und somit abgedeckt werden.
- Frau: alle Körperteile, die sexuelle Begierde wecken können, vor fremden Blicken, insbesondere von fremden Männern schützen. Der Intimbereich erstreckt sich bei der muslimischen Frau von den Oberschenkeln bis zum Hals.

- **1.2 Kleidungsvorschriften**
- Der Koran gibt lediglich eine Empfehlung zur Bedeckung des Kopfes ab: deshalb sollte es Muslimas möglich gemacht werden, auch im Krankenhaus das Kopftuch zu tragen, da sie sich sonst nackt und ungeschützt fühlen. Für muslimische Frauen gilt, abgesehen von den Händen und vom Gesicht, sich von Kopf bis Fuß zu bedecken.
- Männer unterliegen keinen so strengen Bekleidungsvorschriften: Sie müssen mindestens vom Bauchnabel bis zum Knie bedeckt sein

- **1.3 Nahrungsvorschriften**
- Da sich beim Essen die ganze Familie trifft, kann es passieren, dass die Angehörigen vermeiden wollen, dass der Patient alleine essen muss.
- Für die Einnahme der Mahlzeiten gelten daher für gläubige Muslime verschiedene Regeln.
- Schweinefleisch und schweinehaltige Produkte sind verboten.
- Es kann möglich sein, dass Angehörige dem Patienten ihr eigenes Essen von zu Hause mitbringen.
- Zudem gilt für Muslime, sich vor und nach dem Essen die Hände zu waschen.
- Ein Großteil der Muslime trinkt keinen Alkohol!
- Während einer Krankheit entbindet der Koran Muslime von der Pflicht des Ramadan, da das Fasten bei Krankheit dem Gesundungsprozess schadet und somit gegen den Willen Allahs ist. Jeder Muslim ist aufgefordert seine Gesundheit zu schützen und zu erhalten.

1.4 Kommunikation
- Muslimische Patienten haben oft Angst, aufgrund mangelnder Sprachkenntnisse missverstanden zu werden → Achtung: Trotz dieser Angst fragen die Patienten kaum nach.
- Der Stolz verbietet muslimischen Patienten nachzufragen, wenn sie bestimmte Wörter oder Sätze nicht verstanden haben. Deshalb sollten die Pflegepersonen den Patienten bitten, zu wiederholen, was gesagt wurde, um sicher zu gehen, dass er wirklich alles verstanden hat.

1.5 Ausübung religiöser Praktiken
Auf Gebetszeiten achten, Möglichkeiten für ungestörtes Gebet schaffen.

1.6 Sterbephase/Versorgung des Leichnams
- Tod und gelten als Teile von Allahs Plan.
- Wenn ein muslimischer Patient im Sterben liegt, sollte das Pflegepersonal seine Angehörigen kommen lassen, damit sie mit ihm Bittgebete und das Glaubensbekenntnis sprechen sowie verschiedene Riten und Zeremonien vollziehen können.
- Der Sterbende sollte mit dem Gesicht in Richtung Mekka gebettet werden.
- Es muss dem Sterbenden ausreichend zum Trinken angeboten werden, da ein Muslim nie durstig sterben darf.
- Liegt ein Muslim im Sterben, dann kümmern sich seine Angehörigen sehr intensiv um ihn → keine festen anordnen, eigenen Raum zur Verfügung stellen.
- Falls keine Verwandtschaft vorhanden ist, kann jeder fromme Muslim aushelfen, am besten wendet man sich an die nächstgelegene Moschee.
- Nach dem Tod wird der Leichnam in Rückenlage entkleidet und nach religiösen Bräuchen von gleichgeschlechtlichen Angehörigen gewaschen. Dabei werden alle Körperöffnungen mit fließendem Wasser gereinigt.
- Anschließend wird der Leichnam in ein weißes Leintuch gewickelt.
- Beim Tod eines Mannes werden nach der Waschung die Hände über dem Bauch zusammengelegt; bei einer Frau über der Brust. Wichtig: Der Tote darf nur von Muslimen berührt werden. Deshalb sollten Einweghandschuhe vom Personal getragen werden, um eine tatsächliche Berührung zu vermeiden.

Judentum

2.1 Pflegetipps
- Sofort nach dem Aufstehen sowie vor jedem Gebet und dem Essen werden die Hände mit Wasser übergossen, um rituell rein zu sein. Auch bettlägerigen Patienten sollte diese Möglichkeit geboten werden.
- Frauen: gleichgeschlechtliche Pflegekraft nötig; Männer: Geschlecht egal.
- Männer: legen besonders großen Wert auf die Bartpflege legen → wenn möglich, selbst machen lassen; Rasur wird nur trocken durchgeführt.
- Achtung: erhöhte Aufmerksamkeit für den Patienten ist am Sabbat geboten, da an diesem heiligen Tag evtl. keine Notrufglocke betätigt wird!

2.2 Kleidungsvorschriften
- Kopfbedeckung als Erkennungszeichen, auch bei Bettlägerigen: für Männer Hut oder Käppchen, für Frauen: Tuch.
- Juden dürfen nie ohne Bekleidung liegen oder stehen!

2.3 Nahrungsvorschriften
- Essen spielt im jüdischen Leben eine große Rolle. Deswegen bringen die Angehörigen gerne Leibspeisen und Delikatessen mit.
- Der strenggläubige Jude hält sich sehr genau an die Speiseregeln und wird deshalb auch nur koscheres (koscher = rein) Essen zu sich nehmen. »Koscher«: es dürfen nur Fleisch vom Stier, Schaf, Ziege, Widder, Hirsch, Rehbock, Antilopen, Bisons und Bergziegen gegessen werden, außerdem Fleisch von Geflügel und Fisch (keine Meeresfrüchte); das Tier muss auf vorgeschriebene Weise geschlachtet werden (geschächtet).
- Fleisch, das gebraten wird, muss vorher und nachher gespült werden.

- Eier und Milch eines verstorbenen Tieres dürfen nicht verzehrt werden.
- Fleisch- und Milchprodukte dürfen nicht zusammen zubereitet oder verzehrt werden, besonderes Koch- und Essgeschirr ist für »Fleischiges« und »Milchiges« erforderlich,
- Wein und andere Getränke aus Trauben sind verboten.
- Fisch mit Fasern und Schuppen darf gegessen werden.
- Fleisch, das lebendigen Tieren entnommen wird, darf nicht gegessen werden.

- **2.4 Sterbephase/Versorgung des Leichnams**
- Tod ist im jüdischen Glauben kein Ende, sondern ein Transfer des Lebens von dieser in eine andere Welt.
- Liegt ein jüdischer Mensch im Sterben, müssen Angehörige sofort verständigt werden. Angehörige und ein Rabbiner werden ab sofort dem Sterbenden rund um die Uhr beistehen.
- Keine pflegerischen Maßnahmen durchführen, damit sich der sterbende Mensch in Ruhe von der hiesigen Welt lösen kann.
- Kerzen anzünden.
- Nachdem der Tod eingetreten ist, wird dem Toten eine Feder auf den Mund gelegt, um sich zu vergewissern, dass der Tote tatsächlich nicht mehr atmet.
- Die Augen des Toten werden geschlossen und anschließend werden die Arme entlang des Rumpfes ausgestreckt.
- Danach wird der Leichnam gemäß der jüdischen Tradition mit den Füßen in Richtung Tür auf den Boden gelegt und eine brennende Kerze neben seinen Kopf gestellt.
- Anschließend wird gebetet, der Leichnam rituell gewaschen und mit einem Leinen- oder Baumwollgewand bekleidet.
- Die Angehörigen des Verstorbenen oder Mitglieder der jüdischen Gemeinschaft halten bis zu dessen Beerdigung Totenwache.
- Die rituellen Handlungen dürfen auch vom Pflegepersonal durchgeführt werden.

Buddhismus

- **Religiöse Hintergründe**
- Es gibt keinen Gott, trotzdem: ethische Regeln für ein »rechtschaffenes Leben«.
- Um nicht mehr wiedergeboren werden zu müssen: Streben nach »Erleuchtung«.
- Ziel: Überwindung des begrenzten Egos. Die Mittel dazu sind Meditation, Philosophie und rechtschaffenes Verhalten im Alltag.
- Buddhisten sehen es nicht gerne, wenn Tiere getötet werden(z.B. nach Möglichkeit keine Insekten töten in Gegenwart von Buddhisten, sondern fangen und ins Freie setzen).
- Die Füße werden in Asien oft als unrein bezeichnet. Deshalb möchten Buddhisten, falls sie eine Buddhastatue oder ein Bildnis des Buddhas im Zimmer haben, nicht so schlafen/liegen, dass sie mit den Füßen darauf zeigen.

- **3.1 Pflegetipps**
  Buddhisten der östlichen Länder legen Wert auf gleichgeschlechtliche Pflege. Im westlichen Buddhismus ist das nicht so strikt → Individuelle Absprache mit Patient ist ratsam.

- **3.2 Nahrungsvorschriften**
- Grundsätzlich: Buddhisten meiden es übermäßig viel zu essen.
- Einige Buddhisten meiden Fleisch, Alkohol, manche auch Knoblauch und Zwiebeln, individuelle Abklärung nötig.

- **3.3 Ausübung religiöser Praktiken**
  Dem Patienten sollte es ermöglicht werden, seine Religion nach eigenem Ermessen und eigenen Bedürfnissen ausführen zu können, z.B. das Zimmer nach seinen Wünschen einzurichten. Dazu kann ein kleiner »Altar« gehören, vor dem der Patient seine Meditation durchführen und auf dem er Buddhastatuen aufstellen kann.

- **3.4 Sterbephase/Versorgung des Leichnams**
- Buddhisten wünschen sich, frühzeitig über den bevorstehenden Tod informiert zu werden.
- Sie stehen in der Regel dem Tod gelassen gegenüber.

- Sterbende werden auf die rechte Seite gedreht, da Buddha so gestorben ist.
- In manchen buddhistischen Richtungen bevorzugen Sterbende aber die Meditationsstellung, zumindest eine gewisse aufrechte Körperhaltung.
- Nach Eintritt des Todes soll der Leichnam 45 Minuten lang nicht berührt werden.
- Angehörige und Mitglieder der buddhistischen Gemeinschaft bleiben beim Toten und meditieren.

Hinduismus

- **4.1 Nahrungsvorschriften**
- Die vegetarische Lebensweise wird als die ethisch höhere angesehen, da Fleisch ein Produkt der Tötung ist und nicht als sattvic (rein) gilt.
- Prinzipiell lehnen aber fast alle Hindus den Genuss von Rindfleisch ab, da das Rind als ein heiliges Tier betrachtet wird.

- **4.2 Sterbephase/Versorgung des Leichnams**
- Je nach Kaste unterschiedliche Riten der Bestattung.
- Leiche wird gewaschen und in Tuch gehüllt (für Frauen rotes Tuch).
- Mit den Füßen voran, wird der Leichnam abtransportiert.
- Traditionell ist die Brandbestattung, die rituelle Verbrennung des Leichnams.

Orthodoxe Christen

- **Religiöse Hintergründe**

Wie der Begriff »orthodox« schon besagt, versteht sich die orthodoxe Kirche als die »Kirche der Rechtgläubigkeit«. Orthodoxe Gläubige legen besonderen Wert darauf, als eine Kirche der rechten Lobpreisung des Dreieinigen Gottes (Gott Vater, Sohn und Heiliger Geist) wahrgenommen zu werden

Die Liturgie gehört zum Kern des orthodoxen Christentums, so dauert beispielsweise die Liturgie der koptischen Kirche ungefähr drei Stunden.

Das Auftauchen von religiösen Popen in der Klinik zum gemeinsamen Gebet an besonderen Feiertagen ist keine Seltenheit. Das orthodoxe Christentum zeichnet sich durch eine starke Betonung der Mystik und tiefer Spiritualität aus. Während die katholische Kirche ihren Ursprung von der römischen Gemeinde und dem Apostel Petrus ableitet, leiten die Orthodoxen Gläubigen sich direkt von der Urgemeinde in Jerusalem ab. Sie stellen daher auch seit jeher einen eigenen Pabst.

Wie in jeder Kirche, so gibt es auch in der Orthodoxen Kirche religiöse Dogmen. Diese werden als Hilfen und Wegweiser für die Gläubigen verstanden. In erster Linie dienen diese Regeln jedoch zur wahrhaftigen Lobpreisung Gottes, die sich, wie erwähnt in einer sehr ausführlichen Liturgie äußert.

Da sich manche Orthodoxe Kirchen (wie z.B. die Russisch-Orthodoxe und die Serbisch-Orthodoxe Kirche) nach dem Julianischen Kalender richten, feiern sie z.B. Weihnachten um 13 Tage verschoben.(d.h. der 25. Dezember im Julianischen Kalender entspricht unserem 7. Januar im Gregorianischen Kalender). Dies ist für Pflegende wichtig, da an diesen Tagen auch mit einem vermehrten Besuchsaufkommen zu rechnen ist.

- **5.1 Pflegetipps**

Kranke zu pflegen, Sterbende zu begleiten und für die Toten zu sorgen, wird in orthodoxen Kreisen zuallererst als familiäre Aufgabe verstanden → daher ist eine gute Angehörigenarbeit wichtig!

Gerade am Wirken der Geistigen Väter oder Mütter (Gerontes bzw. Ammas) wird der Brückenschlag von Spiritualität und Leben deutlich. Nicht nur Mönche in Klöstern, sondern auch Laien erfahren durch geistliche Begleitung wichtige Stützen und Hilfen in der Bewältigung der alltäglichen Probleme, so auch in der Klinik, wenn ein Glaubensbruder oder eine Glaubensschwester erkrankt ist.

- **5.2 Sterbebegleitung/Rituale**
- Das Sterbelager wird im Sterben in Richtung Osten ausgerichtet.
- Ikonen werden aufgestellt und Kerzen entzündet.
- Beendet wird der Ritus bei Eintritt des Todes mit der Bitte um Vergebung für die Verfeh-

lungen des Toten und seine Aufnahme in die ewige Ruhe.

- Für die Zeit unmittelbar nach dem Sterben gibt es eine Gebetsgottesdienstordnung.
- Nur durch diese Offenheit gegenüber Schmerz, Angst und Trauer kann auch deren Verwandlung stattfinden. Zu diesem Zweck wird immer wieder und in einem für westliche Verhältnisse außergewöhnlichen Maß auf die Psalmen zurückgegriffen.

Anhang 2: Länderüberblick über ausgewählte islamische Länder

Türkei

Fakten

Population: Gesamtbevölkerung Mitte 2011 (in Mio): 74

Ethnische Gruppen: Türken 80%, Kurden ca.20% (Daten basieren auf Schätzungen, es gibt keine verlässliche Volkszählungsquelle, die hier genauere Angaben macht. Laut Wikipedia ist die genaue Zahl der Kurden und Zaza der größten und sich der Assimilation am stärksten entziehenden Volksgruppen besonders umstritten. In der Türkei leben folgende Ethnien 77 bis 81% Türken 14 bis 18% Kurden 4% Zaza, 2% Tscherkessen 2% Bosniaken, 1,5% Araber, 1% Albaner, 0,1% Georgier, 0,5% Lasen sowie diverse andere ethnische Gruppen und Nationalitäten wie Roma, Armenier, thrakische Bulgaren, Aramäer, Tschetschenen, Griechen und türkische Juden.

Religionsformen: Muslime 99,8% (in der Mehrzahl Sunniten, Aleviten, u.s.), Christen und Juden 0,2%, andere nicht näher erläuterte.

Regierungsform: Parlamentarische Republik.

Türkische Sprache: Die offizielle Sprache Türkisch wird von nahezu 90% der Bevölkerung gesprochen. Die Kurdische Minorität spricht die Kurdische Sprache (ca. 6%). Arabisch wird von 1,2% der Bevölkerung gesprochen, die meisten arabisch sprechenden Türken beherrschen zusätzlich die türkische Sprache. Andere Sprachen sind Tscherkessisch, das von 0,09% landesweit gesprochen

wird, es finden sich auch griechische, armenische Sprachgruppen und eine speziell von den Juden in der Türkei gesprochene Sprache, die dem Romanischen verwandt ist.

Türkische Kultur

- **Islam**

Der Islam ist die Religion der Mehrheit, obwohl der Staat säkular regiert wird, es handelt sich also um eine klare Trennung zwischen Staat und Religion. Der Prophet Muhammad wird als der letzte göttliche Gesandte gesehen, der den als Propheten gesehenen Personen Jesus und Moses folgt und in direkter Blutlinie auf Abraham zurückgeht, um den Menschen Gottes Wort zu verkünden. Er wurde auserkoren, Allahs Wort allen Menschen zu verkünden, nicht nur einem bestimmten Volk. So wie Moses die Thora zu den Menschen jüdischen Glaubens und Jesus Christus die Bibel den Christen brachte, so überbrachte Mohammad das letzte der drei Bücher, den Koran, den Menschen. Im Islam werden alle drei Religionen als nahe verwandt betrachtet und die Angehörigen der Religionen Judentum, Christentum und Islam werden als »Religionsfamilie« (Ahl-al-Kitab, arab. »Familie des Buches«) bezeichnet. Der Koran und die Handlungen des Propheten, die in der sogenannten Sunna zusammengefasst sind, werden als die Verhaltensmaßregeln eines jeden gläubigen Muslims gesehen, an die er sich streng zu halten hat.

Zu den wichtigsten Pflichten für den Muslimen gehört das fünf mal am Tag stattfindende Gebet, bei Morgengrauen, zur Mittagszeit, am Nachmittag, bei Sonnenuntergang und am Abend. Die exakte Gebetszeit wird täglich in den Medien veröffentlicht. Der Freitag ist der für Muslime allgemeine Ruhe- und Feiertag, obwohl er in der Türkei nicht als Feiertag praktiziert wird (dies liegt an der Regierungsform, die eine klare Trennung von Staat und Religion durchführt). Dennoch nehmen die meisten Gläubigen an dem gemeinschaftlichen Moscheebesuch Freitagnachmittag teil. Im Monat Ramadan, der als heilig gilt, fasten gläubige Muslime von Morgengrauen bis Sonnenuntergang. Fasten beinhaltet keinerlei Essen am Tag, kein Trinken, kein Rauchen, kein Kaugummikauen und dazu strenge sexuelle Enthaltsamkeit.

▪ Kommunikation und Beziehungen

Türken investieren Zeit in persönliche Beziehungen. Dies gilt für jede zwischenmenschliche Begegnung, ob im Geschäftsleben oder im Privatbereich. Auch in der Klinik wird erwartet, dass sich Pflegende und Ärzte Zeit nehmen, oder zumindest, dass man ihnen den oft herrschenden Zeitdruck nicht anmerkt, da dieser unpersönlich und abstoßend wirkt. Türken ziehen bekannte unbekannten Personen vor. Bekanntschaften werden über private Einladungen und gemeinschaftliche Unternehmungen verfestigt und ausgebaut. Höflichkeit und Respekt werden vom Gesprächspartner vorausgesetzt, wobei der Respekt andere Regeln hat als in Deutschland. Türken respektieren sehr stark ältere Menschen, unabhängig von ihrem Bildungsstand, Männer werden mehr respektiert als Frauen.

Türken haben eine geringere Nähe und Distanzspanne, das heißt, sie stellen sich in der Regel dichter an ihren Gesprächspartner als Deutsche und auch wenn sie in der Gruppe stehen, stellen sie sich enger als Deutsche dies tun. Damit sorgen sie in der Klinik oft für Unbehagen, wenn deutsche Pflegende von mehreren Familienangehörigen »eingekreist« werden. Für Türken ist diese wesentlich geringere körperliche Distanz jedoch normal und üblich. Wer dann versucht, auszuweichen, gilt als sehr unhöflich und unfreundlich!

Gesprächsverhalten

Diskussionen kommen zunächst schwerfällig in Gang und werden von vielen Fragen, die für Deutsche als irrelevant für das Thema eingestuft werden können, unterbrochen. Es gilt aber als Zeichen von extremer Unfreundlichkeit, die schon an Beleidigung grenzt, wenn immer wieder versucht wird, diese Fragen abzukürzen, um zum Kernpunkt des Themas zurückzukommen. Die Regeln des Smalltalks sind schon alleine dadurch anders, als bei Türken der Aufbau der persönlichen Beziehung im Vordergrund steht, bei Deutschen der Smalltalk aber aus unpersönlichen Informationen besteht, wie etwa dem Reden über das Wetter, und familiäre und private Informationen nicht gegeben werden. Bei der Gesprächsführung mit Türken haben private Fragen, insbesondere Fragen nach der Familie und den Kindern, ihren festen Platz und gelten als

Zeichen von Anteilnahme, guter Erziehung und Höflichkeit.

Türken sind recht nationalistisch, das heißt sie sind stolz, Türken zu sein, und sind stolz auf ihr Land, ihre Herkunft und Kultur. Sie begrüßen Fragen über ihre Kultur und Landesgeschichte, aber Fragen über die politischen Gegebenheiten oder Politikgeschichte sollten vermieden werden – diese gehören nicht zum Aufbau einer persönlichen Beziehung und haben in einer offen interessierten Unterhaltung nichts zu suchen.

Türkische Männer lieben Fußball und man tut gut daran wenigstens einmal den Namen der wichtigsten Fußballmannschaften gehört zu haben: Galatasaray, Beşiktaş oder Fenerbahçe. Fragen nach dem bevorzugten Team zeigen nicht nur Interesse an diesem wichtigen Teil des täglichen Lebens, sie werden meist überaus gerne aufgegriffen, wenn sich das ergibt, und – auch wenn dies nicht vorrangig zu einem Gespräch im Klinikzusammenhang steht – können sie viel dazu beitragen, dass Ängste und Vorurteile gegenüber deutschen Pflegenden abgebaut werden. Ist die persönliche Beziehung erst einmal hergestellt, ist dann auch die Kommunikation direkter und man kann in den Folgegesprächen wesentlich schneller »auf den Punkt kommen« und sich auch auf eine klare Frage-Antwort-Situation einlassen, die der schnellen Einschätzung von Problemen dient.

Wichtig: Ist der persönliche Kontakt hergestellt, ist das Aufrechterhalten von Augenkontakt wichtig und zeugt von Ernsthaftigkeit und Vertrauen. Bevor diese persönliche Verbindung hergestellt wurde, sollte der direkte Augenkontakt vermieden werden, da es als respektlos gilt, jemanden, den man nicht kennt, direkt in die Augen zu starren! Auch hier gilt wieder: Je mehr Zeit in den Erstkontakt investiert wurde, desto schneller funktioniert später die Kommunikation. Hat man dies aber nicht berücksichtigt, kommt nie mehr ein gutes und vertrauensvolles Gesprächsklima auf und wertvolle Informationen, die für die Pflege sehr wichtig sind, werden nicht gegeben!

Es kann von großem Vorteil sein, wichtige Informationen, grafisch, etwa mit Piktogrammen, zu verdeutlichen, um sicherzugehen, dass die Informationen auch verstanden wurden. Ein aus Höflichkeit vorgebrachtes »Ja« auf die Frage, ob alles verstanden wurde, muss nicht heißen, dass dies der Wahrheit entspricht, es kann auch ein »Höflichkeits- oder Verlegenheits-Ja« sein, das mit echtem Verständnis nichts zu tun hat. Falls ein wichtiger medizinischer Vorgang erklärt werden muss, kann das Ausweichen auf sprachliche Bilder und Metaphern sinnvoll sein, da dies der türkischen Kommunikation entspricht und auch verstanden wird.

Wenn Sie es als Pflegender mit Patienten türkischer Herkunft zu tun haben, sollten Sie immer das Folgende im Auge behalten: Ihr Zugang zu dem Patienten wird maßgeblich von Ihrer Fähigkeit, eine persönliche Beziehung zu ihm aufbauen zu können, beeinflusst. Wenn Sie akzeptiert und gemocht werden und sich der Patient Ihnen dann auch persönlich öffnen kann, dann gestaltet sich die Beziehung auch sehr viel einfacher, als wenn sich große Ressentiments aufgebaut haben. Versuchen Sie, weniger sachlich und dafür herzlicher aufzutauchen. Gerade die von uns Deutschen so bevorzugte Sachlichkeit wird von türkischen Patienten oft als herzlos und kalt empfunden, und wenn der Patient das Gefühl hat, es mit einem »herzlosen Deutschen« (so ein gängiges Stereotyp) zu tun zu haben, verschließt er sich und ein konstruktiver Umgang wird wesentlich schwieriger. Der Erstkontakt sollte so aufgebaut werden, dass in erster Linie die persönliche Beziehung aufgebaut wird, indem Sie an erster Stelle das Interesse am Menschen zeigen, ein Interesse an seiner Familie, Herkunft, persönlicher Lebenswelt usw. aufbauen und in zweiter Linie dann die gesundheitlichen Aspekte erfragt werden. Je besser dieses erste Kennenlernen funktioniert und je weiter sich der Patient auch persönlich öffnet, desto besser funktioniert dann auch die medizinische Versorgung.

Die Kommunikation mit türkischen Patienten sollte visuell und metaphorisch ergänzt werden. Es ist besser, einen komplizierten medizinischen Sachverhalt in »Bilder« zu kleiden, als ihn nüchtern und sachlich durch den Gebrauch von Fachtermini zu erklären. Wenn es Ihnen gelingt, die wichtigen Informationen in beispielhafte Analogien zu übersetzen, dann sprechen Sie den Patienten wesentlich besser an als mit der Anhäufung von sachlichen Informationen. Eine visuelle Unterstützung, zum Beispiel mit Piktogrammen ist auch zu empfehlen, wenn der Patient zeigt, dass er nur wenig Deutsch spricht.

Entscheidungen werden in der Türkei oft schwerfällig gefällt und immer wieder überdacht. Das heißt, dass Sie unter Umständen öfters das Gleiche zu Ihrem Patienten sagen müssen, bis er es umsetzt. Das hat nichts mit dem boykottieren Ihrer Anordnungen zu tun, es ist eher so, dass jeder Entscheidungsprozess in der Türkei mehrere Anläufe nimmt, bevor es zu einer Entscheidung oder Akzeptanz kommt. Ist Ihr Rat oder Ihre Anordnung dann aber akzeptiert, wird sie auch nicht mehr in Frage gestellt.

Setzen Sie keine Deadlines, in dem Sinne von »wenn Sie sich jetzt nicht daran halten, dann...« Und üben Sie keinen Druck aus, denn das kommt sehr schlecht an und wird sich letztlich gegen Sie richten. Es kann sogar unter Druck zu einer kompletten Kommunikationsverweigerung kommen und Ihre Anordnungen werden unterlaufen, sobald Sie aus dem Zimmer sind. So gibt es immer wieder Berichte aus dem Klinikalltag, wo Patienten trotz Rauchverbotes rauchen, es sind Fälle bekannt, wo Familienangehörige Essen im Schrank verstecken, das für den Patienten kontraindiziert ist, wie z.B. bei Diabetes.

Seien Sie sich bewusst, dass die Begriffe von Ehre und Respekt wesentlich weiter gefasst sind als in Deutschland und sich das gesamte Verhalten des Patienten und seiner Angehörigen auch um diese Begriffe dreht. So ist die altersmäßige Reihenfolge in einer Familie immer zu beachten. Der ältere ist immer noch respektvoller und taktvoller zu behandeln als der jüngere Gesprächspartner. Ältere Familienmitglieder stehen in der Familienhierarchie über den jüngeren, das heißt, sie sind auch der bessere Ansprechpartner – auch wenn es gerade die älteren Patienten und Migranten sind, die nicht so gut Deutsch sprechen. Dennoch sollten Sie als Pflegender immer zuerst die älteren Anwesenden anreden, und man sollte ihnen die Wahl ihres Dolmetschers überlassen. Im medizinischen Zusammenhang wird auch angenommen, dass der ältere Pfleger oder Arzt, die ältere Pflegerin oder Ärztin besser respektiert und angenommen werden als die jüngeren. Wenn Sie türkische Mitbürger einmal beobachten, werden Sie sehen, dass auch im Alltag, die Älteren sehr respektvoll gegrüßt werden, indem die rechte Hand geküsst und mit der Stirn berührt wird. Grüßen Sie immer zuerst die älteste Person in einer Gruppe, egal ob dies ein Mann oder eine Frau ist, denn die älteren Frauen genießen auch sehr hohen Respekt in der türkischen Familienhierarchie.

■ Anrede

Auch ohne sich perfekt mit der Sprache auszukennen oder diese beherrschen zu müssen, kann es hilfreich sein, sich die wichtigsten türkischen Sprachbesonderheiten anzueignen, wenn Sie es mit Patienten türkischer Herkunft zu tun haben. Wenn Sie Ihren Patienten ansprechen, so ist es sinnvoll, die türkische Anredeform zu benutzen, bei der das »Herr« (türkisch: *bey*, gesprochen bai) hinter den Vornamen gestellt wird. Also »Herr (Fatih) Dogan« wird »Fatih Bey« angeredet. Ähnlich ist die Namensgebung bei Frauen, hier folgt auf den Vornamen das türkische *hanim* (gesprochen: hanem), also Frau Ayse Dilic wird mit »Ayse hanim« angeredet. Dies sollten Sie so handhaben, wie es Ihnen liegt. Wenn es Ihnen gelingt, sich an diese Sprechweise natürlich anzupassen, kann sie Tore öffnen, da Sie damit zeigen, dass Sie sich mit den Grundregeln der türkischen Kultur vertraut gemacht haben. Aber bevor Sie völlig steif und verkrampft diese Regeln anwenden, lassen Sie es besser, denn das kommt nicht gut an. Es geht nicht um ein »Anbiedern«, sondern um ein echtes Sich-auf-den-anderen-Einlassen. Personen, die Ihnen noch nicht vorgestellt wurden, wie Familienangehörige, die sich im Raum befinden, können Sie *efendim* (wörtlich » mein Herr) nennen, dies ist einfach eine höfliche Anrede gegenüber Personen, deren Namen man nicht kennt.

■ Akzeptanz von Hierarchien, Respekt vor Älteren, Statusdenken

Macht und Hierarchiedenken sowie die Akzeptanz von Rollen- und Statusunterschieden variieren sehr in der deutschen und der türkischen Kultur. Eine ungleiche Machtverteilung ist in der Türkei wesentlich akzeptierter als in Deutschland, wo Gleichheit und Emanzipationsgedanke wichtige kulturelle Werte darstellen. Hierarchien und gesellschaftliche Ungleichheiten werden in der türkischen Gesellschaft vorausgesetzt und nur wenig oder gar nicht hinterfragt. Da die Mitglieder der türkischen Kultur die Hierarchien ihrer Gesellschaft kennen, verhalten sie sich auch danach und setzen ihr Verhalten in Dominanzverhalten gegenüber »Rangniedrigeren« und Respekt gegenüber »Ranghöheren« um. Das heißt, dass ein türkischer Patient, der älter ist, von vornherein mehr Respekt erwartet von den Pflegenden als ein jüngerer, und er erwartet auch, dass er von einem besseren, erfahreneren Arzt oder Pfleger »bedient« wird als ein jüngerer Patient.

■ Wir-Gesellschaft – Ich-Gesellschaft

Die deutsche und die türkische Kultur unterscheiden sich ganz maßgeblich in ihrer gesellschaftlichen Ausprägung, die G. Hofstede Individualismus-Index nennt. Wir-Gesellschaften (kollektivistische Gesellschaften) integrieren ihre Mitglieder in einer ganz anderen Art und Weise in die Gesellschaft. Wir-Gesellschaften haben viele Regeln, denen sich der Einzelne nicht eigenverantwortlich entziehen kann. Wir-Gesellschaften bieten einen Schutz für jeden in der Gruppe, Familie oder in der Gesellschaft, sie weisen aber auch feste Plätze und Aufgaben zu, denen sich nur schwer zu entziehen ist.

In Ich-Kulturen, wie in Deutschland, stehen Eigenverantwortung und Individualismus wesentlich höher im Ansehen als Gruppenregeln. Eine Kultur mit einem sehr hohen Individualismus-Index ist die nordamerikanische Kultur, die bis in die Populärkultur hinein predigt, dass der Einzelne ganz nach oben kommen kann. In Ich-Kulturen gibt es wesentlich losere Verbindungen bis hinein in die Familie, die wesentlich enger und kleiner gesehen wird als in Wir-Kulturen. So besteht eine typische deutsche Familie aus Vater-Mutter-Kind, dann erst kommen die Großeltern. Onkel, Tanten, Cousinen usw. spielen eine entferntere Rolle. In der türkischen Gesellschaft umfasst eine Familie auch die Großeltern und Onkel, Tanten, Cousinen und Cousins, Neffen und Nichten. Da all diese Personen zur direkten Familie zählen, sind sie auch verpflichtet, sich um den Kranken zu kümmern! Das erklärt einen Aspekt des als typisch empfundenen Familienbesuchs von türkischen Patienten.

In der Ich-Kultur regieren Selbstmanagement und jeder muss für sein eigenes Fortkommen und nur das seiner engsten Angehörigen sorgen. Das hat nichts mit Egoismus zu tun, sondern mit anerkannten gesellschaftlichen Regeln, die von klein auf erzogen werden. Die Wir-Gesellschaft gibt einen festen Platz in jedem Lebensstadium für jedes Mitglied der Gesellschaft. In Wir-Gesellschaften ist der einzelne niemals alleine sondern in eine feste familiäre und religiöse Gruppe eingebunden. Der Schutz und die Anteilnahme durch die wesentlich größere Familie bietet Sicherheit, erwartet aber auch uneingeschränkte Solidarität mit der Familie und der gesellschaftlichen Gruppe, zu der der Einzelne gehört. Diese Loyalität, die gefordert wird, ist fundamental und kann nicht in Frage gestellt werden. Vor diesem Hintergrund werden vielleicht einige Handlungsweisen, wie Gehorsam von erwachsenen Kindern, für Deutsche auch verständlicher. Die Familie regiert immer, egal wie alt man ist und was man schon erreicht hat.

■ Maskuline Gesellschaftswerte

Kulturen unterscheiden sich auch in der Akzeptanz und Ausübung von sogenannten »maskulinen« und »femininen« Werten und Verhalten, wobei diese Begrifflichkeit, die G. Hofstede prägte, immer wieder für einige Verwirrung sorgt. Zwei gegensätzliche, sozusagen »geschlechtsspezifische« Eigenschaften von Kulturen werden hier voneinander unterschieden. »Feminine« Kulturen zeichnen sich vor allem durch »weibliche« Eigenschaften wie Mitgefühl, Toleranz, Harmonie und soziales Miteinander aus und sind von einer gewissen Sympathie für den Schwächeren gekennzeichnet. In maskulin orientierten Gesellschaften herrschen starrere Regeln, der Leistungs- und Erfolgsgedanke zählt und der Wettbewerbsgedanke ist ein wichtiger kultureller Wert.

Die Geschlechterrollen vermischen sich auch in der Erziehung. In der deutschen Kultur hat früher das Wort gegolten: »Ein Junge weint nicht«, was ein männliches »Stärkezeigen« demonstriert, seit den 6oer Jahren wurden aber die Geschlechterrollen in Deutschland aneinander angepasst, so ergreifen zum Beispiel heute viele Frauen Männerberufe und Männer bleiben im Erziehungsurlaub zu Hause.

An der Wertigkeit von maskulinen Werten und femininen Werten in der deutschen und der türkischen Kultur fällt sehr stark auf, dass Deutschland in Untersuchungen als »maskuliner« eingestuft wird als die Türkei, obwohl dies vordergründig nicht einleuchtend ist. Zumindest entspricht die-

se Einstufung nicht den gängigen Stereotypen, in denen die türkische Kultur klar männerorientiert ist. Hier wird sehr gut klar, wie stark der Faktor »Wir-Gesellschaft« sich in der Türkei zeigt. Die »Wir-Gesellschaft« hat in ihrer Ausprägung sehr »feminine« Züge, die dem einzelnen eine Sicherheit und Harmonie geben, die auch als wohltuend empfunden wird, während die deutsche »Ich-Kultur« Gesetze und Regeln für den Einzelnen formuliert, wo Wettbewerb und Sachorientierung im Vordergrund stehen. Das soziale Miteinander in der türkischen Kultur, ist, wie wir vielfach sehen können, viel ausgeprägter als in der deutschen Gesellschaft und dadurch wird die türkische Kultur auch als femininer eingestuft als die deutsche Kultur.

■ Angst vor Risiken, Angst vor Fremdem, Unsicherheitsvermeidung

Die Toleranz gegenüber Unbekanntem, Fremdem und gegenüber Risiken und Unsicherheiten variiert stark in der deutschen und der türkischen Kultur. Der Umgang mit Ungewissheit wird in der türkischen Kultur als bedrohlicher empfunden als in der deutschen, obwohl auch die deutsche Kultur weltweit betrachtet Risiken und Unsicherheiten eher zu meiden sucht und gegenüber Fremdem nicht sehr aufgeschlossen ist. Dennoch ist die Angst vor Neuem und Kulturfremdem in der türkischen Kultur noch wesentlich präsenter. Dies erklärt auch zum Teil die Rückzugstendenzen vieler türkischer Migranten, die eine konsequente Trennung von der deutschen Kultur befürworten.

Die Angst vor Fremdem, Neuem, Risiken usw. zeigt sich auch in dem Maße, in dem eine Kultur starre Strukturen und Grenzen für ihre Mitglieder aufbaut und zwar bewusst und unbewusst, denn diese Regeln gehen in die gesellschaftlichen Normen und Erziehungsstile über. Auch wenn ein einzelner Mensch sich in einer bestimmten Situation, die ihm unbekannt ist, unwohl fühlt, so werden doch eben diese Gefühle stark von dem Unbewussten gelenkt, in dem alle Gefühle für »richtig« und »falsch«, »bekannt« und »unbekannt« gesteuert werden. Gehört man zu einer Kultur, die Neues eher ablehnt, wird man sich unbehaglicher fühlen, wenn man mit Neuem in Kontakt kommt, und dies schneller und tiefgreifender ablehnen, als wenn man aus einer Kultur kommt, wo die Neugierde auf Neues und Fremdes gefördert wird und eine hohe Risikobereitschaft besteht. Unbekannte Situationen sind immer überraschend und anders als das Gewohnte. Die Interpretation, ob dies gut oder schlecht ist, unterliegt hier dem Maße, in dem man Unsicherheiten und Neues zulassen kann. Wie an der Grafik ▶ Abb. 7.1 ersichtlich ist, ist die türkische Kultur sehr unflexibel gegenüber Neuem, Unbekanntem und die sogenannte Überfremdungsangst ist Gegenstand zahlreicher Untersuchungen.

Unsicherheitsvermeidende Kulturen wie die Türkei reduzieren das Maß an unbekannten Erfahrungen auf ein Minimum, indem sie strenge Regeln für ihre Mitglieder aufbauen und sich stark bis ausschließlich an dem Bekannten orientieren. Auf der gedanklichen und religiösen Ebene wird ein absoluter Glaube propagiert, der einen festen Rahmen für alle bietet und der nicht angezweifelt oder in Frage gestellt werden darf. Der sprichwörtliche »Blick über den Tellerrand« wird von dem Gedanken an die vermeintliche alleinige Wahrheit ausgehebelt. Vor diesem Hintergrund kann das zuweilen verbissene Festhalten an religiösen und kulturellen Regeln von besonders unsicherheitsvermeidenden Personen eher verstanden werden, da sie dem Neuen eine strikte Weigerung bis hin zur Überheblichkeit entgegenstellen. Nach dem Motto: »Wir haben die alleinige Wahrheit gepachtet«, wird dann alles unreflektiert abgelehnt, was nicht in dieses Raster passt.

Kennzeichnend für die hohe Unsicherheitsvermeidung in der türkischen Kultur ist auch, dass ihre Mitglieder emotionaler reagieren und auch zuweilen unter einem nervösen Druck stehen, der sichtbar wird, der aber zunächst nur schwer für Deutsche einzuordnen ist. In der deutschen Kultur regiert die Frage: »Warum änderst Du es denn nicht, wenn es Dir nicht gut tut...?« In der türkischen Kultur ist dies nur sehr schwer möglich. Deutsche sind toleranter gegenüber anderen Meinungen und Ansichten und sie zeigen dies auch, religiöse Regeln spielen eine eher untergeordnete Rolle und es werden viele Ansichten nebeneinander toleriert. Für Türken ist dies nahezu unverständlich und in diesem Zulassen von Unsicherheiten wird Schwäche und Respektlosigkeit gesehen. Die Unterschiedlichkeit im Umgang mit Unsicherheiten und Risiken ist wieder ein Faktor, der interkulturelle Konflikte hervorrufen kann, da er das menschliche Verhalten sehr stark beeinflusst. Was die Emotionalität angeht, so wird diese in der deutschen Kultur wesentlich weniger ausgeprägt gezeigt, das Zeigen von Emotionen und Schmerzen gilt als unangebracht. Vor diesem Hintergrund können wir laute Schmerzensäußerungen auch besser verstehen, wenn wir Patienten mit türkischem Hintergrund haben, beispielsweise in der Gynäkologie, wo die »laute Geburt« der türkischen Patientin schon fast sprichwörtlich ist.

Bosnien-Herzegowina

▪ Politische Situation

Bosnien-Herzegowina gehört nach der Auflösung der ehemaligen UDSSR, neben Kroatien und Mazedonien zu den autonomen Balkanstaaten. Im ehemaligen Jugoslawien herrschten große Konflikte zwischen den Bosniern und den Serben. Die Wurzeln dieses Konfliktes haben in der Geschichte eine lange und traurige Tradition. Der blutige Konflikt um die großen Religionsgruppen der Christen und der Muslime hat zu einer großen Flüchtlingsbewegung geführt und hier in Deutschland zu einer großen Einwanderungswelle von Kriegsflüchtlingen. Die Bevölkerung in Bosnien-Herzegowina ist aufgeteilt in 40% Serben (griechisch-orthodoxe Religionszugehörigkeit), 38% Bosnier (Muslime) und 22% Kroaten (katholische Religionszugehörigkeit). Der Konflikt um das ehemalige Jugoslawien begann 1991 und führte in seinem blutigen und menschenverachtenden Verlauf zu einer »ethnischen Säuberung« der bosnischen Muslime durch serbische Militärs und Polizei. Dieser Genozid der muslimischen Bevölkerung wurde begleitet von Konzentrationslagern, Massentötungen und massenhaften Schändungen von muslimischen Frauen und Mädchen durch die serbischen Militärs und Gruppen. Nahezu 250.000 Zivilisten wurden umgebracht. An die 800.000 Bosnier flüchteten in andere Länder, davon alleine 200.000 in die USA.

▪ Religion

Nahezu alle Bosnier, die geflüchtet sind, sind Muslime. Wie auch in anderen islamischen Kulturen beeinflussen muslimische und volksislamische

Glaubensvorstellungen die Vorstellungen über Gesundheit und Krankheit und das Verhalten der Patienten im Krankheitsfall. Insgesamt führt aber der Einfluss des Islams nicht zu einer bewussten Abtrennung von der nichtislamischen Mehrheitskultur hier in Deutschland. So sind bosnische Frauen offener und erzählen auch bereitwilliger über gynäkologische Probleme als Frauen mit türkischem Migrationshintergrund. Bosnische Frauen tragen einen Schal als Kopfbedeckung und kleiden sich gerne bescheiden in der Öffentlichkeit.

- **Familienstruktur**

Obwohl es noch die traditionelle Großfamilie in den ländlichen Gegenden von Bosnien-Herzegowina gibt, leben bosnische Familien hier in der Regel in Kernfamilien. Es ist auch nicht unüblich, dass Mann und Frau beide einer geregelten Arbeit nachgehen. Dennoch hat der Mann eine größere Autorität als die Frau.

Sudan

- **Politische Situation**

Der Sudan ist neben Saudi-Arabien ein Land, in dem uneingeschränkt das islamische Recht, die Scharia, rechtsverbindlich ist. Seit dem 9. Juli 2011 ist der Südsudan, der nicht islamisch ist, nach dem Referendum 2011 als eigenständiger Staat vom Sudan unabhängig. Englisch ist die offizielle Amtssprache. Rund die Hälfte der Sudanesen spricht Arabisch, vor allem im Norden (davon sprechen es 42% als Muttersprache, im Süden dient Sudanarabisch als Verkehrssprache). In der südlichen Hälfte spricht man überwiegend Nuer und Dinka (12% Dinkabevölkerung, 6% Nuerbevölkerung) und Bari (3% im Südosten) sowie Nubisch (9% am mittleren Nil).

- **Religion**

Der Islam ist die Staatsreligion im Sudan mit der sunnitischen Ausrichtung. Weiterhin gibt es noch ca. 25% Animisten und 5% Christen. Mit dem Übertritt zum Islam oder Christentum war gleichermaßen ein sozialer Aufstieg für die Menschen im Sudan verbunden. Aus afrikanischen Religionen sind in unterschiedlichem Maße Vorstellungen

in die beiden großen Religionen eingeflossen und haben zu deren vielfältigen Glaubensäußerungen beigetragen.

Die geltenden Scharia-Gesetze sind Teil eines staatlichen Islamisierungsprozesses. Unter der muslimischen Bevölkerung haben sich verschiedene Sufi-Orden (Tariqa) weit verbreitet. Gegen den offiziellen Islam behaupten sich in der traditionell liberalen sudanesischen Gesellschaft volksislamische Rituale wie der Zar-Kult und der Bori-Kult.

Im afrikanischen Vergleich sind im Südsudan traditionelle Religionen, wie die der Dinka, noch überdurchschnittlich verbreitet. Nichtreligiöse Weltanschauungen sind äußerst selten und so bestimmen viele unterschiedliche aber immer sehr starke Glaubenseinflüsse das Leben der Menschen im Sudan.

- **Vorstellungen über Gesundheit und Krankheit**

Gemäß der stark religiösen Ausprägung der Bevölkerung haben sich auch viele verschiedene Vorstellungen über Gesundheit und Krankheit im Sudan verbreitet. Kräuterkundige und traditionelle Heiler sind die erste Adresse für Kranke. Sudanesische Patienten sind in der Regel völlig unvorbereitet auf unser Gesundheitssystem und auf die Standards unserer stationären Einrichtungen. Wie allgemein bei sehr gläubigen Muslimen ist eine Behandlung von Pflegenden oder Ärzten des anderen Geschlechtes nicht erwünscht und sorgt für eine Verletzung der sehr hohen Schamgrenze. Im Nordsudan ist die weibliche Genitalverstümmelung (Infibulation) aus spirituellen Gründen immer noch üblich. Durchgeführt wird die »Pharaonische Beschneidung«, eine Form der Beschneidung, bei der die äußeren und die inneren Schamlippen von noch nicht pubertierenden Mädchen beschnitten werden und die Wunde dann bis auf eine sehr kleine Öffnung wieder vernäht wird. Bei der Infibulation stirbt nahezu jedes dritte Kind, dennoch werden seit Jahrtausenden Mädchen und Frauen beschnitten.

Die meisten beschnittenen Frauen leben in afrikanischen Ländern, aber auch in Asien und dem Nahen Osten. In Äthiopien, dem Sudan, Dschibuti, Somalia und Sierra Leone sind nach Angaben von Unicef mindestens 90% aller Frauen beschnitten, im Irak, in Iran und Saudi-Arabien liegt die Rate hingegen bei fast 0%, was wieder ein zeigt, dass die Form der Beschneidung von Mädchen und Frauen nicht islamisch ist.

Es sind die Frauen selbst, die dieses grausame Ritual an ihren Töchtern fortsetzen wollen. Gründe hierfür sind vielschichtig. So gilt ein Mädchen, das nicht beschnitten ist, gilt vielerorts auf dem Heiratsmarkt als unvermittelbar. Schließlich ist es »unrein« und »unverschlossen« und kann allen möglichen bösen Einflüssen Einlass gewähren über seine schutzlose Körperöffnung, so die Vorstellung. Oft werden auch religiöse Gründe für die Beschneidung angegeben. Dabei gibt es keine religiöse Rechtfertigung dafür, weder im Christentum noch im Islam.

Medizinische Folgen der Beschneidung von Mädchen sind unter anderem: Inkontinenz, erhöhtes Risiko für Fehlgeburten und Komplikationen bei der Geburt, Vaginalrisse bei Geschlechtsverkehr. Verstümmelte Frauen haben zudem ein erhöhtes Risiko, sich mit dem HI-Virus zu infizieren. Der Tradition der Genitalverstümmelung werden schon seit Jahrzehnten medizinische Aufklärungskampagnen von internationalen Organisationen und Menschenrechtsorganisationen entgegengesetzt – leider immer noch ohne nennenswerten Erfolg. Zu stark ist die Tradition der Frauen, die für ihre Töchter die Beschneidung weiter anordnen und durchführen lassen. Die Hintergründe sind – obwohl sie durchweg als eine islamische Tradition ausgegeben werden – sehr von vorislamischen und afrikanischen Traditionen beeinflusst.

- **Soziale Bedingungen**

Die Rate von Analphabeten ist hoch im Sudan, speziell unter Frauen. Viele sudanesische Migranten haben sehr existenzielle Flüchtlingserfahrungen gesammelt. Oft sind sie traumatisiert durch lebensgefährdende Bedingungen auf der Flucht aus dem Sudan oder durch Erfahrungen, die sie in den Transitländern machen mussten. Dies ist bei der medizinischen und pflegerischen Versorgung immer mit zu berücksichtigen. Die gewaltsame Trennung von Familienmitgliedern, Mord oder Vergewaltigung, Nahrungs- und Wassermangel, Entführungen, ernsthafte Verletzungen auf der Flucht, sexueller Missbrauch, eine insgesamt lange andauernde

schlechte gesundheitliche Versorgung – all das sind Faktoren, die die Patienten sehr vulnerabel gemacht haben können.

Flüchtlinge aus dem Sudan waren oft sehr lange in Camps in Kenia Uganda und Äthiopien. Dort ist auch immer wieder berichtet worden, dass andauernde Gewalt und sexueller Missbrauch zur Tagesordnung gehören.

Afghanistan – offiziell: Islamische Republik Afghanistan

Sprachen: Amtssprachen: Dari (neupersische Schriftsprache) und Paschtu.

- **Politische Situation**

Afghanistan, an der Schnittstelle von Süd- zu Zentralasien gelegen, ist ein Binnenstaat Südasiens, der an den Iran, Turkmenistan, Usbekistan, Tadschikistan, die VR China und Pakistan angrenzt. Drei Viertel des Landes bestehen aus nur sehr schwer zugänglichen Gebirgsregionen. In den 1990er-Jahren besiegten die von Pakistan aus operierenden Mudschaheddin, die von den USA und Saudi-Arabien finanziert worden waren, die von der Sowjetunion gestützte Regierung. Die Aufteilung der Machtbereiche scheiterte jedoch an internen Machtrivalitäten; die fundamentalistisch islamisch ausgerichteten Taliban-Milizen kamen an die Macht und setzten eine radikale Interpretation des Islam durch. Die Scharia, das islamische Recht wurde zur verbindlichen Rechtsform in Afghanistan. Das Land heißt seit 2004 Islamische Republik Afghanistan. 80% der Bevölkerung Afghanistans leben auf dem Land und nur 20% in den Städten. Seit der Verabschiedung der heute gültigen Verfassung im Jahr 2004 ist Afghanistan eine Islamische Republik mit einem präsidialen Regierungssystem.

- **Religion**

Über 99,9% der Bevölkerung sind Muslime, davon etwa vier Fünftel hanafitische Sunniten und ein Fünftel sind imamitische Schiiten. Daneben gibt es noch etwa 15.000 Hindus und ein paar hundert Sikhs. Über die Zahl der Christen ist wenig bekannt. Der Islam in Afghanistan ist über die Jahrhunderte von den Afghanen sehr konservativ ausgelegt worden, was auch heute in allen gesellschaftlichen Bereichen zu sehen ist. Die Taliban verpflichteten Mitte der 1990er-Jahre alle Frauen zum Tragen einer Burka. Bei den Tadschiken und den anderen Volksgruppen war diese Tradition bis dahin nicht weit verbreitet. Die Burka-Pflicht wurde 2001 zwar offiziell wieder aufgehoben, sie bleibt jedoch weiterhin die gewöhnliche Kleidung für die meisten Frauen. Nur wenige Frauen wagen es, sich ohne männliche Begleitung in der Öffentlichkeit zu bewegen. Übergriffe gegen Frauen sind in Kabul und anderen größeren Städten nicht selten. Unter den Taliban war Frauen die Berufstätigkeit verboten, auch den Mädchen war es untersagt, eine Schule zu besuchen. Da es durch den Krieg allein in Kabul etwa 30.000 Witwen gab, waren diese völlig auf sich allein gestellt. Vielen blieb nichts anderes übrig, als zu betteln.

▪ Familie

Die Familie ist die wichtigste Einheit in der Kultur Afghanistans. Traditionelle Rollenvorstellungen (klare Geschlechtertrennung) und Verhalten prägen die Gesellschaft. Frauen sind stark auf den häuslichen Innenbereich beschränkt, dies gilt insbesondere für die ruralen Gebiete. In Afghanistan ist die arrangierte Ehe weit verbreitet und die Form der Zwangsverheiratung von ganz jungen Mädchen sorgt immer wieder für weltweite Entrüstung. Die Zugehörigkeit zu einer bestimmten Familie, Ethnie, zu einem bestimmten Netzwerk bestimmen den Status mehr als erreichter Wohlstand oder gar berufliche Qualifizierung. Frauen heiraten in die Familie des Mannes ein, sie leben nach der Hochzeit als Mitglied der Familie des Mannes in dessen Hof oder Wohnung.

▪ Scham- und Ehrkonzept

Die Ehre ist – ähnlich wie in der türkischen Kultur – ein zentral bestimmendes Moment für das Verhalten des Einzelnen in der Gesellschaft. Der Wert eines jeden Einzelnen wird an seiner moralischen Unfehlbarkeit gemessen und an seinem direkten Umfeld. Das männliche Familienoberhaupt ist für den moralischen Schutz der Familie verantwortlich. Dieses Ehr- und Schamkonzept der afghanischen Kultur bestimmt auch das streng abgegrenzte Verhalten der Frauen in der Gesellschaft. So wer

den die Kleiderordnung, die soziale Interaktion, die Bildung und die wirtschaftliche Aktivität der Frau immer durch die äußeren Bedingungen von Scham und Ehre bestimmt. Wenn die Ehre verletzt oder angegriffen wurde, gilt das Racheprinzip, um die eigene Ehre oder die Ehre der Familie wieder herzustellen und somit den Gesichtsverlust wieder rückgängig zu machen.

▪ Gastfreundschaft

Wie auch in der Türkei gehört die Gastfreundschaft zu den zentralen Kulturstandards in Afghanistan. Die Gastfreundschaft, die bereitwillig gespendet wird, führt zu einem ehrenvollen Ansehen in der Gesellschaft.

▪ Klare Geschlechtertrennung

Nur innerhalb der Familie ist der gemeinsame Aufenthalt von Männern und Frauen akzeptiert. Im Geschäftsleben oder an Universitäten wird streng darauf geachtet, dass sich Männer und Frauen nicht zu nahe kommen, um einen gegenseitigen Ehrverlust auszuschließen. Für die Pflege bedeutet dies auch wieder eine sehr strenge Erwartungshaltung gegenüber der gleichgeschlechtlichen Pflege oder Versorgung. Die direkte Anrede eines Mannes an eine unbekannte Frau bedeutet einen Ehrverlust. Frauen und Männer sehen sich nicht in die Augen und senken den Blick, wenn sie mit Fremden reden. Dieses Verhalten des Augensenkens aus Respekt ist in unterschiedlicher Ausprägung für nahezu alle islamischen Kulturen gültig, besonders aber für die Türkei und Afghanistan. Frauen müssen in ihrer Kleiderwahl darauf achten, dass sie in der Öffentlichkeit kein Aufsehen erregen. Wenn Sie ein Pflegegespräch führen, fragen Sie allgemein nach der Familie, niemals besonders nach der Ehefrau oder weiblichen Verwandten. Männer und Frauen, die sich nicht sehr gut kennen und in einem verwandtschaftlichen Verhältnis zueinander stehen, dürfen sich nicht in einem Raum aufhalten. Falls dies doch einmal zutrifft, muss die Tür geöffnet bleiben. Männer und Frauen dürfen sich unter keinen Umständen berühren.

- **Vorstellungen über Krankheit und Gesundheit**

Afghanistan hat eine der höchsten Mutter-Kind-Sterblichkeitsraten der Welt. Nur bei 19% der Geburten steht medizinisches Fachpersonal zur Verfügung. Jährlich sterben etwa 24.000 Frauen vor, während oder direkt nach einer Entbindung. Fast ein Viertel der Kinder stirbt vor dem fünften Lebensjahr. Auf 10.000 Einwohner kommen nur zwei Ärzte und 4,2 Krankenhausbetten.

Die Vorstellungen über Krankheit und Gesundheit werden von den islamischen Regeln bestimmt. Eine ausführliche tägliche Körperhygiene, die die rituelle Waschung vor jedem Gebet vorsieht, regelmäßige sportliche Betätigung und eine ausgewogenen Ernährung, das Warmhalten des Körpers und genug Ruhe werden auch als sehr wichtig angesehen. Dies entspricht weitestgehend auch unseren Vorstellungen von Gesunderhaltung.

Traditionelle Vorstellungen über Krankheiten sind:

- Ein schneller Wechsel von kalt und warm ist schlecht für den Körper.
- Sich nicht gemäß den islamischen Richtlinien zu verhalten und sich nicht dem Willen Allahs zu beugen, hat die Besetzung von bösen Geistern (Dschinn) oder den »bösen Blick« zur Folge. Dschinnen, der böse Blick und auch Verhexungen werden als Ursache von psychischen Störungen beim Patienten angesehen.
- Als wichtigstes Mittel zur Heilung wird das Gebet gesehen.
- Ärzte werden sehr respektiert.
- Da das medizinische System in den ländlichen Gegenden von Afghanistan nicht greift, hat sich der Gebrauch von Kräutern und Hausmitteln für viele Erkrankungen durchgesetzt. Ältere Patienten bevorzugen in der Regel diese ihnen bekannten Mittel vor einer westlichen allopathischen Medizin. Generell gilt, dass auch hier die Patienten wieder gemäß ihrem Geschlecht gepflegt werden wollen und eine hohe Schamgrenze gegenüber Pflegern des anderen Geschlechtes zeigen.
- Religiöse Riten, die die Geburt und den Tod begleiten, werden von afghanischen Patienten als sehr wichtig erachtet. Ein weitverbreiteter Brauch bei der Geburt eines Kindes ist, dass ein erwachsener Mann als erster zu dem Neugeborenen spricht. Dieser Mann, der die Rolle des Begrüßenden nach der Geburt hatte, hat fortan eine wichtige Rolle im Leben des Kindes. Er flüstert eine Segnung in das Ohr des Kindes. In der Regel ist es die erste Koransure, die gesprochen wird.
- Das Letzte, was ein sterbender Patient hören sollte, ist wieder die Einflüsterung des Koranverses, dann ist er bereit zu sterben.
- Patienten, die psychisch beeinträchtigt sind, werden kulturell sehr stark stigmatisiert. Depression gilt nicht als Krankheit, sondern als Schwäche, psychische Beeinträchtigungen werden als Strafe von Allah gesehen. Männer werden noch mehr stigmatisiert, wenn sie psychisch erkrankt sind, da eine psychische Erkrankung nicht dem Bild eines kraftvollen Mannes entspricht.

- **Soziale Bedingungen**

Wie schon erwähnt hatten besonders die Frauen in Afghanistan in der Zeit der Taliban-Regierung unter einer restriktiven und patriarchalischen Gesellschaftsstruktur zu leiden. Diese restriktiven Bestimmungen machten auch vor der Gesundheitsversorgung nicht halt, so dass viele Patientinnen keine prä- und postnatale Versorgung erhielten und daraufhin die Sterblichkeitsrate auch ungewöhnlich hoch war. Afghanische Flüchtlinge sind Terror ausgesetzt gewesen, sie haben die Zerstörung ihres Zuhauses und Verluste von Familienangehörigen und Freunden erlebt, viele haben auch politische Gewalt erleben müssen. Foltererfahrungen sind auch sehr häufig. Armut, Vertreibung und der Verlust aller sozialen Bindungen führten bei vielen Menschen zu sozialer Isolierung und zu Vereinsamung und Traumatisierung. Diese Hintergründe sind in der Pflege immer zu berücksichtigen, da diese Patienten wesentlich vulnerabler sind als andere.

Iran

- **Iranische Kulturstandards**

Die folgenden iranischen Kulturstandards können als allgemeingültig gelten.

- Nationalstolz
- Hierarchiebewusstsein
- Gefühl der Unsicherheit
- Respekt
- Gastfreundschaft
- Islamische Kleiderordnung

»Im Iran ist das Nationalgefühl, der Stolz auf eine 2500 Jahre alte Geschichte an die Stelle religiöser Begeisterung getreten: Zu 70%, so die erwähnte Umfrage, gaben die Jugendlichen an, Iran jedem anderen Land vorzuziehen. 86% sind stolz, Iraner zu sein.« (Kiderlen, FAZ vom 10. 4. 2005). Die iranische Gesellschaft ist eine streng patriarchalische Gesellschaft. Hierarchien, Standesunterschiede und analoge Verhaltensweisen der- Unterwürfigkeit werden als natürlich und selbstverständlich angesehen. Herkunft und Zugehörigkeit zu einer bestimmten sozialen Gruppe entscheiden stärker über die berufliche Zukunft eines Menschen als dessen Qualifikation. Statusunterschiede werden als naturgegeben akzeptiert. Dazu gehört auch die Erwartungshaltung, dass Untergeordnete sozial höhergestellten Personen Respekt und Ehrerbietung schulden. Das traditionelle Rollenverständnis schreibt Männern mehr Rechte und Privilegien zu als Frauen. Diese Privilegien sind im Familien- und Erbrecht der Islamischen Republik verankert. Dieser Unterschied zeigt sich am Auffälligsten im Alltag durch die Verschleierung iranischer Frauen.

Wie auch in der Türkei herrscht im Iran die Wir-Gesellschaft vor und sie regelt auch das Verhältnis der einzelnen Familienmitglieder.

Im Iran herrscht ein recht hohes Sicherheitsbedürfnis vor, was sich aber allgemein bei vielen islamischen Kulturen beobachten lässt. Am Auffälligsten zeigt sich das Bedürfnis nach Sicherheit in der Kommunikation, bei der es eine Vielzahl von Formen der sprachlichen Rückversicherung gibt, sowie in nonverbalen Verhaltensregeln, die auf Europäer fremd und archaisch wirken können. Auch die Verschleierung der Frau kann als unsicherheitsvermeidendes Verhalten gewertet werden.

Unsicherheit wird als beängstigend empfunden. Das trifft auch auf unbekannte Situationen in einer stationären Einrichtung zu. Doch insgesamt ist der Bildungsstandard insgesamt recht hoch und die Mitarbeit der iranischen Patienten wird auch durchweg als sehr gut bezeichnet.

Literatur und Quellen

Michael Gorges, Iranische Kulturstandards, zitiert nach: Brenner/Gößl (Hrsg.), Praxishandbuch für Exportmanager: Führen, Verhandeln und Verkaufen im internationalen Geschäft, Wolters Kluwer Deutschland, Köln 2005Internationale Ärzte für die Verhütung des Atomkrieges (IPPNW), Medizinische Versorgung in Afghanistan, Januar 2010

www.dbfk.de/download/ICN-Ethikkodex-DBfK.pdf

www.dbfk.de/download/download/ICN-Ethikkodex-Langfassung-2005.pdf

Institut für Islamfragen http://www.islaminstitut.de/Anzeigen-von-Fatawa.43+M58d29cc2070.0.html, 30.08.2006

www.koransuren.de/koran/surenvergleich/sure4.html

www.klinikum-nuernberg.de/DE/ueber_uns/Fachabteilungen_KN/zd/marketing/fachinformationen/komma_IntERnet

www.wikiquote.org/wiki/T%C3%BCrkische_Sprichw%C3%B6rter

www.remid.de/remid_info_zahlen.htm.

www.remid.de/index.php?text=info_orthodox

www.bundesregierung.de/nn_774/Content/DE/Artikel/IB/Artikel/Themen/Gesellschaft/Gesundheit/2009-09-01-empfehlungen-arbeitskreis-gesundheit.html)

www.weltbevoelkerung.de/oberes-menue/publikationen-downloads/zu-unseren-themen/laenderdatenbank/info-laender.html

www.swz-net.de

www.wikipedia.org/wiki/T%C3%BCrkei#Ethnien

www.wikipedia.org/wiki/Afghanistan

Glossar und weiterführende Literatur

Glossar

Aus Gründen der Lesbarkeit werden auch die arabischen Begriffe gemäß der im Deutschen gebräuchlichen Schreibform umschrieben

Abdest (türkisch):
rituelle Teilkörperwaschung vor dem 5-mal täglich stattfindenden Pflichtgebet

Adab-Literatur (arabisch: Erziehung):
weitverbreiteten Erbauungsliteratur mit erzieherischem Hintergrund

Aleviten (die Anhänger Alis):
islamische Glaubensgemeinschaft in der Türkei, die wiederum eine andere Ausrichtung der religiösen Vorschriften haben und die sich aus der schiitischen Glaubensrichtung in der Türkei (in der Region Anatolien) entwickelt hat. Die *alevitische* Religionsgemeinde entspricht in vielem nicht den gängigen Stereotypen von orthodoxen, strenggläubigen Patienten. Sie betrachten den islamischen Glauben eher als Weltanschauung denn als Religion und verhalten sich grundsätzlich anders (liberaler) als die orthodoxen Muslime. Durch den prozentualen Anteil der Aleviten von 13% stellen die Aleviten, nach den Sunniten, die zweitgrößte Gruppe der in Deutschland lebenden Muslime dar.

Allah:
der Gott des islamischen Glaubens

Banat al-Ilba (arabisch):
Assistentinnen der Scheicha beim Zar-Kult, Helferinnen

Baraka (arabisch):
Segen Allahs, der den lebenden oder verstorbenen Heiligen innewohnt und über sie weitergegeben werden kann

Derwisch:
tanzender Mystiker des islamischen Glaubens aus der Türkei

»Efendim« (türkisch: wörtlich » mein Herr)«:
höfliche Anrede für Männer, wenn der Name nicht bekannt ist.

Ethnozentrismus:
die Vorstellung, dass die Kultur und die Nation, in die man hineingeboren wurde, die bestmögliche darstellt

Fatwa oder Fatawa:
religiöses Rechtsgutachten, das von islamischen Gelehrten durchgeführt wird und Entscheidungen über erlaubte oder verbotene Handlungen zur Folge hat

Gusül (türkisch), **Ghusl** (arab.):
rituelle Ganzkörperwaschung, Reinigung des gesamten Körpers durch ein Vollbad

Hadith:
Sammlung von Überlieferungen über Taten und Worte des Propheten, die aus seiner unmittelbaren Gefolgschaft stammen. Die Hadithe stellen neben dem Koran ein sehr wichtiges Mittel zur Recherche ethischer Entscheidungen für muslimische Glaubensführer dar.

Hadsch:
Wallfahrt nach Mekka, eine der fünf religiösen Grundpflichten für Muslime

Halal oder helal:
erlaubte Verhaltensformen und Dinge (Gegensatz zu haram), die nach dem islamischen Glauben fest identifiziert wurden. Wird oft in Bezug auf Nahrungsmittel verwendet: z.B. Fleisch, das als »halal« gilt, muss nach islamischen Riten und Prinzipien geschlachtet worden sein

Hanim: (türkisch: hanim (gesprochen: »hanem«) »Frau«:
Frau Ayse Dilic wird im Türkischen mit »Ayse hanim« angeredet

Haram:
(verboten) Das Gegenteil von *halal*. Bezeichnung für religiös bedingte Verbote, die z.B. die Nah-

rungsvorschriften oder für die Religion relevante Handlungen betreffen

Bey (türkisch: bey, gesprochen »bai«):
Herr«: Beispiel: Herr Fatih Dogan wird mit »Fatih Bey« angeredet, nicht mit seinem Nachnamen Dogan

Hijab (arabisch):
Hier: Amulett, ein mit Koranversen beschriebenes Papier beschrieben, das in ein Ledersäckchen eingenäht wird und am Oberarm oder um den Hals getragen wird. Sonst Bekleidungsform für Frauen (Form der Verschleierung muslimischer Frauen)

Hodscha:
türkische Bezeichnung für einen Geistlichen, auch traditioneller Heiler oder Geistbeschwörer aus dem volksreligiösen Milieu der Türkei

Hosch Harim (arabisch):
Frauenhof, für die Öffentlichkeit abgeschlossener Raum, der für fremde Männer unzugänglich ist

ICN International Council of Nurses:
Zusammenschluss von 122 nationalen Berufsverbänden der Pflege, die sich dem Ziel einer ständigen Qualitätssicherung der Pflege verschrieben haben. In Deutschland wird der Verband durch den Deutsche Berufsverband für Pflegeberufe (DBfK) e.V. repräsentiert

ICN Kodex:
ethische Hilfestellung für Pflegesituationen, die international gültig ist

Imam:
Vorbeter oder religiöser Gemeindeführer in der Moschee

Infibulation, auch FGM (female genital mutilation) oder FGC (female genital circumsision) genannt:
Mädchenbeschneidung. Eine auf afrikanische Traditionen zurückgehende Beschneidung der weiblichen Genitalien mit regional unterschiedlicher Ausprägung. Die Beschneidung von Mädchen hat sehr viele Folgen für die körperliche und psychische Gesundheit der Frauen.

Ird (arabisch):
Keuschheit, Anstand insbesondere das Verhalten von Mädchen und Frauen betreffend. Bestandteil des komplexen islamischen Ehrverständnisses

Islam:
die Religion der Muslime, die dem Propheten Muhammad (570–632 n.Chr.) direkt von Allah eingegeben wurde

Karama (arabisch):
Würde, Selbstachtung, die auf dem komplexen islamischen Ehrverständnis basiert

Koran:
Überlieferung der Worte Allahs, die in Versform an seinen Propheten Muhammad weitergegeben wurden. Der Koran stellt die wichtigste Quelle der islamischen Lehren und Normen dar

Kulturzentismus:
Die Vorstellung, dass die Grundwerte der eigenen Kultur die weltweit einzig gültigen darstellen.

Leber (türkisch: ciğer, karaciğer):
wörtliche Übersetzung: »schwarze« Leber

Lunge (türkisch: akciğer)
wörtliche Übersetzung: »reine«, »weiße« Leber

Muslim (m.), **Muslima** (w.):
Bezeichnung für Angehörige des islamischen Glaubens

Namus (türkisch):
Tugendhaftigkeit, Keuschheit, Anstand in Bezug auf zwischengeschlechtliche Beziehungen. Wichtiger Bestandteil des türkischen Ehrverständnisses

Onur:
(türkisch) Ehre, Würde. Werte und Haltungen, die sich auf Selbstachtung und Selbstrespekt beziehen. Wichtiger Bestandteil des türkischen Ehrverständnisses

Opferfest:
Beginn des Ramadan, türkisch: Kurban Bayrami, arabisch: Id-ul Adha

Ramadan:
der Fastenmonat nach islamischem Glauben

Patrillineage:
männliche Verwandtschaftslinie

Saygi: (türkisch):
Respekt gegenüber den Älteren

Schaicha:
(arabisch) ehrenvolle Bezeichnung für eine ältere Frau, die den Status und die Autorität innerhalb ihrer Anhängerschaft verdeutlicht. Im Zusammenhang mit dem Zar-Kult aus Ostafrika eine traditionelle Heilerin, die auf die Besessenheitsformen spezialisiert ist

Schiiten:
Anhänger der Schia, der Partei von Ali, dem Schwiegersohn des Propheten Muhammad. Sie halten Ali für den rechtmäßigen Nachfolger des Propheten, nicht die Khalifen, wie in der sunnitischen Glaubensrichtung. Weltweit etwa 10% der Muslime

Seref (türkisch):
Familienehre. Wichtiger Bestandteil des türkischen Ehrverständnisses

Sevgi (türkisch):
Liebe insbesondere für Jüngere (Kinder)

Sharaf (arabisch):
Familienehre. Bestandteil des komplexen islamischen Ehrverständnisses

Sharia (arabisch):
islamisches Recht

Sufi:
islamischer Mystiker

Sunna:
allgemeine Bezeichnung für alle Aussprüche, Handlungen und Überlieferungen (Hadithe) bezüglich der Lebensweise des Propheten Muhammad. Die Sunna gilt neben dem Koran als die wichtigste Quelle der religiösen Vorschriften und Normen nach dem Koran

Sünnet (türkisch):
Beschneidung von Jungen

Sunniten:
Anhänger der islamischen Glaubensgemeinschaft, die das Khalifat nach dem Tode Muhammads als rechtmäßige Nachfolge des Propheten anerkennen. Weltweit werden ca. 90% der Muslime der sunnitischen Richtung zugeordnet

Sunrise-Modell:
Handlungsleitfaden für Pflegekräfte, entwickelt von Madeleine Leininger. Das Modell ist nicht statisch, es wird vielmehr als lebendiges sich weiter entwickelndes Modell gesehen. Neue Forschungen sollen stetig mit einfließen und können und sollen so das Modell fortwährend verändern.

Sure:
Vers aus dem Koran

Transkulturelles Kompetenzprofil (nach Ewald Kiel):
Ein transkulturelles Konzept als Leitbild einer idealen Weltkultur. Hauptmerkmal: Die eigene Kultur und die kulturelle Vielfalt sollen auf Gemeinsamkeiten und nicht auf Gegensätze hin untersucht werden

Umma:
islamische Glaubensgemeinde (arabisch: umma). Die Umma, die islamische Gemeinschaft gilt laut Koran als die menschliche Gemeinschaft, die über alle anderen menschlichen und religiösen Gemeinschaften erhaben ist

Zar-Kult (auch Bori-Kult oder Tambori-Kult):
Besessenheitskult aus Ostafrika, besonders im Sudan anzutreffen. Zar-Kult ist nur für Frauen, während Tambori-Kult ein Besessenheitskult für Männer ist

Zuckerfest:
Ende des Ramadan, türkisch: Seker Bayrami, arabisch: Id-ul Fitr: Ramadanfest, das das Ende des Ramadan feier

Weiterführende Literatur

Literatur im Internet

www. Admin.muslimaonline.com/bern/gynaekologisch.
html

www.best-med-link.de Medizinisches Wörterbuch und Links
zu weiteren relevanten Veröffentlichungen

www.bkk-promig.de Gesundheitsthemen in Arabisch, Bos-
nisch, Englisch, Russisch, Serbisch, Türkisch

www2.bptk.de/uploads/ptj_07_04_gavranidou_abdallah_
steinkopff.pdf www.remid.de/remid_info_zahlen.htm

www.bundesregierung.de/nn_774/Content/DE/Artikel/IB/
Artikel/Themen/Gesellschaft/Gesundheit/2009-09-01-
empfehlungen-arbeitskreis-gesundheit.html) Report
des Bundesweiten Arbeitskreises für Migration und
Gesundheit

www.dbfk.de/download/ICN-Ethikkodex-DBfK.pdf

www.dbfk.de/download/download/ICN-Ethikkodex-Lang-
fassung-2005.pdf

www.dienerallahs.de/ErlaubtesVerbotenes/geburtenkon-
trolle.htm

www.ethikrat.org/dateien/pdf/jahrestagung-2010-migra-
tion-und-gesundheit-praesentation-ilkilic.pdf

www.geert-hofstede.international-business-center.com/

www.gesundheitliche-chancengleichheit.de/?uid=b2454310
a799db7f5802531e2a964fdc&id=Seite1667

www.hint-horoz.de/sonstiges/tuerkische-sprichwoerter.
html

www.idhn.de/Islam/Medizi.html

www.ippnw.de/frieden/konfliktregionen/afghanistan.html

www.islam.ch/medpflege.cfm

www.islam−guide.com/de/chl-I-a.htm

www.islaminstitut.de/Anzeigen-von-Fata-
wa.43+M58d29cc2070.0.html, 30.08.2006

www.klinikum-nuernberg.de/DE/ueber_uns/Fachabteilun-
gen_KN/zd/marketing/fachinformationen/komma_In-
tERnet/

www.koransuren.de

www.koransuren.de/koran/surenvergleich/sure4.html

www.kultur-gesundheit.de Informationen zum Umgang mit
sterbenden muslimischen PatientInnen, zur Patienten-
verfügung u.a.

www.lgz-rlp.de Informationen zu kultursensibler Pflege in
Rheinland-Pfalz

www.liportal.inwent.org/indonesien.html

www.psychiatrie.de/data/downloads/3b/00/00/Beitrag_
Machleidt.pdf

Fehler! Hyperlink-Referenz ungültig. www.remid.de/
remid_info_zahlen.htm.

www.swz-net.de

www.voxeu.org/index.php?q=node/5540

www.weltbevoelkerung.de/oberes-menue/publikationen-
downloads/zu-unseren-themen/laenderdatenbank/
info-laender.html

www.wikipedia.org/wiki/Afghanistan

www.wikiquote.org/wiki/T%C3%BCrkische_
Sprichw%C3%B6rter

www.schulz-von-thun.de/index.php?article_id=71

www.schulz-von-thun.de/index.php?article_id=72

www.target-human-rights.com

www.transkulturelles-portal.com/index.php/7/71-2

Zeitschriften

Die Schwester/Der Pfleger, 2004,S. 490 - 499

Pflege. Die wissenschaftliche Zeitschrift für Pflegeberufe,
2001, S. 92 - 97

Pflegezeitschrift, 2002, S. 21 - 27

Pflegezeitschrift, 2002, S. 439 – 443

Literaturverzeichnis

Abdullah Salim Muhammad, Islam – Muslimische Identität
und Wege zum Gespräch, Patmos Verlag, 2002

Akbas, Melda: So wie ich will- Mein Leben zwischen Moschee und Minirock, Bertelsmann Verlag 2010

Alban S., M. M. Leininger, C. L. Reynolds, Multikulturelle
Pflege, Urban & Fischer, München, Jena, 2000

Al Mutawaly Sieglinde, Menschen islamischen Glaubens
individuell pflegen, Brigitte Kunz Verlag, 1996

Assion, H.J (Hg.) (2004): Migration und seelische Gesundheit,
Springer Verlag Heidelberg

Barloewen von Constantin, Der Tod in den Weltkulturen und
Weltreligionen, Eugen Diedrichs Verlag, München, 1996

Becker, S., Wunderer, E., Schultz-Gambard, J.: Muslimische
Patienten, Zuckschwerdt Verlag München 2006

Borde T. David M. (2007): Migration und psychische Gesundheit, Frankfurt/M: Mabuse Verlag

Bose von, Alexandra: Lebensmuster muslimischer Frauen im
sudanesischen Niltal, Grin Verlag, 2010

Bose von, Alexandra: Datenerhebung 2009-2011, Empirische
Befragungen an verschiedenen deutschen Kliniken zum
Thema »Kontakte mit Patientinnen aus anderen Her-
kunftskulturen« 2009--2011 (unveröffentlicht)

Caspar, F. Mundt, Ch. (Hg.): Störungsorientierte Psychotherapie. Urban und Fischer Elsevier, München, 628-637, 2008

Dahl, S. (2000). Intercultural Skills for Business, London, ECE

Domenig, D. (Hrsg.) (2001): Professionelle Transkulturelle
Pflege, Bern: Verlag Hans Huber

El Nagar El Hadi, Samia (1980): Zaar Practioners and their
Assistents and Followers in Omdurman. In: Pons, V.
(Hg.): 672-688.

Erlinger, Rainer: OLG München vom 14.2.2002 – »Nix Baby
mehr«, in: Der Anaesthesist, 7, 2003, S. 4.

Flühler Maria, Fremde Religionen in der Pflege, Manava Verlag und Vertrieb, Christoph Peter Baumann, 2001

Gavranidou, Maria und Abdallah-Steinkopff, Barbara:
Brauchen Migrantinnen und Migranten eine andere
Psychotherapei? In: Psychotherapeutenjournal 4/2007,
S. 353 ff

Gorges, Michael, Iranische Kulturstandards, zitiert nach:
Brenner/Gößl (Hrsg.), Praxishandbuch für Exportmanager: Führen, Verhandeln und Verkaufen im internationalen Geschäft, Wolters Kluwer Deutschland, Köln 2005

Gorodnitschenko J., Roland G.,(2010): »Cuture, Institutions, and the Wealth of Nations« HG: Center for Economic Policy Research, http://www.voxeu.org/index.php?q=NO-DE/5540

Hall, E. T. (1963). The silent language. Greenwich, Conn., Fawcett Publications Inc.

Hall, E. T. (1976). Beyond culture. Garden City, N.Y., Anchor Press.

Hall, E. T. (1984). The dance of life: the other dimension of time. Garden City, N.Y., Anchor Press/Doubleday.

Hall, E. T. and M. R. Hall (1987). Hidden differences: doing business with the Japanese. Garden City, N.Y., Anchor Press/Doubleday.

Hall, E. T. and M. R. Hall (1990). Understanding cultural differences. Yarmouth, Me., Intercultural Press.

Haug, Sonja; Müssig, Stephanie; Stichs, Anja (2009): Muslimisches Leben in Deutschland. Nürnberg, Bundesamt für Migration und Flüchtlinge.

Heine, Peter: Kulturknigge für Nichtmuslime, Herder Verlag Freiburg 2001

Hofstede, G. H. (1980). Culture's consequences, international differences in work-related values. Beverly Hills, Sage Publications.

Hofstede, G. H. (1991). Cultures and organizations : software of the mind. London; New York, McGraw-Hill.

Hofstede, G. H. (1998). Masculinity and femininity: the taboo dimension of national cultures. Thousand Oaks, Calif., Sage Publications.

Hofstede, G.H. (2006): Lokales Denken, globales Handeln: interkulturelle Zusammenarbeit und globales Management, 3. Aufl., München

Hübsch, Hadayatullah, Frauen im Islam. 55Fragen und Antworten, Betzel Verlag Gmbh, 1997

Ibrahim, Hayder (1979): The Shaiqiya. The Cultural and Social Change of a Northern Sudanese Riverain People, Wiesbaden

Ilkilic, Ilhan: Gesundheits- und Krankheitsverständnis der Muslime als Herausforderung für das deutsche Rechtswesen, in: Globalisierung in der Medizin, Springer Verlag, Berlin 2003, S. 39-54.

Ilkilic, Ilhan: Der muslimische Patient. Medizinethische Aspekte des muslimischen Krankheitsverständnisses in einer wertpluralen Gesellschaft, Münster 2002, S. 63-82.

Jos Arets u.a., Professionelle Pflege, Fähigkeiten und Fertigkeiten, Hans Huber Verlag, Bern, 1999

Kellenhauser E. und S. Schewior-Popp, Ausländische Patienten besser verstehen, Georg Thieme Verlag Stuttgart, New York,1999

Khoury, Adel Th. (1991): Was ist los in der Islamischen Welt? Freiburg i. Br.

Kiel, E. (1996): Kulturanalyse im Landeskundeunterricht als Mittel der Entwicklung interkultureller Kompetenz, in: FuH, 46, S. 82-101

Kohl, Karl-Heinz (1989): Cherchez la Femme d`Orient. In: Sievernich, G. und Budde, H. (Hg): 356-368.

König-Ouvrier, Ingelore: Grober Behandlungsfehler und Aufklärungspflicht. Neuere Gerichtsentscheidungen zur Arzthaftung, in: Hessisches Ärzteblatt, 4/2003, S. 201.

Kriss, R., Heinrich, H. (1962): Volksglaube im Bereich des Islam, Bd. 2, Wiesbaden

Kutschker, M./Schmid, S. (2008): Internationales Management, 6. Auflage, München

Laabdallaoui, Malika, Rüschoff, Ibrahim: Umgang mit muslimischen Patienten, Psychiatrie Verlag, Bonn 2010

Leininger, M. M. (1998): Kulturelle Dimensionen menschlicher Pflege, Freiburg i. Br., Lambertus

Machleidt, W.: Ausgangslage und Leitlinien transkultureller Psychiatrie in Deutschland:

Mikhail, Mona N. (1979) Images of Arab Women. Washington D.C.

Minai, Naila (1984): Schwestern unterm Halbmond. Muslimische Frauen zwischen Tradition und Anpassung. Stuttgart.

Müller KLaus E. (1989): Die bessere und die schlechtere Hälfte: Ethnologie des Geschlechterkonflikts, Frankfurt/M., New York.

Rapaille, C. (2006): Der Kultur-Code: Was Deutsche von Amerikanern und Franzosen von Engländern unterscheidet und die Folgen davon für Gesundheit, Beziehungen, Arbeit, Autos, Sex und Präsidenten, Riemann Verlag

Schwartz, S. H. (1994). Beyond Individualism/Collectivism: New Dimensions of Values. Individualism and Collectivism: Theory application and methods. U. Kim, H. C. Triandis, C. Kagit ibasi, S. C. Choi and G. Yoon. Newbury Park, CA, Sage.

Spencer-Oatey, H. (2000). Culturally speaking : managing rapport through talk across cultures. London, Continuum.

Tunc, Hüseyin: »Eine Frage der Ehre!« Die Bedeutung der Ehre bei Migranten in Deutschland, Grin Verlag 2007

Visser Marijke, De Jong Anneke, Emmerich Dirk (Dt. Hrsg.), Kultursensitiv pflegen. Wege zu einer interkulturellen Pflegepraxis, Urban & Fischer, München 2002

Wiebke Walther, Die Frau im Islam, Verlag W. Kohlhammer Stuttgart, Berlin, Köln, Mainz

Zimmermann, E. (2000): Kulturelle Missverständnisse in der Medizin – Ausländische Patienten besser versorgen, Hans Huber Verlag Bern

Stichwortverzeichnis